自然保護と利用のアンケート調査

公園管理・野生動物・観光のための社会調査ハンドブック

愛甲哲也+庄子康+栗山浩一［編］

築地書館

はじめに

　人々の自然環境に対する意識がますます高まる中，世界的な気候変動や生態系保全から，地域的な里山管理や鳥獣被害などまで，様々な課題が生じている。風力発電施設の増加とそこで発生する野鳥（特に絶滅危惧種）の衝突死の増加や，公共事業におけるグレーインフラからグリーンインフラへの転換など，保護か利用かという対立を超えた，新しい課題も生じている。従来の自然環境の保護と開発の対立から，保護と利用のバランスの取れた観光・レクリエーションのあり方の模索，増加する外国人観光客への対応も課題である。このような自然環境あるいは社会情勢の変化に伴い，自然環境の保護と利用に対する人々の関心や態度，評価を聴取することを目的として，アンケート調査を実施する機会が増えてきている。

　これまで社会調査を実施してきた社会科学者だけではなく，生態学や工学，農学分野の研究者，行政機関や技術系コンサルタント会社，自然保護団体，NPOなどの実務担当者など様々な人々が，自然環境の保全や観光・レクリエーション利用におけるアンケート調査に取り組み始めている。しかし，参照できる教科書・参考書は少なく，手探りで取り組まれているのが実情だ。筆者らは，思い付きで内容が構成され，既存の体系的な知見が反映されておらず，将来の比較検討を念頭に置いた設計もされていないアンケート調査を目にするたびに，残念な思いを抱いてきた。明らかに間違ったやり方を採用している場合も少なくなく，質の高くない調査結果は関係者に軽視されてしまう。多くの研究者や実務担当者が，アンケート調査票の作成とアンケート調査の実施において，頭を悩ませているのではないだろうか。

　欧米では，そういった自然環境の保全や観光・レクリエーション利用の社会調査に関わる概念や手法が体系的に整理され，教科書・参考書が出版されているが，これまで日本語で書かれた適当なものがなかった。本書は，このような状況を踏

まえて，研究者や実務担当者が，実際に現場で活用できる書籍を目指している。そのために，自然環境の保全や観光・レクリエーション利用に焦点を当てること，アンケート調査の計画から結果の取りまとめに至るまでのプロセスを解説すること，現場で実務者に必要となる広範な知識や手法について情報提供することを重視した。

社会学や心理学の分野では調査手法の本が多く出版されているが，自然環境の保全や観光・レクリエーション利用におけるアンケート調査にはさらに踏み込んだ内容が求められる。例えば，仮想評価法（CVM）の適用が求められるような場合，調査票は環境経済評価の知見に基づき，ある種の流儀に則らなければならない。自然公園や都市公園での満足度・混雑感を評価する際には，回答者が不快感を無意識に合理化しようとするコーピングに配慮した調査設計が必要となる。

本書の第1章から第5章までは，基本編として，アンケート調査の企画，アンケート調査票の設計，アンケート調査の実施，データの分析と結果のまとめに及ぶ一連のプロセスを解説した。

第1章では，欧米と比較して，我が国の自然環境の保全や観光・レクリエーション利用の分野における社会調査の現状を紹介し，本書のねらいを述べている。第2章では，アンケート調査を実施するプロセスについて，課題の設定，先行研究や事例のレビュー，リサーチ・クエスチョンの立て方，調査手法の選択について解説する。信頼性が高く，汎用性のある結果を得るためには，自己流でアンケート調査票を設計することは避けたい。第3章では，具体的な実例を挙げながら，アンケート調査票の設計について詳細な解説を行う。第4章では，基本的なアンケート調査の実施のあり方，調査手法の選択，サンプリングについて紹介するとともに，自然環境の保全や観光・レクリエーション利用の調査に特有の配慮事項について解説する。アンケート調査の実施にあたっては，社会調査の基本を踏まえながら，実施環境や課題に合わせて様々な工夫をする必要がある。そして，アンケート調査の結果は，回答者および管理に携わる現場の人々，地域の関係者にわかりやすく伝える必要がある。第5章では，質問項目の入力，処理，統計的分析の基本的考え方と手法について，できるだけわかりやすくまとめて紹介している。この基本編を一通り読むことで，アンケート調査の企画と調査票の設計の基

礎について習得していただけるだろう。

　また，自然環境の保全や観光・レクリエーション利用におけるアンケート調査には，心理学，観光学，野生動物管理，環境経済学といった多様な知見が求められる。実務の場面では総合的な調査が求められ，課題の設定とアンケート調査票の設計はまるで総合格闘技である。

　第6章以降の応用編では，それぞれの分野の実例を取り上げた。第6章では，自然観光地の適正収容力を算定する際に調査される満足度と混雑感について，その概念や具体的な手法について紹介する。支払意志額や消費額，収入などといった経済面に関する調査，環境経済学における概念や留意事項については，第7章で詳しく述べる。我が国でも，野生動物と観光客，地域住民との関係についての研究の必要性が高まっており，第8章で国際的な動向とともに，国内での調査事例について紹介する。第9章では，経済波及効果も大きく，早くから観光客の動向や意識に関する調査が行われてきた観光分野における意識調査の現状と実例について詳しく取り上げている。さらに，近年，注目を集めている外国人旅行者の動向や意識調査の現状についてのコラムも追加した。また，今後の自然保護地域の管理や運営には，住民や利用者の声を聞き，計画や施策に反映させていくことが求められている。第10章では，国立公園指定と世界自然遺産地域への推薦が検討されている奄美大島で聞き書きという手法により行われた質的調査の実例を紹介している。量が問題となるならばアンケート調査は力を発揮するが，現実社会では質が問題となることも多い。アンケート調査を実施することが本当に適切なのか，あるいは限界がどこにあるのかを知るためにもあえて質的調査の事例を紹介している。

　巻末には，アンケート調査票の作成例として，文中でも紹介された事例で使用された実際のアンケート調査票も付録として掲載した。これらの実例の紹介を通して，無駄のないアンケート調査の実施や適正なアンケート調査票の設計，効果的な調査結果の活用が実現され，自然環境の保全や観光・レクリエーション利用の推進に寄与できれば幸いである。

　日本語の参考書が少ない中，欧米の文献や事例を参考に，関係者と議論しなが

ら進めた数多くの調査研究が本書の礎になっている。本書を作成するにあたり，各地で調査の機会を与えていただいた地域の関係機関・関係者の皆さまに感謝したい。また，それらのアンケート調査の回答者となった，利用者・観光客・地域住民の方々にも感謝したい。回答そのものが調査や施策の検討に寄与しただけではなく，中には調査の方法や質問方法について有益なご指摘をいただくこともあり，調査方法と調査票の改善に役立った。応用編の事例の中には，研究助成をいただいたものもあり，科学研究費補助金などの資金援助に改めて感謝したい。書籍としてまとめるにあたっては，あたたかい励ましを築地書館の土井二郎氏，黒田智美氏にいただいた。筆者一同，深く感謝する。

編者を代表して　愛甲　哲也

目次

はじめに　iii

第Ⅰ部　基本編

第1章　自然環境の保全と観光・レクリエーション利用のための社会調査とは　　愛甲哲也　2

1. **本書の目的**　2
   社会調査がなぜ必要か　3
   社会調査の対象者　5
2. **国立公園における社会調査の現状**　6
   利用者数調査の現状　6
   意識調査の現状　7
   社会的モニタリングの必要性　9
3. **海外の先進事例**　10
   統一的なアンケート調査の実施　10
   モニタリングの仕組み・マニュアルの必要性　11
4. **アンケート調査の計画と実践──本書の構成**　12
   アンケート調査の進め方　12
   各分野におけるアンケート調査　15

第2章　アンケート調査の企画──実施する前に　　庄子　康　19

1. **アンケート調査に対する人々の見方**　20
   簡単にできそうなアンケート調査　20
   信頼できないアンケート調査　20
2. **調査の枠組み作り**　24
   ゴールや将来像を確認する　25

トピックの選択　26
　　　先行研究のレビュー　28
　　　概念枠組みの構築　32
　　　リサーチ・クエスチョンの設定　35
　3. **アンケート調査票を作る前に**　37
　　　アンケート調査は必要なのか　37
　　　想定される統計分析の把握　39
　4. **調査スケジュールの立案**　41
　　　様々なアンケート調査　41
　　　現実的な調査スケジュール　43

第3章　アンケート調査票の設計　　庄子　康・栗山浩一　47

　1. **変数の設定**　47
　　　単一の質問と複数の質問　47
　　　変数の信頼性と妥当性　50
　2. **変数の計測方法**　51
　　　質問形式と評価尺度　51
　　　リッカート尺度による評価　53
　3. **アンケート調査票作成のガイドライン**　54
　　　質問形式に関するもの　54
　　　質問文に関するもの　57
　　　回答形式や選択肢，評価尺度に関するもの　62
　　　日本語に関するもの　71
　　　全体構成や配置に関するもの　72
　　　デザインに関するもの　77
　4. **ガイドラインのまとめとしての原則**　81
　5. **作業をどこで終わりにするか**　83
　6. **アンケート調査票の表紙と裏表紙**　84

第4章 アンケート調査の実施　愛甲哲也・庄子　康　86

1. **サンプリング**　87
   サンプリングの基礎　87
   オンサイトサンプリングとオフサイトサンプリング　92
   発地型のアンケート調査と着地型のアンケート調査　94
   オンサイトサンプリングの実際　97
2. **調査手法の選択**　99
   訪問者を対象とした現地実施・現地記入のアンケート調査　100
   訪問者を対象とした現地実施・郵送のアンケート調査　101
   地域住民を対象としたアンケート調査　102
   一般市民を対象としたWEBアンケート調査　103
3. **調査の準備**　105
   アンケート調査実施に向けた関係機関との調整　106
   人員の確保と下準備　107
   アンケート調査票の準備・管理　108
   下見と予行演習　108
4. **調査の実施**　109
   現地での対応　109
   回収率について　110
5. **調査倫理**　112
   調査倫理とは？　113
   調査対象者への対応　113
   現場の関係者に対する対応　114
   アンケート調査で問題は解決できるか？　116

参考資料：知床世界自然遺産地域適正利用・エコツーリズム検討会議　適正利用・エコツーリズム関連調査（マーケティングとモニタリング）の方針　118

第5章　データ分析と成果の取りまとめ　　庄子　康　122

1. **本章の内容を理解するタイミング**　122
2. **データ分析の下準備**　123
   データの入力フォーマットの準備　123
   データの種類と質問形式の確認　126
   データの入力　127
   欠損値の取り扱い　128
   入力ミスを確認する技術的方策　131
3. **データ分析（単純集計とクロス集計）**　132
   ピボットテーブルによる整理　133
   変数の名義と想定される集計の形　135
   変数の変換　137
   クロス集計　138
4. **データ分析**　140
   統計的検定の基礎　140
   度数の比較（独立性のカイ二乗検定）　141
   平均値の比較　143
   順序尺度による回答の取り扱い　144
   統計分析の注意　147
   より進んだ統計分析　149
5. **成果の取りまとめ**　149
   報告書の作成　150
   論文の作成　152

第 II 部　応用編

第 6 章　レクリエーション研究からのアプローチ　　愛甲哲也　156

1. 観光・レクリエーションと満足度　156
満足度と適正収容力　157
適正収容力はマジック・ナンバー　157
満足度の特性と問題点　159
満足度の質問の改善方法　161

2. 観光・レクリエーション利用と混雑感　162
混雑感の特性　162
コーピングと潜在的利用者　164

3. 知床五湖における満足度と混雑感の調査　167
知床半島の概況　167
知床五湖利用調整地区　169
利用適正化計画とモニタリング　174
利用調整地区導入前のアンケート調査　174
利用調整地区制度導入前後の比較　177

4. 調査結果のフィードバックとモニタリングの継続　180

第 7 章　環境経済学からのアプローチ——貨幣評価
　　　　　　　　　　　　　　　庄子　康・柘植隆宏　183

1. 環境の持つ価値とその貨幣評価　183
環境の価値　183
経済学的な価値の分類　184
タダと見なされる環境の価値　186

2. 仮想評価法　187
手法の概要　187
エクソン・バルディーズ号事件　187
NOAA のガイドライン　188

バイアスとその対応——質問形式を例に　189
　　　実際に仮想評価法を適用するには　192
　3. **仮想評価法による評価事例**　193
　　　観光客の認識や要望の把握の必要性　193
　　　仮想評価法による評価　194
　4. **その他の手法**　197
　　　顕示選好法　197
　　　表明選好法　199
　5. **まとめ**　202

第8章　野生動物管理学からのアプローチ——政策評価・リスク認識
　　　　　　　　　　　　　　　　　　　　　久保雄広・庄子　康　204

　1. **野生動物管理と社会科学的な調査研究の必要性**　205
　2. **知床半島におけるヒグマ**　206
　3. **知床半島ヒグマ保護管理方針**　208
　4. **地域住民に対するアンケート調査の実施について**　211
　5. **ゾーニング管理に対する地域住民の評価**　212
　　　選択型実験の調査設計　212
　　　選択型実験の推定結果　214
　6. **地域住民のリスク認識の評価**　216
　　　リスク認識に関する先行研究　217
　　　アンケート調査の概要　218
　　　アンケート調査結果と考察　218
　7. **ヒグマとの遭遇距離を考える新しい評価尺度**　221
　8. **まとめ**　224

第9章　観光学からのアプローチ——市場調査　　寺崎竜雄　227

　1. **旅行市場の基礎的な統計を把握するための継続的な大規模調査**　228

大規模市場調査の概況　228

　　「全国旅行動態調査」　229

　　「観光白書」と「旅行・観光消費動向調査」　231

　　「観光の実態と志向」　233

　　「JTBF 旅行者動向調査」　235

　　「訪日外国人消費動向調査」　237

　2. 来訪者の観光地やサービスに対する評価等を
　　　　　　　　　　　　把握するための市場調査　239

　　来訪者調査の概況　239

　　経済産業省「全国観光客意識調査」　240

　　観光庁「観光地の魅力向上に向けた評価手法調査」　241

　　「JTBF 自然公園来訪者調査」　242

コラム　インバウンド観光の動向をとらえる　愛甲哲也　247

　　国立公園の外国人利用者数は？　247

　　富士山には，どのくらいの登山者が？　248

　　外国人利用者の行動，意識は？　248

第 10 章　質的調査による地域資源評価の事例　岡野隆宏　251

　1. 環境文化を把握する　251

　　背景　251

　　目的　254

　2. 奄美大島の自然と文化　254

　3. 屋久島などを例とした世界遺産の効果と課題　257

　4. 集落における環境文化把握調査　259

　　調査の目的と方針　259

　　調査地　261

　　調査方法　261

　　調査結果　265

5. 調査から見えてきたもの 272
    「シマ」という空間 272
    シマからの学び 272
    祭りの意味 273
  6. 環境文化型国立公園の提案 274
    保護計画の策定 274
    利用計画の策定 275
    利用施設の整備 276
    実現に向けた課題 277
  7. まとめ 277

あとがき 281

付録
  知床五湖利用のあり方に関するアンケート 284
  知床の環境保全と利用に関するアンケート 286
  ヒグマに関する町民アンケート 290
  国立公園利用者意識調査 300
  さらに学びたい人のための文献リスト 305

索引 308

第Ⅰ部　基本編

第1章 自然環境の保全と観光・レクリエーション利用のための社会調査とは

愛甲哲也

1. 本書の目的

　国立公園などに指定されて豊かな自然が保護されている場所，美しい風景が守られ多くの観光客が訪れる場所，人々が暮らす身近な自然が残されている場所，都市内で日常的なレクリエーションや遊びの空間となっている公園や緑地などが，本書の舞台である。読者の皆さんは，それらの場所や施設の管理や運営に携わっている方々，業務として管理や運営のための調査検討を依頼された方々，そしてこの分野の研究や教育に携わっている方々，これからそういった場所の調査研究を学ぼうとしている方々であろう。筆者らは，全国各地で国立公園や観光地，都市公園などにおける社会調査に携わってきたが，海外の教科書や文献を参考に，手探りで進めてきた。社会学や心理学の分野において，社会調査については多くの研究蓄積があり，基本的な考え方や手法を学ぶための書籍も数多く出版されているが，我が国では私たちが関わる分野の社会調査で参考にできるテキストはなかった。

　本書では，自然環境の保全や観光・レクリエーション利用に関わる社会調査について，その中でも特にアンケート調査を中心に，その考え方，具体的な手法，実施のプロセスと留意点を示すことが目的である。様々な場所で実施された例も後半で示しながら，自然保護と観光・レクリエーション利用のための社会調査に取り組む方々の参考となることを目指している。この章では，イントロダクションとして国立公園などを例に，社会調査の必要性や現状を論じ，各章がどのように

その改善に参考になるかを紹介したい。

社会調査がなぜ必要か

　本書の舞台となるのは，社会学や心理学の分野で主に想定されている一般社会や実験室ではない。対象地は，希少な動植物種，特徴的な生態系や地形，傑出した風景などを持つため，自然公園や自然環境保全地域として保護されたり，世界遺産やラムサール条約などの国際条約で認証されたりしている場所も多い。そのため，観光やレクリエーション利用による人為的な影響をできるだけ少なくし，自然環境を破壊したり，変質させたりしないことが求められる。しかし，毎年多くの人々が，様々な目的を持って，それらの場所を訪れるため，自然資源や観光資源に様々な影響が及んでいる場所も少なくない。ゴミやし尿・紙の放置，歩くことによる高山植物の踏みつけ，登山靴で踏み固められた道の侵食・荒廃などは，よく知られた事例である（渡辺編，2008）。さらに，野生動物の餌付け，し尿による水質の悪化，マウンテンバイクによる爬虫類の損傷，水上バイクや船による川岸の浸食・水草の損傷，四輪バギーによる海岸植生の損傷など，様々な人為的影響が起こり得る（小林・愛甲編，2008）。それまで人間の影響が少なかった場所

図1-1　複線化した登山道（大雪山国立公園）

に，立ち入ったり，道具を持ち込んで利用をするのだから，何らかの影響は当然のことである。

観光・レクリエーション利用は，自然環境だけではなく，訪問している利用者自身の体験や，地域の社会，経済にも影響を及ぼしている。観光客の急激な増加や過度な集中によって，車道や登山道の渋滞が発生し，食堂やトイレなどの待ち時間が増加し，週末や長期休暇に宿泊や交通手段の予約を取ることも難しくなる。余暇を過ごすためにやってきた観光客の満足度は低下し，将来の観光需要に影響する場合もある。観光地化は経済的利益をもたらす一方で，地域の産業構造を変化させ，伝統的な文化が変質するなど，地域社会の変容をもたらすと言われる（Hall and Lew, 2009）。交通混雑や騒音の発生，好ましくない建築物や広告の増加といった直接的な影響に加えて，都市住民の来訪や移住により価値観の対立や転換が起こり，それらによって地域住民のライフスタイルの変化も起こり得ると考えられている。

これらの訪問者による自然環境や社会経済への影響を把握し，有効な対策を検討するために，管理者，地域の関係者，事業者は，その影響の直接的または間接的な原因となっている観光客数や利用者数に加えて，訪れている人々がどのような行動をし，何を感じたかというデータを必要としている。観光・レクリエーション利用の管理には，自然環境の状態をモニタリングするだけでなく，どういう活動がされているか，利用の頻度や特徴などをモニタリングし，利用者が何を望んでいるかをアンケート調査で知った上で情報やサービスの提供を行う必要がある（Hornback and Eagles, 1999）。

第2章で詳しく述べるが，自然環境の保全や観光・レクリエーション利用のためにアンケート調査を実施する際には，その動機となる目的や将来像が存在している。自然資源や観光資源を管理している地域社会あるいは管理者は，自然資源の状況や社会経済状況を踏まえて，目的や将来像に近づくために，何らかの判断を行わなくてはならない。この判断を下すための継続的な情報収集が，モニタリングである（図1-2）。このモニタリングには，自然科学的モニタリングと，社会科学的モニタリングが存在する。ただ，何らかの政策や制度を実施するために，継続的に行わない社会科学的な調査活動もあるので，より一般的に社会調査と呼ぶ場合もある。社会科学的モニタリングあるいは社会調査には，量的調査と質的

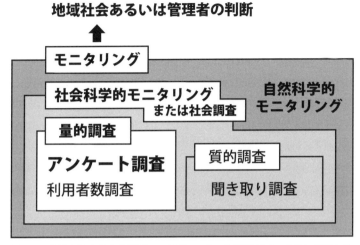

図1-2 自然環境の保全と観光・レクリエーション利用のモニタリングにおけるアンケート調査の位置付け

調査がある。質的調査は主に聞き取り調査を指し，利用者数調査やアンケート調査は量的調査にあたる。

社会調査の対象者

本書の舞台は主に，森林や山岳，草原，湿原，海などの自然地域や，都市内の公園緑地であり，アンケート調査に回答するのは，そこで観光やレクリエーション活動を行っている利用者や来訪者，観光客，そしてそこに携わる地域住民である。本書ではその人々を様々なくくりで呼ぶが，これも図1-3のように整理することができる。

一般市民とは，最も幅広くは国民全体を指すが，状況によっては都道府県民や市町村民といった，ある行政界で定義される地域に住むすべての人々を指している。一方で，地域住民はこのような行政界ともある程度は関係するものの，どちらかというと，現地調査の現場との関係で，そのような現地を抱える地域に居住する住民を意図している。このような地域住民の中には，現地を利用している地域住民もいれば，ほとんど関係を持っていない地域住民も含まれている。一方で，現地を訪れる人々は，利用者や訪問者，観光客といった形で表現される。これら

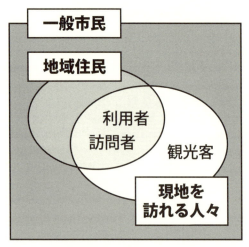

図1-3 自然環境の保全と観光・レクリエーション利用のためのアンケート調査の対象者

は、現地を訪れている人々ということでは共通しているのであるが、日本語の問題から、文脈に沿う形で使い分けられている。地域住民以外が現地を訪れる場合は訪問者と呼ばれる。その場所が、観光地であれば観光客、山岳地であれば登山者、特定のイベントやツアーに参加した人々であれば参加者と呼ばれる。共通していることは、現地を訪れている人々（visitor）だということである。第4章で詳しく述べるが、現地で行うアンケート調査では、この現地を訪れている人々の中に適切な母集団を設定して、そこから何らかのサンプリング方法によって調査対象者を選定することになる。

2. 国立公園における社会調査の現状

利用者数調査の現状

　本書の舞台となる場所について、社会的モニタリングは残念ながら十分とは言えない状況がある。国立公園を例にして、見ていこう。我が国の国立公園利用の傾向を表すデータとしては、環境省の「自然公園等利用者数調」がある。環境省は、自然公園の利用者数を、集団施設地区・ビジターセンター・長距離自然歩道

の利用者数と併せて，年間の集計値を発表している。2012年には，国立公園3億3,000万人，国定公園2億7,000万人，都道府県立自然公園2億4,000万人で，計8億4,000万人と報告されている。

　本調査は1951年から実施されており，長期の自然公園の利用者数の変動を知るには唯一のデータである。しかし，このデータは，国立公園が位置する都道府県から報告された値を集計しているため，その値や集計方法に早くから問題点が指摘されてきた。都道府県の多くは，市町村の報告を単純に加算している。都道府県の担当者の調査からは，予算・知識・機器・経験が不足していることや，担当者自身が信頼できる結果と思っていないことが指摘されている（青木・細野，1997）。2013年にも，同様の調査が，都道府県と市町村の担当者を対象に行われた。その結果，「自然公園等利用者数調」は，市町村で行われている観光入り込み数調査からの引用が多く，公園や施設を単位とした調査データが活用されておらず，担当者の約3割は実態を表していないと感じており，日帰り訪問者や外国人の増加といった最近の変化に対応できていないなどの多くの課題が指摘されている（株式会社日本能率協会総合研究所，2014）。

意識調査の現状

　一般市民や利用者の意識を表すデータとしては，全国を対象に定期的に把握されているものは少ない。1981年から2006年まで5年おきに，内閣府の「自然の保護と利用に関する世論調査」が行われた。国民が，自然の多いところへ出かけた経験や自然保護に関する意識を把握している。国立公園に関しては，環境省が2001年に「国立公園に関するアンケート」調査により，国民の国立公園の認知度，管理のあり方への態度などを把握した。2013年には，「国立公園に関する世論調査」が内閣府により実施され，国立公園の利用，過剰利用対策，情報提供，費用負担などの課題に対する意識が調査された。これらの調査は不定期で，また各公園の特徴や実際に国立公園を訪問した利用者の意向を把握したものではない。

　筆者らは，2013年に全国の国立公園を管理する環境省の自然保護官を対象に，利用者モニタリング調査の実態と課題についてアンケート調査を実施した（愛甲・五木田，2016）。68ヶ所の自然保護官事務所に依頼し，64件の有効回答を得た。利用者動向・意識調査は，64自然保護官事務所の半数以上が実施をしていな

かった。実施していても約4割は不定期で，市町村などの観光統計，ビジターセンターでのアンケートや利用者の声，観光協会や旅館，山小屋などの関係者からの聞き取り，インターネット上の評価などから利用者の意識を把握していた。調査の実施は，自然保護官事務所からコンサルタントへの業務の委託が半数以上と最も多いが，自然保護官事務所がこれらの業務を直接実施している場合も見られた。これらの調査は，公園を管理する上での課題が発生した場合に不定期に実施されるのがほとんどで，定期的に行われている利用者動向・意識調査は約2割にすぎなかった。調査上の課題として，第一に費用が指摘され，担当する管轄を超えた調査がしにくい，質問作りが難しい，データ整理や解析の人手不足，調査や分析の技術が不足している，他機関との共有がしにくい，なども指摘された。調査方法が確立しておらず，調査が単発に終わり継続性がないといった回答もあった。

　課題は多いものの，自然保護官は利用者の動向・意識調査の重要性は認識している（図1-4）。自然保護官の約9割が利用者の動向・意識の定期的な把握を重要だと認識し，約4割はとても重要だと回答した。経年での比較の重要性はやや少なく，他地域との比較は9割弱が重要だと回答している。自然保護官が，利用者動向・意識調査の必要性は認めながらも課題が多く，十分に取り組めていない状況がうかがえる。

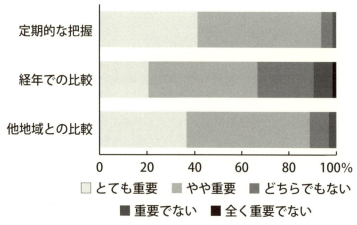

図1-4　自然保護官による利用者動向・意識調査の重要性の認識

社会的モニタリングの必要性

　利用者の動向・意識調査は，次項で紹介するアメリカや北欧諸国の例に見られるように，戦略的に取り組まれるべきである。国立公園で定期的にモニタリングしておくべき項目については，ほとんどの自然保護官が利用者数の定期的な把握が望ましいと考えているのに加え，7割以上が利用動機・目的，評価・満足度といった意識調査の実施が望ましいと回答し，その他に活動内容，訪問場所，不満・阻害要因などが挙げられた（図1-5）。回答の傾向を分析したところ，利用者数や活動内容，属性，交通手段などが基本的な調査項目であり，現状を把握するために定期的な動機・目的や訪問場所などの把握が必要だと認識されていた。将来の利用促進や施策の立案のためには，評価・満足度や不満・阻害要因，情報源などの把握が望ましいと考えられていた。

　観光マーケティングでは，「顧客について定量的な情報を収集し，それを統計的手法で解析し，客観的に正しく認識する」科学的アプローチが重要であると言わ

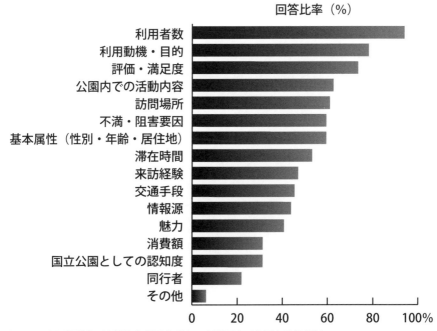

図1-5　自然保護官が定期的な利用者動向・意識調査が必要と思う項目

れる（山田，2010）。顧客やターゲットの情報を得て，地域の相対的な位置付けと何が望まれているかを知り，プロモーションにつなげることが観光振興のカギでもある。利用者のアンケート調査なしでは，観光・レクリエーション利用における様々な課題への対応，観光振興策の検討，管理方策の立案などは困難であろう。

3. 海外の先進事例

統一的なアンケート調査の実施

　我が国と対照的なのが，アメリカと北欧諸国である。国際的な自然保護地域を持つ両地域では，体系的に利用者の社会的モニタリングが位置付けられ，アンケート調査が行われている。後付けの場当たり的な情報収集は，不正確で比較不能な結果をもたらす。自然保護地域の管理には，異なった地域や時間を跨いで，比較可能で，信頼できる利用者の情報が必要だと考えられている（Kajala et al., 2007）。そのためには，標準化された計測単位，収集手段，データ管理の仕組みが欠かせない。

　アメリカでは，過去20年にわたり，国立公園のサービスの向上や資源の保全，公園のより効果的な管理のために，国立公園局と大学の共同で Visitor Services Project が実施され，これまで158ヶ所で詳細な利用者の動向や意識に関する調査が実施された。また，Visitor Survey Card という全米統一フォーマットを用いて，各公園の重要性の理解度や満足度を把握する調査が，320ヶ所において毎年行われている。これらの調査用紙や分析結果は，施設の改善や利用者サービスの改善，スタッフのトレーニングに生かされるとともに，インターネット上で一般にも公開されている（図1-6）。

　Visitor Survey Card では，属性，レクリエーション活動，訪問箇所・時期・期間，訪問動機，満足度に加え，各公園の管理上の課題に合わせて消費額や対策への意見などが質問として設けられる。質問方法や選択肢を統一することで，各公園での調査の計画段階の効率化に加え，全国レベルでの分析も可能になる。我が国の「自然公園等利用者数調」においても，ビジターセンターでのアンケートや観光協会，旅館，山小屋などの関係者からの聞き取りも参考とされている。市町村や民間事業者による調査においても，統一したアンケート調査票を用いれば，

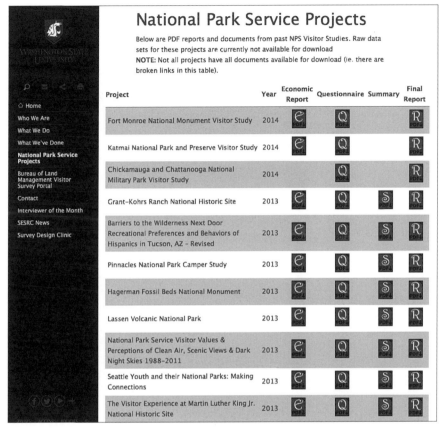

図1-6 ワシントン州立大学のホームページで公開されている調査用紙と調査結果（https://sesrc.wsu.edu/national-park-service-projects）

アメリカの例に近い成果が得られる。さらに，調査課題や項目の共有をすることで，予算や人手の不足を解消する一助にもなる。

モニタリングの仕組み・マニュアルの必要性

　我が国では，国立公園などにおける利用者のアンケート調査は，何らかの管理上の課題が発生してから企画され，外部のコンサルタントに委託し，その結果が役所の報告書としてしか記録・公表されていない例が少なくない。大学の研究者や学生がアンケート調査を行っても，学術論文や卒業論文としてまとめられるだ

けで，地域の課題の解決に生かされている例も少ない．それぞれの調査は，様々な方法や質問を用いており，傾向の分析や公園間の比較も不可能である．知床世界自然遺産地域では，そのような現状を改善して，関係者が調査結果を共有して戦略に活用するために，2011 年に「適正利用・エコツーリズム関連調査（マーケティングとモニタリング）の方針」を定めた（第 4 章章末に掲載）．適正利用とエコツーリズムを順応的に推進するために，調査の計画の事前の調整と関係者の協力，専門家の助言，調査結果の適正利用・エコツーリズム検討会議や地元への報告，データの公開などが定められている．実際に，インターネット上の知床データセンター（http://shiretoko-whc.com）では関係機関が実施した各種調査の結果・報告書などが，順次公開されている．第 6 章で具体的に紹介するが，マイカー規制や利用調整地区，携帯トイレの導入など様々な施策を実施しながら世界自然遺産地域の価値を守る努力の背景には，訪問客の行動や意識をアンケート調査で把握し，施策へ反映させる社会的モニタリングが一助となっている．

　フィンランドをはじめとした北欧諸国の自然公園管理機関は，各国間を周遊する旅行者が多く，モニタリング手法の統一が必要とされたことから共通のマニュアルを作っている（図 1-7）．我が国においても，統一されたマニュアルの整備と専門家や研究機関と協力した取り組み，社会科学的モニタリングを専門とする自然保護官の養成，自然保護官およびアクティブレンジャーへの研修機会の増加が必要だろう．本書は，自然環境の保全と観光・レクリエーション利用の分野で必要とされるアンケート調査の計画，調査票の設計，調査の実例をまとめた，我が国で最初のマニュアルである．

4. アンケート調査の計画と実践——本書の構成

アンケート調査の進め方

　本書では，第 1 章から第 5 章までの基本編で，自然観光地におけるアンケート調査の基本的な考え方とその企画，調査票の設計，調査の実施，結果の解析とまとめ方について解説する．これから同様の調査に取り組む研究者や大学院生，学部生はもちろんのこと，調査を企画・実施・委託する管理者や行政の関係者，調査を受託・実施するコンサルタントや各種団体の担当者に手にしていただき，ハ

第1章 自然環境の保全と観光・レクリエーション利用のための社会調査とは

図1-7 北欧諸国の社会的モニタリングの調査マニュアルとアンケート調査票

ンドブックとして使ってほしい。

　本章で述べているように，自然環境の保全と観光・レクリエーション利用において，利用者や住民の声を聞くのは，管理運営やプロモーションに必須なことである。これまでは残念ながら，他の分野に比べて，体系的な概念の整理や調査の計画，調査フォーマットの統一，自然観光地の特異性に配慮した実施上の配慮事項の整理，結果の分析やまとめ方に参考になるものは少なかった。関係者は手探りで調査を実施しており，それゆえに調査の結果を十分に生かしきれず，良い点も悪い点も含めて経験が共有されていない。北米やヨーロッパで，実務者も参加している専門の学会が定期的に開かれているのとはあまりにも大きな乖離が生じている。

　第2章では，自然環境の保全と観光・レクリエーション利用のアンケート調査を実施するプロセスについて，課題の設定，先行研究や事例のレビュー，リサーチ・クエスチョンの立て方の重要性を解説する。まずはこの章を読んでから，第3章以降の関心のある部分へと読み進んでいただきたい。

　第3章では，具体的な実例を挙げながら，調査票の設計について詳細な解説を行う。信頼性が高く，汎用性のある結果を得るためには，自己流で調査票を設計することは避けたい。質問が予期しないバイアスを生み出し，結果の解釈にまで影響する場合がある。調査を委託し，実際に調査票を設計し，結果を解釈する方々には注意深く読んでいただきたい。

　自然環境の保全と観光・レクリエーション利用のアンケート調査では，社会調査とは異なる様々な配慮をする必要がある。第4章では，サンプリング，調査手法の選択について紹介するとともに，この分野独特の配慮事項について解説する。調査の実施にあたっては，社会調査の基本を踏まえながら，環境や課題に合わせて様々な工夫をする必要がある。さらに，調査者が心得ておくべき調査倫理についても解説する。

　調査の結果は，回答者および管理に携わる現場の人々，地域の関係者にわかりやすく伝える必要がある（Hornback and Eagles, 1999）。調査結果を必要としているのは，管理者だけではなく，観光事業者，地域の自然保護団体，住民，そして利用者に及ぶ。利用者モニタリングは，データの収集だけに終わらず，得られたデータを要約し，分析し，結果を関係者に公表し，それに基づいた管理の改善

を行うことで完結する．第5章では，質問項目のデータ入力，処理，統計的分析の基本的考え方と手法について紹介している．データの解析や解釈も，専門家だけのものではない．結果をわかりやすく公開し，関係者に活用してもらうことで，その調査は意味を持つ．調査の報告書が役所の棚で塩漬けにされ，一般には読まれない学術雑誌での公表しかされないのでは，調査主体が説明責任を果たしたとは言えない．

各分野におけるアンケート調査

　第6章以降の応用編では，レクリエーション管理，環境経済学，野生動物管理，観光，地域住民の視点から，調査をどのように企画し，実施し，結果をまとめ，管理運営に生かしていこうとしているのかを実例に基づきながら紹介していく．アンケート調査の手法自体もそうだが，研究成果も様々な学問領域・専門分野に分散している．本書では，関連する分野の第一線の研究者・実践者に，最新の研究成果，調査結果に基づいた実例を寄せていただいた．

　第6章では，レクリエーション管理の視点から，特に満足度と混雑感の基本的な概念，アンケート調査の計画，知床五湖利用調整地区における調査の実践について紹介する．観光・レクリエーション利用の計画・管理に欠かせないのが，利用者の満足度の評価である．資源や施設，サービスへの満足度の把握は，管理やサービスの改善に役立つ．満足度が高い利用者は，他人にもその場所を勧め，リピーターにもなり，消費や寄付にも積極的で，様々な施策にもより協力的だといわれる．しかし，満足度の調査には注意も必要だ．ただ単に満足しましたか，と聞いてはいけないし，期待やニーズの充足，その人が何を重視しているかが回答に影響することも知られている．場合によっては，不満足を聞いた方がよい場合もある．満足度が，観光・レクリエーション利用のポジティブな評価だとすると，不満などのネガティブな評価の代表例は，混雑感である．特に，自然観光地の適正収容力を利用者の心理学的側面から議論する際に必要な調査項目である．利用規制を検討する場合にも，欠かせない情報である．

　富士山をはじめとして，各地で入山料や協力金の導入が議論されるようになって，その必要性が高まっているのが支払意志額や消費額，収入などといった経済面に関する調査項目である．自然観光地への旅行費用や，そこでの消費額は，そ

の場所の価値や魅力を表す指標ともなる。協力金や入山料などの有料化に対して，いくらぐらい払う意志があるかを示す支払意志額は，具体的な金額の設定に寄与すると同時に，市場で取引されない自然観光地の価値を表す指標ともなる。これらの調査のベースとなっているのは環境経済学における研究である。環境経済学における概念や，調査の事例，留意事項については，第7章で詳しく述べる。

　本書で対象としている空間は，野生動物が生息する場所でもある。保護の対象となっている動物は観光資源にもなるが，時にはレクリエーション活動のリスクとして扱われることもある。同時に，自然保護地と農地や居住地域が隣接または重なっている我が国では，保護の対象となっている野生動物が農林業被害をもたらし，地域住民の生活を脅かす場合もある。北米では野生動物管理学の一分野として"Human Dimensions of Wildlife Management"という分野の研究が発展しており，野生動物と観光客，地域住民との関係について多くの蓄積がある。我が国では生態学と社会科学の中間領域であり，研究の進展はこれからであるが，第8章で国際的な動向とともに，国内での調査事例について紹介している。

　観光地においては，来訪経験のある観光客および経験のない一般市民を対象にして観光旅行市場のトレンド・属性・旅行形態・地域の認知度・来訪経験率・意向率・イメージの把握と，実際に訪問した観光客の来訪回数・頻度，消費額，満足度・紹介意向・再来訪意向の分析が必要と指摘されている（山田，2010）。マーケティングのために，利用者をタイプごとに分類（セグメンテーション）してプロモーション策を検討するために，日常の消費やレクリエーション，ライフスタイルといった項目を質問する場合もある。観光は，その経済波及効果の大きさから関心も高く，早くから観光客の動向や意識に関する調査が行われ，ノウハウも蓄積されてきている。残念なことに，それらの成果が，自然観光地や国立公園などとの連携が取れずに管理に生かされておらず，観光と自然保護が同じ自治体の中でも縦割りになっているという課題もある。自然観光地におけるエコツーリズムは，観光分野からも，自然保護分野からも大きな関心事であるため，今後は両分野の連携が欠かせない。第9章では，観光分野における各種の統計資料と，意識調査の現状と実例について詳しく取り上げている。

　観光・レクリエーション利用の管理運営について声を聞くべきなのは，地域の外部からの訪問者だけとは限らない。地域の住民は，日常的にレクリエーション

利用も行い,観光業などの関連した産業に従事している場合もある。観光地化による社会経済の変化の影響を最も受けやすいステークホルダー(利害関係者)であり,住民の声を聞くことも観光・レクリエーション利用の社会調査の1つの目的となる。渡辺ら(2012)によると,国立公園の管理も,人為の排除から自然再生といった能動的な自然の保護へ,利用基盤の整備から利用者や地域との連携・協力による取り組みや管理へと変遷してきている。行政だけが保護や事業に取り組むのではなく,地域の住民や公園の利用者との協働がこれからのキーワードである。行政機関や事業者向けの許認可基準の説明が大半を占めていた国立公園の管理計画書も,管理運営計画書と名称が変更され,地域の関係者も巻き込んだ総合型協議会を設立し,各公園や管理区域ごとのビジョン(将来目標)を策定することが求められることとなった。第10章では,国立公園指定と世界自然遺産地域への推薦が検討されている奄美諸島で聞き書きという手法により行われた調査の実例を紹介している。ここで紹介されるのは,量的なアンケート調査ではなく,質的な聞き取り調査の実践例である。自然環境の保全と観光・レクリエーション利用のための社会調査では,丁寧に地域の関係者の声を聞き取っていくことも必要な手法である。

　以上の例のように,自然環境の保全と観光・レクリエーション利用の現場で,様々なアンケート調査が実施され,その成果が施策に反映されてきている。その重要性はますます高まっており,本書がこれから現場でアンケート調査に取り組もうとする読者の一助となることが筆者一同に共通した願いである。

[参考文献]
愛甲哲也・五木田怜子(2016)「国立公園における利用者モニタリング調査の実態および課題と自然保護官の意識」『ランドスケープ研究(オンライン論文集)』9 (0), 1-6頁.
青木陽二・細野光一(1997)「自然公園等利用者数の報告担当者調査の結果について」『環境情報科学論文集』11, 207-212頁.
Hall, C. M., and Lew, A. A. (2009) Understanding and managing tourism impacts: An integrated approach, Routledge.
Hornback, K. E. and Eagles, P. F. J. (1999) Guidelines for public use measurement and reporting at parks and protected areas, IUCN.
Kajala, L., Almik, A., Dahl, R., Dikšaite, L., Erkkonen, J., Fredman, P., Jensen, F. Søndergaard,

Karoles, K., Sievänen, T., Skov-Petersen, H., Vistad, O. I. and Wallsten, P. (2007) Visitor monitoring in nature areas: A manual based on experiences from the Nordic and Baltic countries, Swedish Environmental Protection Agency.

環境省自然環境局 (2001)『国立公園に関するアンケート集計結果』
http://www.env.go.jp/nature/park_an/index.html (2016.3.31 参照)

小林昭裕・愛甲哲也編著 (2008)『利用者の行動と体験』(自然公園シリーズ：2) 古今書院

内閣府大臣官房政府広報室 (2006)『自然の保護と利用に関する世論調査』
http://survey.gov-online.go.jp/h18/h18-sizen/index.html (2016.3.31 参照)

内閣府大臣官房政府広報室 (2013)『国立公園に関する世論調査報告書』
http://survey.gov-online.go.jp/h25/h25-kouen/index.html (2016.3.31 参照)

National Park Service Visitor Services Project (2009) Serving the visitor 2008- a report on visitors to the national park system, University of Idaho, Park Studies Unit.

株式会社日本能率協会総合研究所 (2014)『平成 25 年度国立公園における利用動向に係る調査業務報告書：環境省請負業務報告書』

敷田麻実・森重昌之 (2011)『地域資源を守っていかすエコツーリズム：人と自然の共生システム』講談社

山田雄一 (2010)「観光地マーケティング」十代田朗編『観光まちづくりのマーケティング』学芸出版社

渡辺悌二編 (2008)『登山道の保全と管理』(自然公園シリーズ：1) 古今書院

渡辺綱男・佐々木真二郎・四戸秀和・下村彰男 (2012)「わが国における国立公園の資源性とその取扱いの変遷に関する研究」『ランドスケープ研究』75 (5), 483-488 頁.

第2章 アンケート調査の企画——実施する前に

庄子　康

　本章の目的はアンケート調査票を作り始める前の段階，つまりアンケート調査の企画をどのように立てるのかについて示すことである。本書では自然環境の保全や観光・レクリエーション利用に関わるアンケート調査を念頭に置いているので，そこに引き付けて説明を行っていきたい。

　本書を手に取られているほとんどの方は，アンケート調査を実施する必要があるあるいは実施したい，興味があるという方々であろう。その目的は様々であると考えられるが，アンケート調査に基づいて価値のある事実を明らかにして，社会に貢献したいという点については共通しているだろう。大学生が卒業論文の執筆を目標としていても，コンサルタント会社の方が業務完了を目標としていても，その先には何らかの目的，つまり得られた結果が社会に還元され，何らかの社会貢献がなされることを想定しているはずである。ただ，そのような志があったとしても，準備不足の即席アンケート調査を実施することは，実際には社会に貢献するどころかムダであり，場合によっては有害でさえあるかもしれない。

　森岡編（2007）は自治体が毎年実施しているかなりの数の社会調査（アンケート調査だけに限らない）が，基礎資料をとりあえず収集しておこうという目的意識の薄いものであり，他の自治体との比較どころか，自治体内部であっても部局ごとバラバラに同じような社会調査を実施していることを指摘している。これらは正しくムダであり，税金の無駄遣いという意味から有害である。なぜこのような社会調査が実施されてしまうのであろうか。アンケート調査の企画の話を始める前に，アンケート調査に対する人々の見方，そしてアンケート調査を実施する

側の心の持ち様から考えてみたい。

1. アンケート調査に対する人々の見方

簡単にできそうなアンケート調査

　大学や研究機関では医薬品やロボットの開発をはじめとして多種多様な研究が行われている。それぞれの分野で成果を挙げるには少なくとも最低限の基礎知識が必要であり，何の知識もなしに自分で新薬や新技術を開発できるとは恐らく誰も思っていないだろう。しかし，アンケート調査はどうであろうか。アンケート調査票がどのようなものか，ほとんどの人はアンケート調査に回答したことがあるので知っているだろう。そして簡単に回答することができたはずである。誰もが簡単に回答できるようなアンケート調査票なのだから，作成に特別な知識も必要なく，自分にもできると考える人も少なくないだろう。テレビや新聞で報道されている政党支持率などは，乱数をもとに電話番号を発生させ，そこに電話をかける調査方法に基づいて調べられている。この説明だけ聞くと，手元の携帯電話を使ってすぐにでもアンケート調査が始められそうな気もしてくる。実際，これまでの学生指導の経験を踏まえると，アンケート調査を実施したことのない学生の多くは，1週間程度でアンケート調査票が完成するものと考えているようである。

　しかしながら実際にはそうではない。医薬品やロボットの開発までとは言わないまでも，アンケート調査の実施にも基礎知識が必要である。何も準備がない状態からアンケート調査を実施するには，どんなに急いでも3ヶ月は必要である（少なくとも筆者はそう思っている）。医薬品やロボットの開発を命じられ，自分1人で開発することになったら，書籍を読んだり，論文を探したり，専門家に相談しに行ったりするはずなのに，アンケート調査だといきなり試作を始めてしまうところに，さらにそれがあたかも真っ当なことだと思えるところに落とし穴が存在している。

信頼できないアンケート調査

　このような形で作られた準備不足の即席アンケート調査が繰り返されるとどのようなことが起こるのか。森岡編（2007）は「（前略）困った事態を放置しつづけ

た挙句，行政内部だけでなく世間一般にも，そして研究者の一部にも，社会調査に対する誤った思いこみがまかりとおり広まってしまうのである。社会調査は役に立たないと思われ，社会調査はつまらないと思われ，（後略）」と指摘している。つまり不適切なアンケート調査の実施が，アンケート調査自体への信頼を損なわせているのである。

　ある自然科学者の例を紹介したい。彼は社会調査を専門とする研究者ではなかったが，研究上の必要性から自身でアンケート調査票を作成して，調査を実施したことがあった。その彼は「自分はアンケート調査を実施したことがあるのだが，あれがどれだけ信頼できないものか，自分でやってみてよく理解できた」と言うのである。ただ，彼の話を聞いている限り，彼が実施したのは準備不足の即席アンケート調査の類であった。

　準備不足の即席アンケート調査票の内容がどのようなものであるか，ここでは簡単な例を1つ挙げてみたい。森林景観が美しいことで知られている森林公園で実施されたアンケート調査という設定である。森林公園の美しい景観に感銘を受けたある研究者が，その景観を末永く維持管理したいと思い，適切な管理方法を明らかにするという意図の下，訪問者にアンケート調査を実施しているとする。

問1．森林公園の景観をあなたは美しいと思いますか？　当てはまる番号に1つ○をつけて下さい。

1．とても美しい　2．やや美しい　3．どちらとも言えない 4．ややきたない　5．とてもきたない

　明らかに違和感があるので問題があること自体はわかるだろうが，問題がある理由と改善策を明確に答えることは難しいであろう。
　問題はいくつか指摘できるのだが，大きく分けると技術的な問題点と根本的な問題点の2つに分けることができる。まず技術的な問題点について考えてみたい。技術的な問題点もいろいろとあるのだが，ここでは3つだけ挙げてみたい。

・定義の問題：森林公園の景観とは何なのかという定義の問題が存在する。自分の認識している景観というものと，他人が認識しているそれとは異なることを前提に，具体的に何を評価してもらうのか，言葉の定義をする必要がある。

・言葉遣いの問題：森林公園の景観に対して「きたない」という評価を下すことが人々の感覚にそぐわない，あるいは倫理的な問題を抱えている可能性がある。同じような例としてレストランのテーブルなどに置いてあるアンケート調査票を挙げることができる。そのようなアンケート調査票の中で，料理に対して「まずい」という選択肢が示されている状況がよく見受けられる。しかし，ほとんどの人は食事を提供する方に感謝するよう教育されてきているので，「まずい」は選択しづらいと言える。

・コーピングの問題：仮にある回答者は森林公園の景観に不満を持っていたとする。しかし不満のある森林公園を訪問先として選択したのは他ならぬ自分自身である。「きたない」という回答は，自分の選択が失敗だったことを確定させることになるのである。人間は無意識に自分の選択が成功だったと思う，あるいはそうふるまうことがわかっている。人間は自分自身を守るため無意識にこのような行動を取っているのである。

　以上の理由から，この質問では「とても美しい」「やや美しい」に回答が集中することになる。逆に「どちらとも言えない」が多いと相当問題があるかもしれない。レストランの例で言えば，経営者が「うちの料理は最高評価ではないが，みんなまあまあだと思ってくれている」と考えるのは大きな判断ミスかもしれない。
　1番目と2番目の項目については問題に気づかれた方々も多かったかもしれない。ただ3番目に関しては，先行研究を知っていなければ気づきもしない問題だったはずである。コーピングを回避するため以下のような質問に変えるか，付け加える対応を取ることになる。

問2.　この森林公園にまた来たいと思いますか？　当てはまる番号に1つ○をつけて下さい。

1．来たいと思う　2．どちらとも言えない　3．来たいと思わない

問3.　この森林公園をご友人にお勧めしたいと思いますか？　当てはまる番号に1つ○をつけて下さい。

1．勧めたいと思う　2．どちらとも言えない　3．勧めたいと思わない

　よく練られたアンケート調査票は先ほどのような問題点を事前に把握しており，問2や問3を入れるような対応を取っていることが多い（詳細は第6章で紹介するロイヤルティを参照されたい）。仮に問1で「どちらとも言えない」に回答が集中しても，また来たいと思うし，友人にも勧めたいと思う「どちらとも言えない」なのか，もう来たいとも思わないし，友人に勧めたいとも思わない「どちらとも言えない」なのかを判断することができる。それはほとんど「型」のようなものである。そのため基礎知識を持っている人は，文章の作りや一連の質問の並びなどを見て，よく練られたアンケート調査票なのかどうか判断することができるのである。準備不足の即席アンケート調査票はこのような配慮がなく，まさしく自分の素朴な疑問を何も考えずに質問にして並べている感じとなる。
　実は根本的な問題点はまさにこのことを指している。「森林公園の景観が美しかったら何なのか，美しかったらどうするのか」という点を考えていないのである。アンケート調査を実施することで達成される目的や将来像と紐付けて考えていないので，「景観を末永く維持管理したい，適切な管理方法を明らかにしたい」という志はあっても，結果として森岡編（2007）が指摘した，基礎資料をとりあえず収集しておこうという無駄なアンケート調査と聴取している内容は何ら変わりがないのである。

2. 調査の枠組み作り

　本章で強調したいのは「調査の枠組み作り」である。ほとんどの準備不足の即席アンケート調査では，この部分，つまりアンケート調査の動機となる目的や将来像，その下に位置付くリサーチ・クエスチョン，そしてそれに基づいた質問項目の設計という一連の流れが抜け落ちている。森林公園の例で言えば，「現在の景観を末永く維持管理したい」という目的は存在するものの，適切な管理方法を考える上での具体的なリサーチ・クエスチョンが抜けている。例えば，どのような利用者が森林景観の維持に関心を持っているのか，景観を維持するための対応策に費用が生じる場合，利用者はその費用を負担してくれるのかといった点が存在していない。最終的にはそれらへの回答が，森林公園の景観の維持管理という大きな目的あるいは将来像につながっていくはずである。多くのアンケート調査では，目的や将来像と関わるかどうかもわからない漫然とした質問をさしたる理由もなく尋ねている。「森林公園の景観を私はきれいだと思う，みんなもきれいだと思っているのだろうか」といった安直な理由で質問しているだけである。

　調査の枠組みの欠如は最終的には調査側にも悲しい結果をもたらすことになる。往々にして最後の最後でそれは起きる。アンケート調査の枠組みがなければ，漠然とした必要性の下で質問の設計を行わざるを得ない。アンケート調査実施後，結果や提言を取りまとめて報告書にしたり，学会発表したりする段階になると，そこで初めて目的や将来像につなぐためのストーリーを作らなければならないことに気がつく。この段階でアンケート調査票に本当は含めておかなければならなかった質問が判明するのである。

　例えば，漫然とした質問から得られた結果から，何とかこねくり出せるストーリーは「利用者は森林公園の景観を美しいと評価しており，現在行われている管理にも大いに満足している」しかないとしよう。しかし，管理費用の不足や人員削減による作業員の減少で，現在の管理体制は将来的には維持できないことが事後的に判明したとする（準備不足の即席アンケート調査票は正しく準備不足なので，このような重要な情報が往々にして後から判明する）。そうであるならば，アンケート調査票には，利用者に維持管理のための費用を負担してもらえるのか，ボランティアによる維持管理活動に参加してもらえるのかといった質問を含めて

おけばよかったということになる。このような，調査の枠組み作りの過程で最初に考えておくべきことを最後の最後で行い，目的あるいは将来像につなげられない悲しい状況，つまり自分が行ってきた努力は，結局使い道のない基礎資料の収集だったと判明する状況を我々は数多く見てきている。しかし，先ほどの自然科学者の例のように，そのことをアンケート調査のせいにするのは間違いである。

以下では，アンケート調査を実施する動機となる目的や将来像，その下に位置するリサーチ・クエスチョンの設定まで，一連の流れについて順を追って説明していきたい。

ゴールや将来像を確認する

アンケート調査を実施することが決まっている場合，アンケート調査票の作成を急ぎたいところであるが，面倒でも目的あるいは将来像を確認することから始めたい。業務の場合は業務仕様書にこのあたりの内容はある程度記載されているが，上記で示したように，それらを自分の中で腑に落ちる形で整理しておくことが実は重要である。

先にも述べたように，調査側は得られた結果に基づいて何らかの社会貢献がなされることを期待しているはずである。ここではその社会貢献によって，最終的に達成が目指されている結果を目的，達成が目指されている状態を将来像と呼ぶこととしたい（図2-1）。「生物多様性を保全したい」「知床でエコツーリズムが根付いてほしい」「富士山で自然環境とレクリエーション体験の質に配慮した登山が実現してほしい」といった，かなり大きな内容がここに位置することになる。これらはもともとの興味や問題意識として，具体的な情報収集を始める以前から持っている類のものかもしれない。目的や将来像は明確にしたからといってそれ自体が役割を果たすものではない。しかし，初心に立ち返り，進むべき方向を再確認する道しるべとなるものである。アンケート調査を実施する過程では，関係者との様々な調整や幾度にもわたるアンケート調査票の修正があり，何のためにやっているのかを見失ったり，アンケート調査の実施自体に嫌気がさしたりもする。そのような場合には目的や将来像を思い返すことである。

ここで決して間違えてはいけないのは，卒業論文の執筆や委託業務の遂行を目的や将来像に据えてはいけないということである。課題を終わらせることを目的

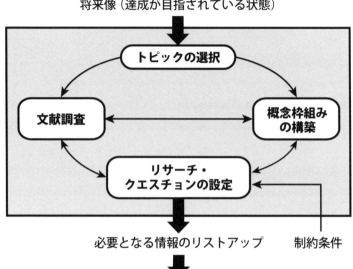

図2-1　調査の枠組み作り（Veal〔2011〕に基づき筆者が加筆・修正して作成）

や将来像にしてしまうと，効率的に終わらせることが望ましいことになってしまう。社会貢献ではなく，卒業論文や委託業務を終わらせることに意味があるならば，準備不足の即席アンケート調査は最有力候補ということになる。そもそもこれは調査倫理の面でも問題である。調査倫理については第4章で整理しているが，調査倫理の本質は「己の欲せざる所，人に施すなかれ」である。例えば，「自分の卒業のためにアンケート調査をやっています，ご協力下さい」「会社の売り上げのためにアンケート調査をやっています，ご協力下さい」と言われて，快く協力できる人はいないだろう。

トピックの選択

　目的や将来像を確認したら，図2-1に示されているように，もう少し具体的なトピックを選択することになる。自然環境の保全や観光・レクリエーション利用におけるアンケート調査を行う場合には，先に現場が存在する場合も多いので，

トピックの選択はすでに終わっている場合も多いかもしれない。

　トピックは，論文や報告書で言えば，タイトルよりももう少し大きな内容に相当することを決める作業である。具体的には以下のようなものを挙げることができる。

・知床における冬季の観光利用を拡大する（将来像：知床でエコツーリズムが根付いてほしい）。
・富士山における過剰な登山利用による影響を緩和する（将来像：富士山で自然環境とレクリエーション体験の質に配慮した登山が実現してほしい）。

　このトピックの選択は，個人の興味や文献調査，政策や管理上の課題，社会問題，これまでに示されている課題，ブレーンストーミングなど，様々な観点から行われる（Veal, 2011）。事前に関連文献を読んでいたり，ある程度の学問体系をすでに身につけていたりすれば，

・富士山保全協力金に対する支払意志額を仮想評価法によって評価する。
・コーピングの視点から富士山登山者の混雑感を把握する。

　といった，先行研究やすでに存在する概念枠組みを織り込んだ形でのトピックが掲げられることになる。多少漠然としたアイデアベースのトピックも，「文献調査」と「概念枠組みの構築」という以下で示す作業を行ったり来たりしながら，より絞り込まれた記述へと変化していき，最終的には「リサーチ・クエスチョンの設定」にたどりつくことになる。トピックは荒削りな内容で十分であり，実際にこれに基づいてアンケート調査の質問が設計されるわけではない。あるトピックを選択して情報収集した上で，具体化する見通しが立たないあるいは本質的な意味を持たないと判断すれば，別のトピックを選択しても構わない。あるいは複数のトピックを掲げて，文献調査や概念枠組みの構築の作業を行ったり来たりしながら候補を絞っていく方法も考えられる。

先行研究のレビュー

　先行研究のレビューの方法については社会調査に関する多くの書籍が整理しているので，ここでは自然環境の保全や観光・レクリエーション利用での研究を念頭に置いて紹介を行いたい。

　近年はインターネットの普及により，キーワードがわかっていれば，サーチボックス（検索窓）に入力することで，まさに求めていた情報がすぐに出てくることもある。政府統計の総合窓口（e-Stat）からは各種の統計情報をダウンロードすることも可能である。また知床データセンター（http://shiretoko-whc.com）のように，自然環境の保全や観光・レクリエーション利用に関わる地域の取り組みが丸ごとデータベース化されているようなサイトもある。ここには各種会議の議事録もすべて掲載されているので，昔は現地に出向いて現場の担当者に探してもらっていたような資料も座ったまま入手できる。

　一方，簡単に情報が集まる時代であるがゆえに，足が遠のいているのが図書館かもしれない。大学では古い資料でなければかなりのものが電子化されており，図書館という場所に行かなくてもそれらにアクセスできる。それでも，図書館の関連しそうな書棚を眺めてみたりすることで思いがけない発見をすることも多い。特に自然環境の保全や観光・レクリエーション利用に関わるのは学際的な領域であるため，観光に関わることでもグリーンツーリズムに関する資料は農学系の書棚にあったり，エコツーリズムに関する資料は生態学系の書棚にあったりするからである。

　文献レビューの具体的なやり方については，森岡編（2007）や大谷ら（2013），Veal（2011），Sirakaya-Turk et al.（2011）を参照されたいが，自然環境の保全や観光・レクリエーション利用に関する研究を行う際の文献レビューの方法（筆者が行っている方法）を紹介したい。一般的に文献レビューは，ある程度の書籍や論文を集め，それらを読んだら，そこに記載されている興味を引いた書籍や論文に再びあたるという芋づる式の作業を繰り返すことになる。最初は教科書的な書籍を足掛かりに，学習も兼ねて次第に専門的な論文にも手を伸ばしていくという方法が王道である。

　ただ，自然環境の保全や観光・レクリエーション利用の分野に関して言うと，このやり方には難点が存在している。1つは，この分野は学際的なので全体を見

渡せなくなる可能性がある。例えば筆者は，環境経済学の手法を用いてヒグマを観察するエコツアーの需要予測を行う研究を行ったことがある（久保・庄子, 2012）。このようなテーマで関係する分野は，環境経済学，野生動物管理，保全生態学，エコツーリズム，レクリエーション管理であり，それぞれの分野で重要な文献がある。ある興味深い文献を探して読み，そこに掲載されている書籍や論文に再びあたるわけだが，その筆者が引用している書籍や論文はその筆者が専門とする分野のものが多いので，ある学問分野に迷い込むと出てくることが難しくなる場合もある。図2-2は文献が存在する状況をイメージした図であるが，どの書籍や論文から芋づる式作業が始まるかわからないし，その分野でキーとなる論文はある程度掘ってみないとわからない。分野が広いと分野内でさらにグループができていたりもする。加えて，ある分野の論文が他の分野の論文につながっている保証もない。例えば，野生動物が関わるので野生動物管理の分野でのみ情報収集したが，研究を進めた段階で，野生動物を観察するエコツアーという文脈からエコツーリズムの分野でたくさん文献が見つかったということもよくある話である。

もう1つの難点は，これは特に日本の文献であるが，前述のように準備不足の

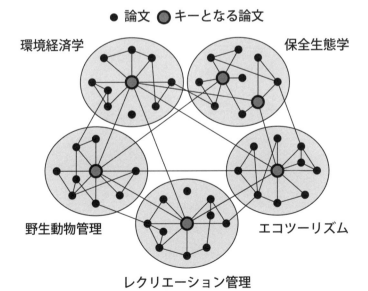

図2-2　5つの分野で相互に引用されているかどうかのイメージ図

即席アンケート調査もたくさん行われているので，様々な調査報告書やアンケート票が資料収集の段階で集まってきてもそれらが玉石混淆だということである。経験がなければ玉か石かを見分けることも難しい。論文であれば信頼できるように見えるが，実際にはそれさえも信頼できない。がっかりするようなアンケート調査に基づいた論文が学会誌に掲載されているのを見るのは，1度や2度ではないからである。

　上記の2つの理由から，自然環境の保全や観光・レクリエーション利用に関する文献レビューについては以下のような方法が推奨できる。

・インターネットでの検索や図書館の利用によって，関係する文献（書籍あるいは論文）の文献情報を集める。ある概念を指すキーワードが出てこないとまったくヒットしないが，それを知ったとたんに情報が出てくることもあるので，入手した論文のタイトルやキーワードにも注目し，時間をかけて慎重に行う。
・出てきた文献の本文は読まず（読んでも要旨だけをななめ読みし），参考文献のリストを確認し，その中で興味を引いた文献について文献情報を集める。この作業を繰り返し，どの分野が関係するのかだけ大まかに把握する。この作業の作業量は拡散するように思えるが実はそうでもない。重要論文はどの論文からも引用されているので，新規文献を入手しても確認済の論文が多数を占めてくるからである。キーとなる重要論文の中には，レビュー論文と呼ばれるその分野での特定のテーマについて研究を整理した論文が含まれることも多い。この作業の中で，特定の和文学会誌の文献しか引用していないもの，引用文献が少ないものは，適用している手法が我流であるかもしれないので参考にしないように注意する（理由は後述する。また手法のことを言っているのであって，その他の項目は参考にできる可能性がある）。
・すでに大量の文献情報が集まっているので，これらを読み始めるのは非効率である。次に行う作業は，各分野のキーとなる論文，キーとなる学会誌，そして自分のテーマにとっての「スター研究者探し」である。スター研究者とは，自分に近い興味を持っている人で，数多くの論文を執筆し，また執筆した論文が数多く引用されている人物である。
・スター研究者が見つかれば，その人はおそらく自分のWEBサイトを持ってい

るはずである。そしてそこには業績リストが掲載されているはずである。その人が所属している学会，よく投稿している学会誌，共著者，キーワードを見ることで情報をさらに補強することができる。大学の先生であれば講義資料や使っている教科書も情報として掲載されている可能性が高い。
・これらの情報収集に基づいて，どの分野の流儀でアンケート調査を実施するかを考え，その分野のスター研究者の書籍や論文，その分野のキーとなる書籍や論文の順に文献を読んでいく。

　繰り返しになるが，避けなければならないのは，アンケート調査を実施した後で重要な書籍や論文が大量に出てくること，そして真似すべきでない手法やアンケート調査票を真似してしまうことである。
　英語の書籍や論文はどう扱えばよいのであろうか。これらについては，すべての人が先行研究を踏まえることは現実的には困難である。特に英語論文は専門的すぎて，基礎知識がなければ手も足も出ないからである。また大学の図書館などに行かなければ，幅広い学会誌を無料では閲覧できないこともある。そのためアンケート調査を初めて行うような場合には，実質的には日本語で書かれた論文や書籍に限られてしまうことになる。ただ，調査結果を論文として報告することを想定しているのであればこれでは不十分である。本章の最後の項「調査スケジュールの立案」でも述べるが，この状況に対応するための最も効率的な方法は，研究分野の知見について体系的に把握している研究者に指導を仰ぐことかもしれない。医薬品やロボットの開発を命じられ，自分で先行研究を探してみたところ，英語の書籍や論文しか出てこなかったとしたら，多くの人はおそらくそのようにするであろう。
　このような先行研究のレビューは先が見えない作業なので（そもそも関係する論文や書籍が出てくるのかわからない，出てきたとしても何がどれくらい出てくるのかわからない），手をつけるのが億劫になる作業である。ただ，実際にやってみると思ったほどは時間がかからない作業である。もちろん，英語を読む速さやキーワードを事前に知っているかどうかなど，前提条件が異なるので一概には言えないこともある。

概念枠組みの構築

　先行研究のレビューを行う過程で気づくことになるが，自然環境の保全や観光・レクリエーション利用の分野では，様々な概念を利用してものごとを捉えようとしている。概念は変数とそこに想定される関係性を表示したものである（Punch, 2005）。概念は直接観察したり，計測したりすることができない。概念というと仰々しく聞こえるが，実際には我々も何の気なしに普通に使っているものである。Punch（2005）には，わかりやすい例として，知能と知能テスト項目が挙げられている。知能という言葉は概念である(*)。知能は直接観察することはできないが，知能テストの項目を通じてその一部を計測することが可能である。逆にある知能テストの項目を通じて計測した値が知能の1つの捉え方である。そのように考えると，何らかの概念を定義する作業と，それを計測できるような形にするための操作は表裏一体になっていることがわかる。残念ながら，紙面の都合上，概念枠組みについて詳細を論じることはできないので，大谷ら（2013）やVaske（2008）を参照されたい。概念は単一で使う場合もあるが，複数を組み合わせて使ったり，複数の概念から新たな概念を構築したりする場合もある。そのため，すべての状況を総称する場合は，概念ではなく概念枠組みという言葉を使うことにしたい。

　このような概念枠組みを構築する作業は概念化（Conceptualization）と呼ばれており，それをどうやって計測可能な変数として落とし込むのかという作業は操作化（Operationalization）と呼ばれている。この作業は次章で行うことになるが，ここではまずどのような概念枠組みを用いるのかを決めることになる。

　例えば，以下のような文章には概念枠組みが使われている。

・知床における冬季のレクリエーション利用の<u>選好</u>の多様性を把握する。
・富士山山頂で訪問者が感じる<u>混雑感</u>を減少させる方策を検討する。

　選好とは経済学の分野で使われる用語である。訪問者はいくつかの選択肢の中からあるレクリエーション利用を選択している。その訪問者が持っている選択肢に対する順序関係が選好である。もしその訪問者が合理的であれば，最も望ましい選択肢を選択しているはずである。この選好は人によって異なることが多いた

め，選好の多様性を把握することが適切なマーケティング方法を考える上で重要な課題となっている。

　一方，混雑感とは社会心理学の分野で使われる用語である。初期的な研究では，混雑感は同じ空間にいる（あるいはすれ違う）人数によって規定されるだろうと考えられていた。しかし，表明される混雑感と実際の物理的な人数との間の相関が低く，混雑感は物理的な要因だけではなく，その他の質的な要因，例えば，他の利用者が同じ活動をしているか否か，他の利用者がルールを守って活動しているか否かなどによって影響を受けていることがわかっている。

　よく考えられたアンケート調査とそうでないアンケート調査との大きな差は，このような概念枠組みに対する配慮の有無にあるとも言える。このような概念枠組みは長きにわたる研究に基づいて構築されている。概念枠組みは下記のような図として表現されることも多い（図2-3）。

　これは，都市近郊の大規模な公園での歩道利用の多様性を把握する研究の枠組みである。白のパネルは実際にアンケート調査などによって直接観測できる情報

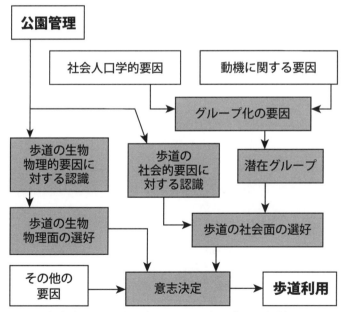

図2-3　概念枠組みの具体例（Mieno *et al.*〔2016〕より作成）

であり，一方の灰色のパネルは概念であったり，研究から推察あるいは推定する中身であったりなど，研究者側が直接的には知り得ない情報である。

　このような概念枠組みを構築する一番簡単な方法は真似することである。もちろん論文として執筆するのであれば，単に真似をするだけでなく，何らかの新規性が必要である。ただ，何もない状態から概念枠組みを作ることはほとんどない。まったく新しい概念を提唱してその測定手段を作り出したとしても，それらが使えるかどうかは信頼性と妥当性という基準からテストされる必要があるからである。先に引用文献が少ないものは，適用している手法が我流であるかもしれないと述べたが，それは上記の理由に拠っている。ある概念枠組みを採用すれば，自動的にある一群の論文が引用されることになるからである。図2-3は筆者らの研究で用いた図であるが，この図の直接の引用元（Boxall and Adamowicz, 2002）では，さらに引用元（Swait, 1994）が記されており，その引用元ではさらに引用元（McFadden, 1986）が示されている。最後の筆者は2000年にノーベル経済学賞を受賞している経済学者である。要は誰もが過去の先行研究を真似たり，アイデアの種として使ったりしているのである。

　話は先行研究のレビューに戻るが，上記のBoxall and Adamowicz（2002）のW. L. Adamowicz 氏は，環境経済学分野の中心的な研究者（筆者のスター研究者）であり，かつ野外レクリエーションも研究対象としているので，レクリエーション管理の分野でも彼の論文が頻繁に引用されている。

　自然環境の保全や観光・レクリエーション利用における社会調査については，残念ながら日本の研究は十分に国際化しているとは言えない。少なくとも観光分野についてはそのような指摘がなされている（愛甲，2014）。大きな原因の1つは，ここで述べたような概念枠組みが踏まえられていないことではないかと思う。概念枠組みに基づいて研究を行わないと，研究者ごと，研究ごとに違う尺度でものごとを捉えることになるので，研究は積み重なっていかない。日本の研究は，アンケート調査であれ，現地の聞き取り調査であれ，社会調査を実施してその都度取りまとめているだけの印象が強い。もちろん現地には還元されて役立っているのかもしれないが，過去の失敗を踏まえてよりよいものに挑戦する，そのような経験を積み重ねていく，そして知識として体系化していく，これらのことへの配慮が足りない気がするのである。

リサーチ・クエスチョンの設定

調査の枠組み作りの最終段階は，調査全体のリサーチ・クエスチョンの設定である。選択したトピックについて，先行研究のレビューや概念枠組みなどを通じて，より具体化したものがリサーチ・クエスチョンである。トピックがタイトルよりももう少し大きな内容に相当するとすれば，リサーチ・クエスチョンはタイトルとなるような内容である。実際にはタイトルよりはもう少し詳しいかもしれない。リサーチ・クエスチョンはクエスチョン（問い）であるが，必ずしも疑問文にする必要はない。ただ Veal（2011）が整理しているように，疑問，課題，仮説という形で設定するならば，それぞれ回答，解決策，当てはまるか否かという，それぞれに合った形の受けが最終的に用意される必要がある。仮説の場合はそのまま統計的な仮説検定を意図している場合もある。実際には，仮説検定のための仮説は，リサーチ・クエスチョンの下に，それを論証するためのものとして複数設定されるイメージである。

例えば，下記のようなものがリサーチ・クエスチョンになる（図2-4）。

・知床に冬季に訪れる訪問者が好む野外レクリエーションに選好の多様性はあるか，あるならばどのような選好の違いがあるのか？

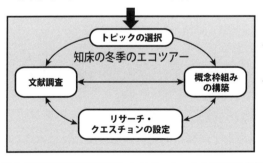

図2-4 調査の枠組み作りの一例（Veal〔2011〕に基づき筆者が加筆・修正して作成）

このリサーチ・クエスチョンも，もとのアイデアや概念枠組みは図2-3のものとほぼ同じものを採用している。環境経済学あるいはマーケティングの分野では，選好の多様性が大きなトピックになっており，知床現地でも，流氷の上を歩く体験をする人々と野鳥を観察する人では選好が異なることが想定されたので，それをテーマとすることにした。このような情報は需要予測にも関わるため，現地からのリクエストをいただいていたものである。対応する文献はすでに把握しており，Boxall and Adamowicz（2002）のカヌーの利用体験の多様性を評価した研究の枠組みをそのまま用いている。またこのリサーチ・クエスチョンは2段構えのリサーチ・クエスチョンになっている。最初のプライマリー・クエスチョンと呼ばれるものと，それにセカンダリー・クエスチョンがつけられたものである。

リサーチ・クエスチョンはそれだけ見れば単なる一文であるが，調査の枠組みを考えるプロセスの集大成であり，ただの思い付きの文章ではない。Punch（2005）が整理しているように，リサーチ・クエスチョンは以下のような性質を持っている必要がある。

・明確である。
・具体的である。
・答えることが可能であり遂行可能である。
・相互関連的である。
・実質的に適切である。

相互関連的であるとは，疑問が複数にわたる場合，バラバラな疑問の寄せ集めではなく，全体的な整合性の下で互いに意味ある形で関連していることを示している。最後が最も重要と思われる項目であり，実際に社会調査する価値のある興味深い問題であるかどうかという性質である。

佐藤（2002）が指摘しているように，設定されたリサーチ・クエスチョンに「正しい答え」を導き出す作業よりも，「適切な問い」を立てる方が実際にはより難しく，重要な作業である。特に学生にとっては，リサーチ・クエスチョンのブラッシュアップはアンケート調査を実施すること以上に重要な作業かもしれない。準備不足の即席アンケート調査でも卒業論文は書けるかもしれないが，その過程

で吸収できることはデータ整理と統計分析のスキルだけである。しかし，意味のある実質的な問いを立てることは，社会に出て新しい課題，新しい価値を見つけ出す作業と本質的に同じであり，社会に出る上での極めて実践的なトレーニングともなるからである。

　本書では，調査の枠組み作りについて，自然環境の保全や観光・レクリエーション利用の分野に引き付けて説明してきた。しかし，多くの人文社会科学分野系の書籍で，同様の内容が違った形で説明されている。これらを読むことで本書の内容をより理解することができる。

3. アンケート調査票を作る前に

　リサーチ・クエスチョンを立てることができれば，実質的にアンケート調査票の設計を行うことができる。先行研究をよく把握すれば，どのような質問項目を立てればいいのかについてもある程度（場合によってはほとんど）見通しが立っているはずである。しかしその前に確認しておくべきことがある。

アンケート調査は必要なのか

　「アンケート調査が必要なのか」には2つの意味合いがある。1つは，統計資料や過去に行われた先行調査を用いて，設定したリサーチ・クエスチョンに実質的に答えられる可能性はないのだろうかということである。第9章で示されるように，観光の分野では多くの統計資料が存在している。また，リサーチ・クエスチョンを設定する段階で様々な下調べをしていれば問題はないが，実は行政機関がコンサルタント会社にアンケート調査の実施を依頼し，その結果を報告書として持っていたりする場合も少なからず存在する。これらの資料は公開されていないことも多いので，よくよく確認することが望ましい。

　もう1つは，アンケート調査というアプローチ（量的調査）ではなく，質的調査の方が設定したリサーチ・クエスチョンによりよく答えることができるかもしれないということである。実際には，より手軽に結果を出せるという理由から，本来は質的調査で対応すべきことをアンケート調査で済ませているケースがかなりあるのではないかと筆者は考えている。

アンケート調査を含む量的調査は定量的なデータを扱う分析である。定量的な値に基づいて結論付けたり，仮説検定を行ったりするものである。一方，質的調査は，定量的なデータよりも，聞き取り調査や文献などから得られる「言葉の情報」に重きを置いている。Veal (2011) は Kelly (1991) に基づいて，余暇活動（観光やレクリエーションを含むもう少し幅広い言葉）という文脈において，質的研究は量的研究と比較して以下の点についてメリットがあると述べている。

・余暇活動は人々にとっては質的な体験なので，質的研究は研究している現象の性質と一致している。
・質的研究は余暇活動の研究に「人間を取り戻す」手法である。それに対し，名前や個性のある人間を想定していない量的研究は人間味がない傾向がある。
・統計的な分析について知識のない人にとっては質的研究の方が理解しやすい。
・質的研究の方が経時的に生じる個人的な変化を把握することに適している（ほとんどの人々の行動は，それぞれのライフヒストリーや経験に強く影響されているが，量的研究はそれらを無視している）。
・最初の点に関連して，観光を含む余暇活動では人間同士の直接的な交流があり，質的研究はこのようなことを把握するのに適している。
・質的研究は人々の希望や憧れを理解する方法としてより優れている。

一方，森岡編（2007）も質的調査の利点を以下のように整理している。

・問題を発見しやすいこと，問題の特質を浮き彫りにさせやすいこと。
・対象の持つ多数の側面を全体連続的に捉えること，つまり対象の多次元的な把握に向いているため，全体像を描きやすいこと。
・問題となる事象についての対象者の経験をその内面に即して掘り下げて理解し，対象者の行為を意味付け，問題の深層にアプローチし得ること。

筆者も大学の研究者として自然環境に関わる研究や教育に携わっているが，そこに至るまでには，子供の頃に遊びに出かけた近所の森が住宅地に変わってしまったこと，そして自分の家も同じようにして切り開かれた住宅地に立っているこ

とに気づいたことが大きく関係していると考えている。誰もがそのような何がしかの思いを持っているものであるが，アンケート調査でそれを拾うことは不可能である。

　アンケート調査を実施する過程で，現場を知れば知るほど，人々の思いや考えに触れる機会が多くなる。そのため，上記で指摘されるような質的調査の利点（量的調査の課題）は，実際には現場で気づかされることが多い。アンケート調査だけに固執せず，最終的にはアンケート調査を行うにしても，アンケート調査と併用して小規模な聞き取り調査を実施することで，厚みの増したリサーチ・クエスチョンへの回答を得ることもできるかもしれない。ここで述べている内容は，第10章の事例研究を読んでいただくことでより具体的に理解できるはずである。

想定される統計分析の把握

　多くの社会調査に関する書籍がそうであるが，作業順に章立てが行われているので，統計分析に関する紹介は最後に行われることになる。これはこれで仕方のないことであるが，ともするとアンケート調査票を作成した後に，得られたデータに対して統計分析を適用するようにも取られかねない。しかしながら，実際には調査の枠組み作りの段階でどのような統計分析を適用するのか検討しなければならない。例えば，「ある海浜公園は性別にかかわらず利用機会が提供されるよう管理されているか」というリサーチ・クエスチョンの下で，それを論証するために以下の点について統計的な仮説が立てられているとする。

・年間訪問回数に男女間で違いが存在するか。
・潮干狩りをする利用者は男女間で比率の違いが存在するか。
・休憩場所が十分な数設置されていると思うかの評価（5段階評価）には男女間で違いが存在するか。

　このような場合，得られたサンプルを性別でサブサンプルに分割し，計測した変数の値に差があるかどうか統計的な検定を行うことが想定される。また，次章で詳しく紹介するように，評価対象の変数をどのような変数として定義するかに

よって適用する統計分析は異なってくる。潮干狩りをする利用者は男女間で比率の違いが存在するかはクロス表を使いカイ二乗検定を，年間訪問回数に対する違いは t 検定を，休憩場所が十分な数設置されていると思うかの評価は，得られたデータを順位付けに基づくデータと解釈すれば，ウィルコクソン順位和検定を適用することが視野に入っている。このように統計分析が視野に入っている場合は，アンケート調査を設計する段階ですでにどんな質問を作るのかについて想定が行われていなければならない。これは次章で示す，どのような尺度で質問を作るかということとも大きく関係している。

　統計分析は後付けで分析できることも多いが，特に論文の投稿を考えている場合には，適切な統計分析が適用できるようにアンケート調査票の設計から考慮しておく必要がある。それどころか，適用する統計分析がアンケート調査票の内容をほとんど規定してしまうような場合もある。例えば，環境経済学で用いられる仮想評価法を適用する場合，信頼性を検証するための一群の質問を入れたり，特定の統計手法を採用したりすることが国土交通省のガイドラインに規定されている（国土交通省，2009）。

　統計分析の基礎を知っておくことは，アンケート調査でできることの幅を広げることにもつながる。先に材料（データ）を購入してしまうと，それを使うレシピ（統計分析）も絞られ，料理（アンケート調査でできること）も限定されるが，最初にレシピ本（統計分析の知識）があれば，様々な料理のレパートリーの中から望ましいものを選択して，材料を購入しに行けることになる。

　統計分析まで視野に入っていると，アンケート調査は「わからないことを明らかにする」という感覚よりも，「ある程度わかっていること（仮説）についてデータを取りにいく」という感覚に近くなる。アンケート調査の企画段階で，すでに結果に見通しが立っているのである。もちろんこれは恣意的な調査設計とはまた別の話である。意図的なアンケート調査は求める結果を得るためにアンケート調査の内容をゆがめることであるが，ここで述べていることは，得られる結果に予想を立てて，それが本当かどうかを検証するということである。リサーチ・クエスチョンが明確であればあるほど，またそれを論証するための仮説が具体的であればあるほど，アンケート調査で「データを取りにいく」感覚になることは必然的である。

4. 調査スケジュールの立案

　本来アンケート調査の実施は，期日や予算，人員を踏まえて検討すべき問題である。ただ，本章では調査の枠組み作りの重要性を強調したかったため，そこを先に説明してきた。ここでは改めて，様々な制約条件を踏まえて調査スケジュールをどのように立案するのかを整理したい（図2-1の右下の部分に該当）。アンケート調査の下準備も含めた段取りについては第4章でもう少し詳しく紹介する。

様々なアンケート調査

　そもそもアンケート調査を実施するに至る経緯は様々である。表2-1は，調査主体，調査形態，資金，目的や将来像以外に調査側に働くインセンティブ，調査方法，報告形態という視点で整理を行っている。

　タイムスケジュールは，調査形態や調査方法，報告形態に特に影響を受ける。調査形態については，Veal（2011）に基づき，記述のための調査，説明のための調査，評価のための調査と3種類に整理しているが，記述のための調査はアンケート調査票が比較的簡単に作成できるのに対して，後者の2つは，調査の枠組み作りに時間がかかることになる。ただ，記述のためだけにアンケート調査が行われることはほとんどない。

　調査方法についても，選択する調査方法によっては準備の時間が異なることになる。訪問者を対象とした現地実施・現地記入のアンケート調査であれば，前日までアンケート調査票を修正し，当日の朝に印刷して実施することも不可能ではない。しかし，地域住民を対象としたアンケート調査の場合には，事前にサンプリングが必要であり，例えば，住民基本台帳を使うような場合は相当な事務手続きが発生することを覚悟する必要がある。

　報告形態については，締め切りがあるものからないものまでいろいろとあるため一概には言えないが，例えば論文を執筆する場合には，アンケート調査に関わる部分以外（例えば，先行研究の整理）についても作業が必要となるため時間がかかることになる。

表 2-1　アンケート調査を行う様々な状況設定（Veal〔2011〕に基づき作成）

調査主体
大学や研究機関（学生を含む）
行政機関（現場担当者を含む）
NPO 法人などの団体
アンケート調査業務を請け負うコンサルタント会社，調査会社
調査形態
記述のための調査（現状を把握する）
説明のための調査（ものごとがなぜそうなっているのか，どうなるのかを把握する）
評価のための調査（政策や対策がどの程度成功しているのかを把握する）
資金
大学や研究機関の研究費
行政機関の調査業務費
自己資金
目的や将来像以外に調査側に働くインセンティブ（図 2-1 の制約条件）
論文や書籍・卒業論文・修士論文・博士論文の執筆，学会報告
新しい制度や政策の立案
業務に対する報告書の提出
上記すべてに関係して得られる利益や地位，名誉
調査方法
アンケート調査を採用しない
訪問者を対象とした現地実施・現地記入のアンケート調査
訪問者を対象とした現地実施・郵送のアンケート調査
地域住民を対象としたアンケート調査
一般市民を対象とした WEB アンケート調査
報告形態
論文，卒業論文，修士論文，博士論文，書籍，学会報告
業務に対する報告書
現地報告会での報告

現実的な調査スケジュール

　卒業論文の執筆や業務完了を目標として据えてはいけないことは先に述べたが，だからといって，この項目が重要な要因でないというわけではない（混同しないでほしいと言っているのである）。就職が決まっている学生は，きっちり卒業論文を仕上げて卒業しなければならないし，業務委託された事業者は，報告書の提出締め切りが仕様書に明記されており，それは守らなければならない。そのため，論文や報告書といった何らかの冊子体の提出を最終目的として，そこから逆算して調査計画が立てられることになる。これらの現実的な締め切りを無視して，原則論に則った理想的なタイムスケジュールを提案しても役に立たないだろう。そこで原則論に則った調査スケジュールではなく，次善のタイムスケジュールを提案することにしたい。

　問題はアンケート調査の実施時期である。自然環境の保全や観光・レクリエーション利用の分野の大きな特徴でもあるのだが，アンケート調査を実施できる時期が限られている場合が多い。例えば，富士山の一般的な登山シーズンは7月上旬～9月中旬までであるし，筆者らがアンケート調査している大雪山国立公園の登山シーズンも7月中旬～9月中旬までである。このような場所で訪問者を対象にアンケート調査を実施するならば，6月下旬にはアンケート調査票は完成している必要がある。

　実はこのような時間制約も，少なくともこの分野においては，準備不足の即席アンケート調査の実施につながっている可能性が高い。4年生に進級して卒業論文に取りかかり始めた学生や年度が明けて業務委託を受けたコンサルタント会社にとっては，アンケート調査票を作成するために与えられている時間は少なく，調査の枠組み作りから始めることは困難である。特に調査時期が夏に限られる場合はこの期間が極めて短いため，スタート時点から実質的にアンケート調査票作りを始めなければならない。しかし繰り返しになるが，準備不足の即席アンケート調査を実施することは本当に多くのムダを生んでいるのである。ではどうすればいいのであろうか。

　その場合は，とにかく知見や経験のある研究者や実務家に指導を仰ぐことである。知見や経験というのはアンケート調査を実施した経験があることではない。先行研究をレビューしており，概念枠組みを比較的短期間で提案できる経験者の

ことである。そのような経験者に指導を仰ぎ，一緒になって「実質的に適切である」リサーチ・クエスチョンを考えてもらうのである。そして，過去に使用したアンケート調査票を使用させてもらい，まずはアンケート調査を実施するのである。これは提案でもあるのだが，行政機関の調査業務では，仕様書に指導を仰ぐべき研究者や実務家を示しておくべきであろう。経験のないコンサルタント会社が，単年度で「実質的に適切である」アンケート調査票を作るのは，特に夏季調

		調査の枠組みを作る時間がある	調査の枠組みを作る時間がない
前年度	3月	調査の枠組み作り 現地との調整	
調査年度	4月 5月 6月	調査票草案の作成 調査票草案の内容照会 料金受取人払郵便の手続き 調査員の確保	調査経験者に相談 現地との調整 調査票草案の作成 調査票草案の内容照会 料金受取人払郵便の手続き
	7月 8月 9月	プレテストの実施 調査票の印刷 本調査の実施 入力作業者の確保	調査員の確保 プレテストの実施 調査票の印刷 本調査の実施 入力作業者の確保
	10月 11月 12月	調査票の入力 単純集計結果の整理 統計分析	調査の枠組み確認 調査票の入力 単純集計結果の整理 統計分析
	1月 2月 3月	論文や報告書の執筆 現地へのフィードバック	論文や報告書の執筆 現地へのフィードバック

図2-5 アンケート調査実施までのスケジュール例

査を想定した場合，スケジュール的に無理である。

　もちろん調査の枠組み作りの作業をスキップするのではない。アンケート調査を実施し終えた後にその作業を行うのである。アンケート調査を実施している本人は，結果的にこの時点で実施したアンケート調査票が何をしていたのか知ることになるのかもしれない。これは実際にはよいことではない。しかし，社会が年度単位で回っており，アンケート調査は夏季に行う場合が多いことを考えれば仕方のない部分もある。この調査スケジュールが変わらない限り，自然環境の保全や観光・レクリエーション利用に関わる社会調査は常に準備不足の実施状況に置かれているので，将来的には何らかの改善策が検討される必要もあるだろう。

　図2-5に理想的なタイムスケジュールと次善のスケジュールを載せている。修士論文や博士論文，年度に縛られないアンケート調査が行われる場合は，もう少し余裕を持って，調査の枠組み作りから考える方が当然望ましいことは言うまでもない。特に修士論文や博士論文を執筆する場合は，自分が所属する学問領域全体について学習すること自体も重要であるから，調査の枠組み作りと基礎学習は同時並行して，時間をかけながら行うことが望ましい。このような，理想的な（本来の）タイムスケジュールなどについては，Sirakaya-Turk et al.（2011）などを参照されたい。

［注］
＊── Punch（2005）はこの章で言うところの概念を概念とは呼んでおらず，潜在特性という言葉を使っている。本来はこの表現の方が正しいと思われるが，本書では直感的な理解が得やすい概念という言葉で表現している。

［参考文献］
愛甲哲也（2014）「自然公園研究の国際的動向とわが国の課題」『観光文化』221, 25-28頁.
Boxall, P. C. and Adamowicz, W. L.（2002）"Understanding heterogeneous preferences in random utility models: A latent class approach," *Environmental and Resource Economics*, 23 (4), 421-446.
Kelly, J. R.（1991）"Leisure and quality: beyond the quantitative barrier in research," in Goodale, T. L. and Witt, P. A.（eds.）, Recreation and Leisure: Issues in an Era of Change, Venture Publishing.

国土交通省（2009）『仮想的市場評価法（CVM）適用の指針』
http://www.mlit.go.jp/tec/hyouka/public/090713/090713.html（2016.3.8 参照）
久保雄広・庄子康（2012）「選択型実験を用いたヒグマ観察ツアーに対する潜在需要の評価：大雪山国立公園における事例研究」『野生生物保護』13（2），9-18 頁．
McFadden, D. (1986) "The choice theory approach to market research," *Marketing Science*, 5 (4), 275-297.
Mieno, T., Shoji, Y., Aikoh, T., Arnberger, A. and Eder, R. (2016) "Heterogeneous preferences for social trail use in the urban forest: A latent class model" (under review).
森岡清志編著（2007）『ガイドブック社会調査』日本評論社
大谷信介・木下栄二・後藤範章・小松洋編著（2013）『新・社会調査へのアプローチ：論理と方法』ミネルヴァ書房
Punch, K. F. (2005) Introduction to social research: Quantitative and qualitative approaches, Sage.
（川合隆男監訳『社会調査入門：量的調査と質的調査の活用』慶應義塾大学出版会，2005 年）
佐藤郁哉（2002）『フィールドワークの技法：問いを育てる、仮説をきたえる』新曜社
Sirakaya-Turk, E., Uysal, M., Hammitt, W. E. and Vaske, J. J. (2011) Research methods for leisure, recreation and tourism, CABI.
Swait, J. (1994) "A structural equation model of latent segmentation and product choice for cross-sectional revealed preference choice data," *Journal of Retailing and Consumer Services*, 1 (2), 77-89.
Vaske, J. J. (2008) Survey research and analysis: Applications in parks, recreation and human dimensions, Venture Publishing.
Veal, A. J. (2011) Research methods for leisure and tourism: A practical guide, Pearson Education.

第3章 アンケート調査票の設計

庄子　康・栗山浩一

　本章から実際にアンケート調査票を作り始めることになる。引き続き，本書では自然環境の保全や観光・レクリエーション利用におけるアンケート調査を念頭に置いて説明を行う。前章では主にアンケート調査の根本的な問題点に迫ったので，本章では技術的な問題点に迫ることにしたい。

　前章の「概念枠組みの構築」では，どのような概念枠組みを用いるのかを決めた。本章ではそれをどうやって計測可能な変数，つまり質問に落とし込むのかを考えることになる。先にも述べたようにこれは操作化（Operationalization）と呼ばれる作業である。この作業を行う人（自分でまったく新しい変数を作り出す人）は実は限られているのだが，アンケート調査票の質問をどのように作成していくかという一連の流れを理解する上では欠かせないので，簡単に整理を行いたい。後半部分では，具体的な質問作成の段階における注意点について，調査票作成のガイドラインという形で整理を行っていきたい。

1. 変数の設定

単一の質問と複数の質問

　前章の「概念枠組みの構築」では以下のような例を示していた。

・富士山山頂で訪問者が感じる混雑感を減少させる方策を検討する。

下線を引いている「混雑感」は概念であった。概念は直接計測することができない。そのためこれらの概念を計測するための変数を設定しなければならない。変数は最終的には質問という形に落とし込まれる。前章で紹介した例，知能という概念は直接観察することができないが，知能テストの項目を通じて計測可能であるという話を思い出してほしい。我々が行うのは，知能を測るための知能テストの項目作り（質問作り）に他ならない。

最も簡単な操作化の作業は，以下のように単一の質問で評価する方法である。

問1. あなたは富士山山頂（「日本最高峰富士山剣ヶ峰」という石碑がある場所）で混雑感を感じましたか？　当てはまる番号に1つ○をつけて下さい。

ほとんど感じなかった				非常に感じた
1	2	3	4	5

このような形で概念について直接問う場合は，何らかの形で概念の定義を事前に示す必要がある。ここでは混雑感に関する概念の定義が話題の中心ではないので，例えば「利用者の価値判断を含み，一定の空間における利用者の増加が利用目的や活動の妨げとなった場合に見られる負の評価」とだけ定義しておきたい（Manning, 2011）。もちろんこの定義は表現が硬すぎるので，実際のアンケート調査票ではもう少しかみ砕いた形で回答者に対して説明されることになる。

このような形での操作化は，知能を単一の質問からなる知能テストで評価するようなものであり，その概念について大まかな評価しか得ることができない。上記のように対象（場所）を絞り，内容を具体化すれば，生じている現象をより的確に表現できるかもしれないが，逆に汎用性は失うことになる。

一方，森林公園で混雑感を問う場合を想定してみたい。先ほどの質問とは異なり，混雑感は場所ごとに異なる可能性があるので，単一の質問よりも複数の質問で評価した方が適切かもしれない。

問2. あなたは森林公園の以下の場所で混雑感を感じましたか？　下記のそれぞれの場所について，当てはまる番号に1つ○をつけて下さい。

場所	ほとんど感じなかった				非常に感じた
駐車場	1	2	3	4	5
遊歩道	1	2	3	4	5
施設	1	2	3	4	5

　このような形での操作化は，知能を3問の質問からなる知能テストで評価するようなものである。単一の質問で評価するよりは詳しい評価を得ることができる。ただ複数の質問で評価すると，逆に森林公園全体の混雑感に対する評価は見えづらくなる。そのため，変数を取りまとめて新しい変数を作る作業が必要になるかもしれない。つまり，知能テストへの回答に基づいて知能指数を算出するような過程である。例えば，各項目の順位付けを点数と見なして合計したり，何らかの基準に基づいて重み付けして合計したりすることになる。遊歩道の混雑は体験の質に与える影響が大きいため，この項目だけ2倍するといった形である（これは例示であって，本当にこのようなことをする場合は，重み付けの値を推定すること自体が研究課題となる）。

　単一の質問と複数の質問は，どちらが優れているのかといった視点から比較するようなものではなく，どちらかといえば補完する関係にある。実際のアンケート調査でも，どちらかを使うというよりはどちらも使うことが多い。森林公園の混雑感であれば，全体の混雑感は単一の質問で尋ね，場所ごとの混雑感も複数の質問で尋ねることになる。アンケート調査が経時的に行われる場合や，他の森林公園との比較を行うという点では前者が使いやすく，現地の詳細を把握するためには後者が便利だからである。アンケート調査の中心をなす概念枠組みを評価する変数は，このような形で多面的に評価できるようにしておくことが多い。

　こうしてみると，概念化の作業はそれほど難しいようには見えない。しかし，実際に適用する前には，提案された変数が信頼できるものなのか，あるいは概念を正確に計測するものなのか，具体的な検証作業を経る必要がある。実際にはこの部分が大変な作業である。

変数の信頼性と妥当性

　知能と知能テストの関係性はすでに確立され，一般に普及しているが，新しい概念を提唱したり，新しく概念を計測する変数を提唱したり，あるいはそれらの改良を行うような場合には，それが本当に使えるのかを検証しなければならない。そのような際に検討されるのが変数の信頼性と妥当性である。信頼性と妥当性の詳細については，Vaske（2008）やPunch（2005），森岡編（2007）なども参照されたい。また，信頼性と妥当性という言葉は統計学では異なった定義を持っており，以下で述べる内容とは異なっていることには注意されたい。

　変数の信頼性は，同じことを再び尋ねた場合，回答者は同じ回答を行うか（安定性），あるいは同じような質問に同じような回答を行うか（一貫性）に関する概念である。信頼性の確認は，同じ回答者に時間をおいて同じ質問に回答してもらったり，サンプルを分割して同じことを違う聞き方で尋ねたりすることなどによって行われる。

　変数の妥当性は，計測しようとしている概念を正確に計測するものとなっているかに関する概念である。妥当性は別の質問項目との対応などから検証できる場合もある。例えば，上記の森林公園の例を考えてみたい。森林公園全体の混雑感について，各項目の順位付けを点数と見なして，その合計値で計算される変数で評価することにしたとする。アンケート調査を実施したところ，駐車場の項目以外のスコアは総じて低い（混雑感を感じていない）のだが，一部の回答者が駐車場の項目だけ非常にスコアが高い（混雑感を感じている）場合を考えよう。ところが，このような回答者はすべて，休日に森林公園を利用していることが別の質問項目から明らかになったとする。こうなると，この変数は森林公園全体の混雑感を計測する概念というよりも，森林公園の休日の駐車場の混雑を計測する概念に近い。つまり，森林公園全体の混雑感を計測するものとしては妥当性が低いということになる。妥当性には他にも様々な観点がある。例えば，実際に生じている変化に対して，変数がどれだけ変化するかという反応性という考え方がある。第6章で紹介する満足度という概念は，コーピングの影響から常に高い評価が出がちであり，変数としての反応性が低いことが知られている。

　このように，信頼性と妥当性については様々な観点から検証が行われることになる（妥当性については評価すること自体が難しい場合もある）。このように考え

ると，変数を作成するという作業は，基本的には研究者が行うべきであることがわかる。そのため，ほとんどの人は先行研究が用いた概念枠組みと，それに対応した標準的な変数セット（つまり質問セット）を拝借することになる。第2章の先行研究のレビューで述べた，我流の手法を適用している論文の問題点は，概念枠組みとそれを計測する変数を独自に作り，検証なしに使っている点にある。もちろん概念枠組みも妥当で，使っている変数の信頼性や妥当性も高い可能性もある。しかし一般的には，研究の積み重ねの過程，つまり検証に耐えたものは生き残り，そうでないものは廃れていくという過程を経て，多くの人々が使うに至っているものを使う方が確実である。特に海外の学術雑誌への投稿を考えている場合，使っている変数について先行研究が示されていなければ，査読の段階で変数の信頼性と妥当性に質問が及ぶ可能性がある。そこで査読者を納得させられる返答ができなければ，おそらく論文は却下されることになる。

2. 変数の計測方法

質問形式と評価尺度

　ここからは具体的な質問作成の話に進みたい。アンケート調査票に含まれる質問は様々な形式が想定される。しかしながら，主要な質問形式としては，「択一の質問」「複数選択可能な質問」「順位を尋ねる質問」「自由回答の質問」を挙げれば十分であろう。択一の質問は，示された選択肢の中から選択肢を1つだけ選ぶ形式の質問である。性別や職業を尋ねる場合，あるいは混雑感を5段階（または7段階）で評価してもらう場合に使われる方法である。一方，複数選択可能な質問は，示された選択肢の中から該当する選択肢をすべて選んでもらう形式の質問である。順位を尋ねる質問（ランキング）は，提示された選択肢について望ましいものを望ましい順番に回答してもらったり，訪れた場所を訪れた順番に回答してもらったりする質問である。望ましいものを選ぶ状況で，選択肢が多い場合には，上位3番目までといった形で部分的な順位を尋ねる質問（部分ランキング）もある。最後の自由回答の質問は，選択肢は示さずに回答者に自由に回答を書いてもらう形式である。年齢を直接書いてもらうようなものもあれば，感想を自由に書いてもらうようなものもある。これらはどのように使うのか，その方針について

は，下記に示すアンケート調査票作成のガイドラインで詳しく述べたい。

このような質問形式に対応する形で，評価尺度に対する考え方を理解しておく必要がある。我々は何かを把握するときに，対象にあった尺度（ものさし）を無意識に選択して使っている。例えば，居住地は都道府県，混雑感の把握は5段階評価，気温は温度，訪問頻度は回数といった形である。このような評価のための尺度は「名義尺度」「順序尺度」「間隔尺度」「比例尺度」の4つに分類することができる。このような整理を行うのは，評価尺度がデータの集計や統計分析に直結する問題だからである。

名義尺度は違うことを区別するための尺度である。居住地を尋ねる質問は名義尺度を用いている。東京都在住と大阪府在住は異なっているが，これらの間には数字や順位に関する情報は存在せず，住んでいる場所に違いがあることを示しているだけである。アンケート調査票に回答された都道府県は，「1. 北海道」「2. 青森県」といった形でコーディングされてデータ入力されるが，名義尺度の変数に対してはこの1や2は違いを示しているだけであって，数値自体に意味はない。

順序尺度は順序を区別するための尺度である。先ほどの混雑感を尋ねる質問は5段階の順序尺度を用いている。例えば，駐車場での混雑が1の状況（混雑をほとんど感じなかった状況）と2の状況では，2の状況の方がより混雑しているという順位に関する情報を含んでいる。ただ，2の状況の方が何台車が多いのかといった情報までは含まれていない。「1. ほとんど感じなかった」といった形でコーディングされて入力されるが，名義尺度と同じでこの値は順序の違いを示しているだけである。順序尺度が順序の情報しか持っていないとすれば，数値を加減乗除することに意味はなく，単に数値の大小関係だけが意味を持っている。

間隔尺度は量を区別するための尺度である。ただし，間隔に意味はあるが，倍数や比率に意味がない尺度である。気温は間隔尺度で計測される。例えば，今日の最高気温は15.5℃であるといった形である。ただ，次の日の最高気温が仮に31.0℃であったとしても，昨日の最高気温の「倍になった」とは言うことができない。もちろん，昨日から15.5℃も最高気温が高くなったという表現は正しい。間隔尺度の場合，回答された値はそのまま入力され，数値の差は分析対象であるが，倍数や比率を議論することに意味はない。

比例尺度は同じく量を区別するための尺度であるが，数値の差だけではなく倍

数や比率にも意味がある尺度である。訪問頻度は比例尺度で計測される。訪問頻度には「訪問していない」という0の値が存在しているので，昨年の2倍訪問したといった表現ができることになる。間隔尺度と比例尺度の違いは0に対する意味合いの違いにある。訪問回数が0回であることは「訪問していない」ことを示すが，気温が0℃であることは「気温が存在していない」ことを示すわけではない。比例尺度には「存在していない」という意味での0が存在しているのである。

リッカート尺度による評価

　ここで特によく使うリッカート尺度について注意点を示しておきたい。アンケート調査票では，先ほどの問1や問2のような質問形式，つまり，提示された内容について合意するか，評価するか，あるいは合致するかなどを回答する質問形式がよく用いられる。このような回答に用いる尺度はリッカート尺度と呼ばれている。リッカート尺度で評価した回答は，基本的に順序尺度のデータとして解釈される。5段階評価の場合，便宜上1〜5までの値を割り振ることが多いので，この値を1点〜5点といった形で解釈し，間隔尺度で計測したデータのように取り扱ってしまうことも多い。ただ，1と2の間の間隔が1であり，同じように他の間隔も等間隔に1であるという仮定は，調査側が勝手にそう解釈して（あるいは無意識に変換して）いるだけであり，実際にその通りであるかどうかの保証はない。この点は統計分析と密接に関係している問題であるため第5章で詳しく触れることにしたい。

　一方で，リッカート尺度の質問では，何段階に設定するのかが問題となることもある。この点については，様々な見解が示されており，何段階にすべきか統一的な見解は示されていない（WEB上で関連するキーワードを検索するとたくさんの関連記事が出てくる）。4段階や6段階などの偶数段階評価は「どちらとも言えない（あるいは，どちらでもない）」を選ぶことができないため，回答者は答えづらい可能性がある。そのため，実際には5段階評価か7段階評価で悩むことが多い。編者らの見解では，特に必要がなければ5段階評価で十分ではないかと考えている。特に日本でアンケート調査を行う場合については，日本人は5段階評価に慣れているため，7段階評価を提示されると面食らうことがあるようである。ただこちらについても，第2章で示したように先行研究を踏まえて設定するのが一

番安全である。

3. アンケート調査票作成のガイドライン

このような質問形式と評価尺度に関する基礎知識に基づいて，実際に質問を構成していくことになる。概念枠組みや質問セットは拝借するにしても，基本的には質問文はその状況に応じて自前で修正していくことになる。以下ではその構成方法を「アンケート調査票作成のガイドライン」という形で整理をした。このガイドラインの基礎は Vaske（2008）で示された 25 のガイドラインと 8 つの推奨事項に基づいている。これを基礎にしながら，筆者らの過去の経験を踏まえて加筆し，日本での適用を想定して整理しなおしたのが以下の 49 項目である。我々の作成したガイドラインは，主に経験（過去の失敗）に基づくものであり，具体的な根拠までは示していないが，Vaske（2008）には根拠も示されている。このようなアンケート調査票を作成する際のガイドラインは大谷ら（2013）にも示されている。ガイドラインには参考までに 2 つのマークを付している。☆はよく使うもの（そのような状況によく出くわすもの），★は重大なもの（このガイドラインを守らないと質問が使えなくなる可能性が高いもの）である。ガイドラインの順番は重要性の順番ではないので注意されたい。

質問形式に関するもの

1. 複数選択可能な質問はできる限り避ける　☆

複数選択可能な質問の説明をしておきながら，冒頭からこのようなガイドラインを示すことになるのだが，複数選択可能な質問はできる限り避ける方が望ましい。用いる場合には注意が必要である。例えば，問 2 の質問を複数選択可能な質問にすることを考えてみたい。

問 3. あなたは森林公園の以下の場所で混雑感を感じましたか？　混雑感を感じた場所について，当てはまる番号すべてに○をつけて下さい。

| 1. 駐車場 | 2. 遊歩道 | 3. 施設 |

問2と異なり，得られる情報は駐車場が「選択されたか」「選択されなかったか」という情報だけである。全員が駐車場に〇をつけていても，全員が混雑感を「わずかに感じた」だけかもしれない。一方，回答者の20％しか遊歩道に〇をつけていなかったとしても，その回答者全員が「もうこの森林公園は訪問しない」と思うほどの混雑感を感じていたかもしれない。複数選択可能な質問は選択された頻度（質問されている内容に該当するか該当しないか）で解釈するが，そこには程度の情報（質問されている内容にどれだけ該当するか）は含まれていないのである。程度の問題が重要になる場合は，問2のようなリッカート尺度による択一の質問とする。複数選択可能な質問を使用する場合には，観光地においてどこを訪問したかを回答してもらうような，頻度のみが重要で程度の問題は関係しない対象に限定する方が望ましい。

Vaske（2008）では，当てはまる選択肢数が多いと最初のいくつかだけ選んで次の質問に進んだり，電話を通じたアンケート調査で選択肢を示すと，「最後のそれです」といった形で，最後に提示した選択肢が選ばれたりすることが多いことも報告されている。とは言いながらも，複数選択可能な質問はよく使う質問形式である。上記のような問題点を把握した上で，適切な状況で使用することが求められる。

2. 順位を尋ねる質問はできる限り避ける

順位を尋ねる質問の問題点は大きく2つある。1つは，順位を尋ねる必要がないのに順位を尋ねてしまっていること，もう1つは順位を尋ねる質問は回答が難しいことである。

順位を尋ねる必要があるかどうかは，2番目の順位以降を示すことに本当に意味があるのか，特に下位の順位について示すことに意味があるのかを考えればよい。例えば，森林公園に休憩所が5ヶ所あり，どれも老朽化しているとする。改築したいのだが，改築予算は2棟分しかないのでその優先順位を把握したいとする。その場合，知りたい情報は1番目と2番目に対する情報であり，4番目と5番目の間の順位は不要である。実は話を突き詰めていくと，完全な順位付けは単に調査側が興味として知りたいだけであって，順位はまったく不要であったり，必要であっても部分的にだけ必要であったりする場合も多い。

順位の回答が難しいのは上記のような不要な順位付けにも関係がある。我々が商品を買う際，多くの場合，複数の選択肢の中から1つを選択する行動を取っている。スーパーの鮮魚コーナーに並べられている様々な商品の中から，1つを選択するような形である。そのため1つを選択すること（1番を決めること，あるいは買うことを決めること）には慣れているが，残りの対象に順位をつけることには慣れていない（考えてもいない）。例えば，鮮魚コーナーで10種類の商品を提示され，「食べたい順に順位をつけて下さい」と言われても，おそらく下位の方には食べたことも，食べるつもりもない魚が並ぶことになるだろう。これらに順位をつけることは回答者にとっては困難な作業である。

休憩所の例の場合も，順位をつけてもらうのではなくリッカート尺度による択一の質問に変換することができる。つまり，それぞれの休憩所の改築の必要性を5段階で評価してもらう質問である。順位を尋ねる質問も，複数選択可能な質問と同じように程度の問題には応えられないという課題を抱えている。そのため択一の質問にした方が，順位だけでなく改築の必要性の程度も分析できるのでより望ましいということになる。

3. 自由回答の質問はできる限り避ける

選択肢を示さずに回答者に自由に回答を書いてもらう質問もできる限り避けた方が望ましい。年齢を直接書いてもらうような質問は簡単に択一の形式に変換できるし，回答者にとってもその方が回答しやすい。ここでは，何らかの対象について評価や感想を書いてもらう形式の自由回答の質問について考えていきたい。

まず自由回答の質問は基本的に空欄となることが多い。理由は様々である。「書くことが思いつかない」「書きたいことはあるが長くなりそうで億劫だ」「字がきたないので書きたくない」などである。確かに，自由回答欄に貴重な意見が記載されてくることは事実である。しかし，基本的にアンケート調査で得られるデータは質ではなく量に関するデータである。質に重きを置くならば，第2章で述べたようにそもそも聞き取り調査を選択する方が望ましいかもしれない。一方，量にこだわるならば自由回答欄の回答は数値化する必要が出てくる。確かにテキストマイニング（文章を単語や文節で区切り，それらの出現の頻度などを統計的に解析する手法）が適用できるかもしれない。しかし実際の自由回答欄には，具体

的な評価や感想，提案が詳細に書き込まれているものもあれば，単に「アンケート調査がんばって下さい」とだけ記載されているものもある。これを意味のある形でコーディングして分析することは，かなり難しい作業である。

　ただし，自由回答の質問をあえて用いる場合もある。1つは後述するプレテストでの使用である。選択肢の項目を決めかねている場合（特に選択肢にほとんど予想がつかない場合）には有効である。例えば，ある国立公園でのアンケート調査で，訪問先を聴取する質問を作成したいとする。実際にこちらで想定していない訪問先も相当あり得そうだと思うならば，そのような訪問先を自由回答欄に挙げてもらう方法が考えられる。ある程度は予想がつく場合は，訪問先の選択肢を示した上で「その他については以下にご記入下さい」といった形で複数選択可能な質問と組み合わせればより効率的に確認できる。

質問文に関するもの

4. 意味のある質問を行う（不要な質問は削除する）

　これは重要項目であるが，言わんとしていることは第2章の内容と同じである。準備不足の即席アンケート調査票は，リサーチ・クエスチョンが設定されていないので，何を聴取すればいいのか明確になっていない。そのため意味のある質問を行うことができない。第2章でも述べたように，まさしく自分の素朴な疑問を何も考えずに質問にしている感じになる。もちろんこの状況では，どの質問が必要で，どの質問が不要なのかという判断基準すら存在していない。

　逆にリサーチ・クエスチョンが設定されていれば，このガイドラインは自動的に満たされている可能性が高い。それでも求めている結果に対応して，本当に必要な質問かどうかを見極める作業が必要である。また回答者の負担を減らすためにも，一般的にはアンケート調査票の分量は減らした方が望ましい。

5. 質問には毎回完全な文章を用いる　☆★

　「年齢は？」ではなく，「あなたの年齢について該当する番号に1つ○をつけて下さい」といった形で，質問には完全な文章を用いる。理由は2つある。1つは丁寧な表現とするため，もう1つは回答者に解釈の余地を与えないためである。子供の頃，母親に「おかし」と言ったら「おかしがどうしたの？」と聞き返された

方も多いはずである。「年齢は？」は丁寧な聞き方ではない。

　それでも「年齢は？」という質問はあり得るかもしれない。しかし，「お住まいは？」という質問はあり得ない。もし，選択肢を示さずに回答者に自由に回答してもらったとしたら，「東京都」「新宿区」「マンション」「築15年」といった，まちまちな回答が返ってくることになる。

6. 何を回答するのか，どう回答するのかを毎回明示する　☆★

　質問文に含まれるべき情報は，「何を問うているのか」そして「それにどう回答するのか」である。前者は，該当の有無を聞いているのか，賛否を聞いているのか，評価を聞いているのか，値を聞いているのかといったことであり，後者は○をつけるのか，○をつけるならばいくつつけるのか，数値を記入するのか，自由に意見を書くのかといったことである。説明文は両者が伝わる文章としなければならない。例えば，富士山の過剰利用を抑制する方法として，利用規制について尋ねる状況を考えてみたい。この場合，「利用規制の賛否についてご回答下さい」ではなく，「あなたは利用規制を富士山に導入することに賛成ですか，反対ですか？　当てはまる番号に1つ○をつけて下さい」といった形にすべきである。このような文章は質問ごとに必要である。これも丁寧な表現とすることと，回答者に解釈の余地を与えないことが目的である。上記の「利用規制の賛否についてご回答下さい」の例では，利用規制全般について賛否が問われているのか，富士山に導入される利用規制について賛否が問われているのかが不明瞭になっている。

　もう1つ，このガイドラインに対応しなかった場合によく起きる問題は，択一の質問が連続した後の，複数選択可能な質問での選択数の間違いである。何も表示がなければ，これまでの要領で，数値に1つ○をつけて，次の質問に進む回答者が続出することになる。これは非常に多いケースなので特に注意が必要である。このため複数選択可能な質問を用いる場合は，「当てはまる番号すべてに」のように複数回答であることを強調することも多い。

7. 二重否定や否定形の疑問文を用いない

　質問文では二重否定や否定形の疑問文を用いない。「法律で禁止されているわけではありません」「お嫌いですか」などの表現は混乱を招く可能性がある。選択肢

との対応も重要である。「お嫌いですか」「1. はい　2. いいえ」であると，肯定と否定が逆転しているが，「1. 嫌いである　2. 嫌いでない」であれば，まだ誤解は少ないことになる。ただ「お嫌いですか」の質問の代わりに「お好きですか」を使うことができるように，多くの場合，二重否定や否定の疑問文は肯定形に直すことができるので，このような表現は使わない方が望ましい。

8. 異なる複数の質問内容を1つの質問文に入れない　☆★

　これは非常によくある間違いである。例えば，「宮古島・石垣島に訪れたことがありますか」「1. はい　2. いいえ」といった質問である。宮古島に行ったことはあるが，石垣島に行ったことのない人は回答しようがなくなるのである。「森林公園で散歩やジョギングをされますか」といった質問も，調査側は「散歩とかジョギングとか一般的な利用のことです」という意図でも，「散歩はできるが，足が悪いのでジョギングはしない」と回答者に区別されると同じ問題が生じることになる。その場合は「森林公園で散歩もしくはジョギングをされますか」と表現することになる。ガイドライン14（選択肢は互いに重複がなく，かつ漏れのないように設定する）で同様の問題についてもう一度触れることにしたい。

9. YES／NO を尋ねる質問と数量や程度などを尋ねる質問を1つの質問文に入れない　★

　これはガイドライン8（異なる複数の質問内容を1つの質問文に入れない）の仲間であるがもう少し重大な問題を指摘している。例えば，ある国立公園において協力金の導入が検討されているとする。「あなたは協力金に賛成であった場合，いくら支払いますか？　金額をお書き下さい」という質問は一見妥当なように思える。しかし，この質問は思った以上に重大な問題を抱えている。

　基本的にこの質問は2つの質問「あなたは協力金に賛成ですか」と「あなたは協力金にいくら支払いますか」の組み合わせである。ここで問題となるのは，無回答と0円という回答の扱いである。この場合の無回答には本当の無回答（答えたくない，答え忘れた）と，協力金に反対なので回答しなくていいと思ったという意図的な無回答の2種類が存在している。これらは区別することができない。さらに0円の場合も，協力金に反対なので0円としたという回答と，協力金とい

う制度には賛成であるが，自分は支払わないから0円であるという2種類の回答が存在している。これらも区別することができない。仮に賛否が拮抗していた場合，回答のほぼ半数は無回答か0円であることが予想される。無回答には本当の無回答もあるのでそれを0円には置き換えられない。賛否についても0円や無回答だから反対だとも言い切れない。どちらも調査側の意図的な解釈となってしまう。つまり，協力金への賛否，支払っても構わない協力金の金額，本来設定している2つの質問のどちらに対しても明らかにできないことになる。これは決定的な間違いとなり得るのでよくよく注意する必要がある。

10. 答えにくい質問，不愉快になる質問は表現を工夫する

個人情報に関する質問の中には，年齢や所得など回答者が回答をしたがらないものも含まれることになる。年齢については，数値を具体的に記入する形式は回答が直接的すぎるので，いくつかの選択肢を用意して1つを選んでもらう択一の質問にすることで比較的答えやすくすることができる。一方，所得については，答えにくいというだけでなく，何でそのような情報を聞く必要があるのかという意味で不愉快に思われる回答者も存在している。そのため所得に関しては，「経済分析に用いますので，よろしければご回答下さい」といった表現で，他の質問とは表現の差別化を図った方が望ましい。

11. 質問文では難しい言葉や言い回しを避ける　☆

難しい言葉や言い回しというのは，回答者にとって難しい言葉や言い回しである。調査側がそう感じる言葉や言い回しは，回答者にとっては間違いなく難しい。当然，言い換えることになる。

問題は，調査側が一般的に使っている言葉や言い回しの中に，一般的には使われていないものが数多く含まれていることである。「入込者数」や「COP10」「生態系」「インバウンド」という言葉はすべての人が知っているとは限らない。このような言葉が初めて登場する際には，「生態系（生物やそれらを取り巻く環境）」といった平易な説明が必要になるかもしれない。必要となるのは平易な説明であり，難しい言葉を難しい言葉で説明することは問題解決になっていない。COP10（生物多様性条約第10回締約国会議）は何の解決にもなっていない。「レク施設

（レクリエーション施設）」「VC（ビジターセンター）」といった業界用語や略語が紛れ込んでいないかにも注意が必要である。

12. 質問内容が難しすぎる場合は削除する

　言葉や言い回しと同様に，問うている内容自体が難しすぎるという問題もある。このような質問は，該当する質問への回答が信頼できないものになったり，欠損値が増えたりするという問題だけでなく，回答者のやる気を失わせてしまうことにつながる。特にこのような質問が前半部分に登場すると，回答者はそこで回答をやめてしまうかもしれない。例えば「2020 年以降の地球温暖化対策の国際ルールであるパリ協定について，あなたの評価をお聞かせ下さい」といった質問は，どんなに言葉をかみ砕いて説明しても回答は難しい問題であろう（そもそも専門家の意見もまちまちである）。基本的に，回答者が初めて知った事柄に意見を表明する質問は難しいと言える。逆に言えば，回答者が体験したことについて事実の有無を回答するのは容易である。この点については配置に関するガイドライン 31（簡単で興味がわきそうな質問から始める）およびガイドライン 32（個人属性の質問から始めない）でも再度触れたい。

　何が難しくて何が難しくないかは，自分がまったく知らない分野のアンケート調査を回答する状況を想像して考えるとよい。例えば，かなりの学生は介護保険や後期高齢者医療制度というものについて，名前は聞いたことがあっても内実はほとんど理解していない。そこで学生には，「自分がこれらの事柄についてアンケート調査を受けた場合，どこまで答えられるかを考えてみるとわかりやすい」とアドバイスしている。介護保険を知っているかどうかについては答えられる（「聞いたことがある」とは回答できる）。しかし，その制度の是非や見直しの方向性まで聞かれるとほとんど答えられないことになる。同じような視点で，回答者にとって難しすぎると思われる質問は削除することが望ましい。

　重要なことは「ニュースで毎日報道されているから」「この問題は社会の全員が考えるべき問題だから」といった視点で判断しないことである。人々は多くの場合，自分が興味のないことには注意を払っていないのである。プロ野球の試合結果は毎回ニュースで報じられているが，プロ野球に興味のない人はその情報を自分に必要な情報として認識していないので，聞き流しているだけである。

13. 偏った表現や誘導的な表現，感情的な表現で質問しない　☆

　これらの表現は当然使用していないと思われるかもしれない。しかし，アンケート調査を実施するということは，何らかの問題点を解決したいという意図があることを意味している。そこには意識的にしろ，無意識にしろ，調査側が求める将来像が反映されている。それはどうしてもにじみ出てしまうのである。

　これは明らかに指摘できる表現から，全体の文脈から何となく感じられるものまで様々な形が存在し得る。例えば「このようにして完成されたダムをあなたは認めますか」という質問文はかなりあからさまである。言い換えると「このようにして完成されたダムなのに，あなたはそれでも認めるのでしょうか」といった感じになる。「皆さまからの税金は，現在，公共事業などのために使われています」という説明の後の，「さて，以下では将来の税金の有効な使い方についてお聞きします」という質問文では，明示はされていないものの，公共事業は「無駄遣いの代表」というニュアンスで例示されている。例示のためなら，社会保障費の方が国家予算に占める割合は高いのであるからそちらの方が適当である。このような表現は無意識ににじみ出てしまうので，自分で注意をするとともに，多くの人に文章を点検してもらうことが必要である。一般的に言えることであるが，肯定か否定かを表現する場合，あるいはそれらについて聴取する場合，肯定と否定は常に平等に取り扱うことである。「賛成ですか」ではなく，「賛成ですか，反対ですか」と表現するのが望ましい。

　これらの表現を使っていないにもかかわらず否定的な見解が示しづらい，つまり肯定的な回答に意図せずに誘導される場合もある。例えば「森林公園での子供の安全対策は必要だと思いますか」と尋ねると，子供の安全対策は不要とは答えにくいだろう。広く言えば，安全やリスクに関するテーマはこの項目に該当する可能性がある。このようなテーマを対象にアンケート調査を実施する場合は事前に対応が必要となる可能性がある。

回答形式や選択肢，評価尺度に関するもの
14. 選択肢は互いに重複がなく，かつ漏れのないように設定する　☆★

　択一の質問では1つだけを選択してもらうので，選択肢はお互いに排反である必要がある。つまりどれか1つに○をつけると，それ以外の選択肢は自動的に該

当しないことになる必要がある。これが満たされないと（つまり重複があると）択一の質問なのに○が2つ以上つくことになる。一方で，選択肢に漏れがあると○をつけられないことになる。このように漏れがなく重複もないことを一般的には MECE（Mutually Exclusive and Collectively Exhaustive）と呼んでいる。先ほどのガイドライン8（異なる複数の質問内容を1つの質問文に入れない）やガイドライン9（YES／NO を尋ねる質問と数量や程度などを尋ねる質問を1つの質問文に入れない）は，質問文が排反でないことで生じる問題だと言い換えてもよい。

　MECE を満たすことは容易に思えるかもしれないが，想定していなかった選択肢が事後的に判明することは実はよくあることである。また選択肢は網羅されているのだが，回答者が置かれている状況設定に思いが及ばず，特定の回答者にとっては MECE でなくなっているという場合もある。例えば，地域の自然環境の保全を考える際に，そこに何年居住しているかは保全活動への関心や参加意欲に関係していることが多い。そのため下記のような質問を行うことがある。

問4．あなたは京都市に何年お住まいですか？　当てはまる番号に1つ○をつけて下さい。

| 1. 3年未満 | 2. 3～9年 | 3. 10～19年 |
| 4. 20～29年 | 5. 30年以上 | |

　選択肢に漏れは存在しない。しかし，京都市に住んだり，離れたりを複数回繰り返している回答者にとっては実は回答することが難しい質問である。京都に生まれ，18歳で一度京都を離れ，また京都に戻って5年という人がいるとする。最後に引っ越してきてから5年だからという理由で2を選ぶかもしれないし，合計で23年間住んでいるから4を選ぶかもしれない。あるいは2と3の両者に○をつけるという可能性もある。つまりこのような回答者にとっては，この質問文と選択肢の組み合わせは MECE ではないのである。調査側は回答者のあらゆる想定に思いを巡らせることが必要である。

　このような場合，「あなたは京都市に何年お住まいですか？　当てはまる番号に1つ○をつけて下さい。何度か転入出をされている方は，直近で引っ越してこられ

てからの年数をお答え下さい」といった表現にすることで，問題に対応することができる。

15. 選択肢を提示する質問では正確な数量表現を用いる

例えば，以下のような質問を考えてみたい。

問5．あなたはこの国立公園を年間どの程度の頻度で訪れますか？　当てはまる番号に1つ○をつけて下さい。

1. めったに来ない　2. 時々　3. 頻繁に　4. いつでも

問題なのは，「めったに」「時々」「頻繁に」「いつでも」といった数量表現が，具体的にどれだけであるのかが示されていないことである。回答者に文章や単語について解釈の余地を与えてしまえば，ある人は2回で時々かもしれないし，ある人は10回で時々かもしれない。そうなると得られたデータの信頼性は損なわれることになる。

16. 数値を直接記入する回答形式はできる限り避ける

例えば，年齢について考えてみたい。「年齢をお書き下さい」という質問で，数値を直接記入する形式を取ると，様々な数値が記入されてくる。52歳，30歳9ヶ月，60代といった形である。それぞれの数値は正確性に差があるので，一緒にして平均値を計算する際に問題が生じることになる。そうであるならば，択一の質問として，「1. 10歳代　2. 20歳代……」という選択肢を準備した方が，データに関して正確性は落ちるかもしれないが，正確性を揃えることができる。

17. 必要となる正確性の下で質問を設定する

ガイドライン16（数値を直接記入する回答形式はできる限り避ける）は回答形式と正確性について述べたものだが，ここで述べたいことは，質問全般について適切な正確性の下で質問する必要があるということである。

確かに正確なデータを得た方が望ましいのであるが，正確性は答えやすさと関

係している。答えやすさ（答えづらさ）には2つの意味合いがある。1つは，回答者自身が正確なデータを把握していない場合，もう1つは正確なデータを回答したくない場合である。年齢については後者が該当し，所得については両者が該当する。そのため，必要もないのに正確なデータを取りにいくと，無回答にされてしまう可能性が高くなる。

　調査側ができる限り正確な値を明らかにしようと思うのは，後でどのような分析を行うのかわからないので，できる限り細かいデータを取っておきたいことの裏返しでもある。逆に言えば，分析方針が確定していれば無理に正確なデータを取る必要はなくなるかもしれない。このように考えると，リサーチ・クエスチョンを含めて一連の流れが事前に想定されていると，簡略化しても構わない質問が何であるかを見つけやすくなるとも言える。

18. 回答できる適切な時間スケールを用いる

　以下のような質問を考えてみたい。

問6．あなたはこの国立公園にこれまで何度訪れたことがありますか？　当てはまる番号に1つ○をつけて下さい。

1．3回未満	2．3～9回	3．10～19回
4．20～29回	5．30回以上	

　問題なのは聞いている時間スケールが長すぎるということである。近くの住民で毎年複数回訪れているような訪問者が，過去の訪問経験を正確に記憶していると考えること自体に無理がある。回答者が思い出すことができる範囲で，適切な回答が期待できる時間スケールを設ける必要がある。例えば，「この国立公園にここ3年間で何度訪れたことがありますか？」といった形である。

19. 回答する数量の範囲を明確にする　★

　数量を尋ねる場合，指し示す数量の範囲を明確にしておく必要がある。最もよく使うものは「以上」「以下」「未満」「より大きい（小さい）」などである。他に

も,「同居している家族の人数」に自分は含まれるのか,「過去の訪問回数」に今回は含まれるのかといった様々な数量の範囲が含まれている。実はガイドライン18（回答できる適切な時間スケールを用いる）の問6の改善例はわざとこの数値をあいまいにしている。「この国立公園にここ3年間で何度訪れたことがありますか？」のここ3年間である。このアンケート調査票を7月に受け取った回答者には,ここ3年間について「一昨年から今年まで」「一昨年度から今年度まで」「一昨々年7月から現在まで」の3つの解釈が存在する。

20. 尺度を使う場合は正負に均等な尺度を使う

第2章でも触れたが,飲食店で以下のようなアンケート調査に回答した方も多いであろう。

問7. あなたが本日召し上がった料理の評価をお聞かせ下さい。当てはまる番号に1つ○をつけて下さい。

> 1. 大変においしかった　2. おいしかった　3. ふつう　4. まずかった

「まずい」がまずいことは先に述べたが,ここでの問題は,おいしい方には水準が存在するのに,まずい方にはそれがないこと,つまり尺度が非対称になっていることである。

尺度が非対称になっていると,回答者が選択したい適切な選択肢が存在していなかったり,調査側に意図はなくても,回答者に「調査側はおいしかったことを前提とした回答を欲しがっている」という間違ったメッセージを送ることになったりする。また,選択肢の作り方によっては,後述するガイドライン23（YES／NOへの回答と数量や程度などへの回答を同時に尋ねる選択肢を作らない）における問題が発生することになる。

21. 不公平な選択肢を使わない

この問題の根源はガイドライン13（偏った表現や誘導的な表現,感情的な表現で質問しない）と同じである。上記のガイドライン20（尺度を使う場合は正負に

均等な尺度を使う）もある意味，このガイドラインの仲間と言える。「影響の大きな利用」「騒がしい若者」「縦割り行政」といった表現は明らかに偏っているのですぐわかる。しかし，国立公園の訪問動機を尋ねる質問で，「美しい景観」という選択肢があったらどうであろうか。美しい景観があったからこそ国立公園に登録されたのだから問題ないと考えることもできる。しかし，基本的にこれは調査側の主観であって不要な修飾語である。

22.「どちらでもない」と「どちらとも言えない」「ふつう」を区別する　☆★

この問題は簡単そうに見えるのだが，実は極めて厄介な問題である。単語だけを見ている限り違いは明白なのだが，文章中に配置すると混乱が生じるのである。以下の質問を考えてみたい。

問8．あなたは木道を整備する事業に賛成ですか，反対ですか？　当てはまる番号に1つ○をつけて下さい。

| 1. 大いに賛成　2. 賛成　3. ○○○○○　4. 反対　5. 大いに反対 |

この質問で「3.　○○○○○」には「どちらでもない」か「どちらとも言えない」は入るが，「ふつう」はおそらく入らない。しかし，状況が少し異なると，選択肢には違う解釈が生じる。

問9．湿原の保全を行うために，歩道を閉鎖するか，木道を整備するか，どちらかの方法が検討されています。あなたは木道を整備する事業に賛成ですか，反対ですか？　当てはまる番号に1つ○をつけて下さい。

| 1. 大いに賛成　2. 賛成　3. ○○○○○　4. 反対　5. 大いに反対 |

この場合,「どちらでもない」には，木道を整備する事業に賛成でもないし反対でもないという意味の他に，歩道を閉鎖するか，木道を整備するかという2つの選択肢以外の第3の選択肢を支持するという意味も想定される。実際，質問を下

記のように設計すると,「どちらでもない」と「どちらとも言えない」は共存できる。

問 10. 湿原の保全を行うために,歩道を閉鎖するか,木道を整備するか,どちらかの方法が検討されています。あなたはどのように管理するのが望ましいと思いますか？ 当てはまる番号に1つ○をつけて下さい。

> 1. 歩道を閉鎖する　　2. 木道を整備する　　3. どちらでもない
> 4. どちらとも言えない

一方で,以下のような質問も想定できる。

問 11. あなたは散策路を歩く際に,周囲から聞こえる騒音について気になりますか,気になりませんか？ 当てはまる番号に1つ○をつけて下さい。

> 1. 大変気になる　　　2. 気になる　　　　3. ○○○○○
> 4. 気にならない　　　5. ほとんど気にならない

　この質問で「3. ○○○○○」には「どちらとも言えない」が入ると考えられるが,「ふつう」も入れることができるかもしれない。しかし,「どちらでもない」はおそらく入らない（気になりもするし,気になりもしないという禅問答のようになってしまう）。
　このように,「どちらでもない」と「どちらとも言えない」「ふつう」の使い分けは非常に厄介であり,リッカート尺度の中間段階として,よく考えずに配置すると実はおかしなことになっていることがよくある。この問題に対する1つの対処方法は,尺度の名称を英語で考えてみることである。この問題は日本語のあいまいさに起因している部分もあるので,「neither」「no opinion」「yes and no」「neutral」といった言葉で置き換えるとわかりやすくなる場合もある。

23. YES／NOへの回答と数量や程度などへの回答を同時に尋ねる選択肢を作らない

　ガイドライン9（YES／NOを尋ねる質問と数量や程度などを尋ねる質問を一つの質問文に入れない）と似ているのだが，それほど重大な話ではない。上記の問11では，「ほとんど気にならない」という選択肢を使っているが，ここではあえて「まったく気にならない」という選択肢を使っていない。もし「まったく気にならない」を使うと，「気になるか，気にならないか」のYES／NOの選択肢と，どの程度気になるのかの選択肢を交ぜていることになるからである（どの程度気になるか聞いているのであれば，気になることは前提となっている）。ただ，ここでの設定では「3. どちらとも言えない」あるいは「3. ふつう」という水準を基準として，尺度を正負に振っていることは明らかである。そのため，「ほとんど気にならない」も「まったく気にならない」も程度の問題であることはほぼ理解できる。「まったく気にならない」は望ましくはないが，少なくともガイドライン9のような決定的な問題を生じさせるわけではない。

　一方で，この尺度の取り方は少しぎこちないので，以下のように設定することもできる。

問12. あなたは散策路を歩く際に，周囲から聞こえる騒音について気になりますか，気になりませんか？　当てはまる番号に1つ○をつけて下さい。

ほとんど気にならない				非常に気になる
1	2	3	4	5

　この場合は，一番低い水準を基準として尺度を構成している。この場合「ほとんど気にならない」と「まったく気にならない」は区別した方が望ましいだろう。

24. 基本的に「わからない」は選択肢に含める　☆

　回答者は，理解できなかったり，該当する選択肢を見つけられなかったり，あるいは回答したくなかったりすることもある。そのような場合のため，回答欄には基本的に「わからない」という選択肢を含めておくことが望ましい。

ただ、これによって問題も発生する。問題が難しかったり、わかりづらかったりすると「わからない」に回答者が集中する可能性がある。もちろんこれは「わからない」が問題というよりも質問自体の問題である。「わからない」を含めずに無理に回答してもらっても漠然とした回答（つまり、分散の大きな回答）が得られるだけかもしれない。

　それでもあえて「わからない」を含めない場合もある。少々専門的な話となるが、統計分析を適用する際に欠損値が1つでもあるとサンプルごと分析から除外されることになる。例えば、15項目に対する5段階評価の結果に基づいて分析することを想定しているとする。15項目も質問項目があれば、1つや2つ「わからない」を選ぶ回答者は多いであろう。しかし、1つでも選ぶと分析から除外されることになるので、最悪の場合、サンプル数が不足して分析自体が適用できなくなってしまうかもしれない。このような場合はあえて「わからない」を入れないこともある。ただ繰り返しになるが、「わからない」を含めずに無理に回答してもらっても漠然とした回答が得られるだけで、適切な分析結果が得られるとは限らない。

25. 既存の統計情報やアンケート調査票と比較できる選択肢項目を設定する　☆

　第2章では、統計資料や過去に行われた先行調査を用いて、設定したリサーチ・クエスチョンに実質的に答えられる可能性もあるという話をした。それに関わることであるが、既存の統計資料と比較を行うことができたり、過去に実施したアンケート調査と質問の内容を揃えることで、時系列的に情報を比較できたりする可能性がある。その場合は、比較が可能となるように選択肢も揃えることが望ましい。この点については第9章の内容も参照されたい。

26. 選択肢の提示方法はアンケート調査票内で一貫させる　☆

　先ほどから様々な選択肢の形式を提示しているが、使用する選択肢の提示方法はアンケート調査票内で一貫させる方が望ましい。特にリッカート尺度を5段階尺度にするのか7段階尺度にするのか、ガイドライン22（「どちらでもない」と「どちらとも言えない」「ふつう」を区別する）で示した、リッカート尺度の中間段階を何に設定するのかといった点について、質問ごとに設定が異なると回答者

が混乱し，回答を間違う可能性を高めることになる．

日本語に関するもの
27．一文は短く区切る
　日本語は接続詞で文章を延々とつなげられるので文章が長くなりがちである．一文で説明する内容は1つに絞り，質問文や説明文を簡潔に書く必要がある．

28．接続助詞の「が」に注意する
　接続助詞の「が」には2つの意味があるため注意が必要である．「木道自体，湿原に悪影響を与えているが，人間が湿原を直接踏みつけるよりはましである」の「が」は逆説の「が」である．「湿原では木道を歩くことになるが，そこから湿原に踏み出すのは望ましくない」は，情報を付け加えるための「が」である．これらは単独では見誤らないが，文章が複雑になると誤解が生じる場合がある（回答者だけでなく調査側も）．

29．多義的に取れる表現ではなく具体的な言葉を使う　☆
　誤解を与えないためにも多義的に取れる表現は避け，具体的な言葉を使う必要がある．例えば，「当てはまるもの」は「当てはまる番号」，「富士山の登山者」は「富士山を訪れた登山者数」といった形である．

30．指示語をできる限り避ける　☆★
　同様に，誤解を与えないためにも指示語は避け，具体的な言葉を使う必要がある．例えば，以下のような質問は誤解を生むことになる．

問13．湿原の保全を行うには，歩道を閉鎖するか，木道を整備するか，どちらかの方法が検討されることになります．あなたはその事業に賛成ですか，反対ですか？　当てはまる番号に1つ○をつけて下さい．

| 1. 大いに賛成 | 2. 賛成 | 3. 賛成とも反対とも言えない |
| 4. 反対 | 5. 大いに反対 | |

事業なのだから，木道整備について聞いているのは明白であろうというのは調査側の理屈である。もしこの事業を「木道整備ありきの議論ではなく，歩道の閉鎖も含めて根本的に考え直す事業」であると解釈されると，誤解して回答されることになる。その場合，1と回答した真意は，再検討を行う事業に賛成という意味で，実際には歩道は閉鎖した方が望ましいと考えているかもしれない。

全体構成や配置に関するもの
31. 簡単で興味がわきそうな質問から始める　☆

　ガイドライン12（質問内容が難しすぎる場合は削除する）でも述べたように，質問には簡単なものと難しいものがある。また回答者が興味を持って回答する質問と，調査側が興味を持っている質問とは異なっている可能性がある。

　アンケート調査ではできる限り回収率を高めることが望まれる。その回収率を高めるには，アンケート調査票への回答を始めてもらうこと，そして最後まで回答してもらうことが重要である。回答者は「回答してあげよう」という意思の下に回答を始めて下さっている。そのため，一度始めれば最後まで回答していただけることが多い。特に半分以上回答していたならば，難しくても最後まで回答してあげようとより強く考えるだろう。ただ，最初の1～2問くらいでつまずくと回答をやめてしまう可能性がある。最初の質問で生じた負担とページ数からどれだけの負担が発生するか類推してしまうからである。そのため，アンケート調査票は簡単で興味がわきそうな質問から始める必要がある。特に回答者が体験したことについて，事実の有無を聞くような質問，例えば，「今回は何回目の訪問ですか」「今回はどの観光地を訪れましたか」といった質問が適している。

32. 個人属性の質問から始めない　☆

　多くの人が誤解しているのは，個人属性つまり年齢や性別などは最初に聴取すべき内容だと思っていることである。これらは確かに回答しやすいのであるが，個人的な内容のため実際には回答したくない情報も含まれている。そのためガイドライン31（簡単で興味がわきそうな質問から始める）で示したように，最初に配置されると回答をやめてしまう可能性が高くなってしまう。個人属性の質問は最後に持っていくのが定石である。

33. 似たような質問項目をグループ化する

このガイドラインには2つの意味合いがある。1つは聴取する内容について，同じようなテーマはグループ化して聴取した方が望ましいということである。あの話をしてまたこの話といった形でテーマが行ったり来たりすると，回答者は混乱する。

もう1つは，同じような回答形式の質問はグループ化して聴取した方がよいということである。ガイドライン6（何を回答するのか，どう回答するのかを毎回明示する）で述べたように，択一の質問の後の複数選択可能な質問ではミスが発生しやすい。そのため択一の質問と複数選択可能な質問は交ぜるのではなく，連続させた方がミスは少なくなる。

34. 順番が回答に影響を与えないか検討する　★

ある国立公園で協力金の導入を検討しているとする。そのため，協力金に対して支払っても構わない金額（支払意志額）を評価したいとする。ところがその国立公園では混雑緩和のためにシャトルバスの導入も同時に検討しており，そのシャトルバスの導入への賛否も把握したいとする。しかし，協力金の話をしてからシャトルバス導入の話をすれば，「シャトルバスにも費用を支払わなければならない」ということになり，シャトルバスの導入に対する評価が下がってしまうかもしれない。そのような場合には，シャトルバス導入の話をしてから協力金の話をするアンケートのバージョンも作成し，それぞれ同数配布する調査デザインを組むことになる。2つのサブサンプルの推定値を比較して，支払意志額や賛否に差があるかどうか検証すれば，お互いの質問が影響を与えているかを把握することができる。当然，必要となるサンプル数は増えることになる。

実際には，情報提供が回答者の回答を変え得るかどうかは，自然環境の保全や観光・レクリエーション利用の分野では大きな研究テーマであるため，影響の有無を検出するために意図的にこのようなデザインを組んでいる場合もある。

35. 回答をガイドする説明文を入れる　☆

ガイドライン6（何を回答するのか，どう回答するのかを毎回明示する）で示したように，質問文に含まれるべき情報は，何を問うているのか，そしてそれにど

う回答するのかである。それ以外の文章は質問文には入れず，回答をガイドする説明文として挿入していく。「ここから質問が始まります」「さて，ここからは日本の国立公園全体についてご意見をお伺いします」といった形で，交通整理する文章である。急にテーマが変わるような場合，回答者は「何だ，急に話が変わったぞ」と思う可能性がある。そのような場合にも，「ここからは，日本の国立公園全体についてお聞きします。これまでの質問は個別の国立公園についてお聞きしてきましたが，国立公園全体として行うべきことを把握するため質問させていただきます」といった感じで説明文を挿入すれば，つまずくことなく先に進んでいただくことができる。

36. 説明が難しい場合や長くなる場合は説明自体も質問化する

　これはガイドライン 12（質問内容が難しすぎる場合は削除する）でも触れた問題である。仮に「2020 年以降の地球温暖化対策の国際ルールであるパリ協定について，あなたの評価をお聞かせ下さい」という質問をどうしても入れたいとする。しかし，パリ協定を評価するには京都議定書に関する評価を踏まえないと意味がないかもしれない。しかし，そもそも京都議定書も難しい言葉である。気候変動が世界的な問題となっていることを知らない人もいるのである。「そんな人がいるのか？」と思うかもしれない。我々は環境問題に関わることが多いので，それらについてよく知っているだけである。

　まず上の質問にたどりつくには，例えば以下のようなステップが想定される。

・地球温暖化や京都議定書，パリ協定といった用語を知っているかを問う質問
・用語に対する簡単な説明
・地球温暖化で生じることが予想される様々な悪影響の重大さを評価してもらう質問
・京都議定書の簡単な説明
・京都議定書で指摘された問題について評価してもらう質問
・パリ協定の簡単な説明
・パリ協定を評価してもらう質問

上記の内容をすべて説明文とし，最後に当初に示した質問文をつけることも可能である。しかし，そのような説明文は読み飛ばされるかもしれないし，質問には多くの回答者が回答しないかもしれない。おそらく説明は1ページに及ぶからである。そのため，説明と質問を交互に織り交ぜてリズムを維持することになる。ここでの質問は実際には必要な情報を聴取するための質問ではないかもしれない。単に理解を促すために説明を質問形式にしているだけの場合もある。ただ結局は，重要だが難しい概念や難しい言葉については，回答者がそれを知っているかどうか，理解しているかどうかという情報自体も重要な結果となり得るものである。

37. 分岐は最小限にし，誘導先を明確に示す ★

　分岐は最も気をつけるべき項目である。何も知らないで作成すれば，ほとんどの場合，失敗しているはずである（失敗していることにも気づかない）。問題は非常に込み入っている。例えば，図3-1に示すような分岐を考えてみたい。

　問題がないように思えるかもしれないが，実は問1で「2. いいえ」「3. わからない」とした回答者は，問2の前半を読んだ段階で，「問2以降は自分には関係なし」と次のページに進んでしまう可能性がある。問3に移動するのが普通と考えるのは調査側の勝手な思い込みである。

　この点については多くの人がそのような対応を取るかもしれない。そこで，「『2. いいえ』『3. わからない』を回答した方は問3にお進み下さい」という説明文を加えることになる。実はこれがまた次の誤解の引き金になっている。問2を回答する回答者もこの説明文を読んでいる。そのため，回答者の中には，問2は自分に関係するが，問3は自分には関係しない質問だと判断して，問2を回答した後に次のページに進んでしまう可能性がある。問3以降に移動するのが普通と考えるのは，これまた調査側の勝手な思い込みである。分岐を作る必要がある場合は図3-2のように矢印で誘導するのが最も安全である。

　分岐は入力の際にもミスを引き起こす可能性が高い。分岐に応じて，次の質問に回答があるのかないのか，常に場合分けが生じるからである。これらの理由から基本的には分岐は作らないことが重要である。作る場合は矢印で丁寧に誘導するのが望ましい。

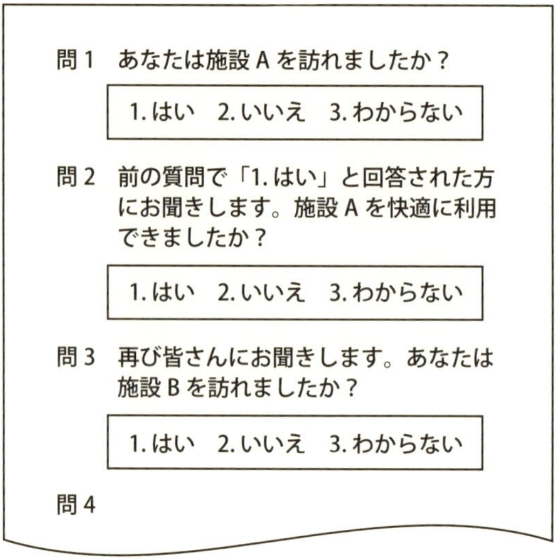

問1　あなたは施設Aを訪れましたか？

　　　1. はい　2. いいえ　3. わからない

問2　前の質問で「1. はい」と回答された方にお聞きします。施設Aを快適に利用できましたか？

　　　1. はい　2. いいえ　3. わからない

問3　再び皆さんにお聞きします。あなたは施設Bを訪れましたか？

　　　1. はい　2. いいえ　3. わからない

問4

図3-1　分岐の質問例

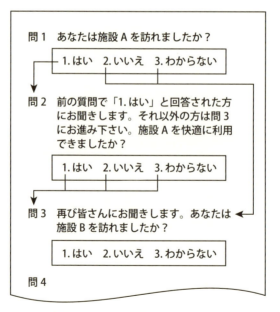

図3-2　誘導つきの分岐の質問例

38. 質問文と選択肢がページを跨がないようにする

　質問文や選択肢が長くなるとページを跨ぐことが出てくる。しかしながら，このようなことが起きないように質問の順番をうまく調整する必要がある。特にリッカート尺度を用いた質問で項目が多岐にわたって次のページに移動すると，ヘッダー部分（見出しの部分）が消えてしまうことになる。こうなると，例えば5段階評価の数値にどんな水準が割り振られていたのかわからなくなってしまう。やむなくページを跨ぐ場合は，新しいページの最初の行に再度，ヘッダーを表示する必要がある。

デザインに関するもの
39. 適切な余白を確保する　☆
40. 質問と質問の間，質問と選択肢の間にスペースを確保する　☆
41. 質問文と選択肢が混同しないような表示を工夫する　☆
42. 見えやすい文字の大きさやフォントを用い，使い方を統一する　☆
43. インデント（字下げ）を有効に使い，使い方を統一する　☆

　これらはまとめて説明したい。余白を狭くして，印字するスペースを拡大させたアンケート調査は非常に窮屈に見えるものである。我々は書籍を始めとして様々な印刷物を目にするが，見やすさを考慮して余白は十分に取ってある。逆にそうでない印刷物を目にすると，窮屈で素人っぽい印象を受けることになる。また何度か指摘しているように，回答者にはとにかく最初のページで回答に取りかかってもらうことが大事である。余白が少なく文字数の多いアンケート調査票は内容が盛りだくさんに見えるため，回答者に悪い印象を与えることになる。

　質問と質問，質問と選択肢の間にスペースを確保しないのもアンケート調査票を窮屈にさせる原因である。どこまでが質問文で，どこまでが選択肢なのか，見分けもつきづらくなる。質問文と選択肢の見分けがつかないアンケート調査票は非常に回答しづらいため，一般的には選択肢を囲うなどの工夫をすることになる。

　使用するフォントも重要である。基本的にフォントはゴシック体を使う。対するのは明朝体で，長い文章を読むには適しているものの，視認性は落ちると言われている。特に年配の方の中には文字が読みづらい方がおられるためゴシック体を用いることが推奨される。

また同じような視点から文字サイズも重要になる。これまでの経験からフォントサイズは 12pt が最低であると考えている。市町村を対象としたアンケート調査で，年配の方が多く回答されることが予想される場合は 13pt にする場合もある。このようなフォントの種類やサイズ，デザインはアンケート調査票を通じて統一させることも重要である。質問文や選択肢，説明文を見た目で区別できるようにすることで，メリハリのある見やすいアンケート調査票になる。図 3-3 はこれらのことを踏まえて作成したアンケート調査票である。この図に見られるように，インデント（字下げ）も見やすさに大きな影響を与えるものである。インデントを有効に使用し，また統一させることで，アンケート調査票が洗練されたものである印象を与えることができる。
　このような文書のデザインについては関連する書籍が数多く出版されている。

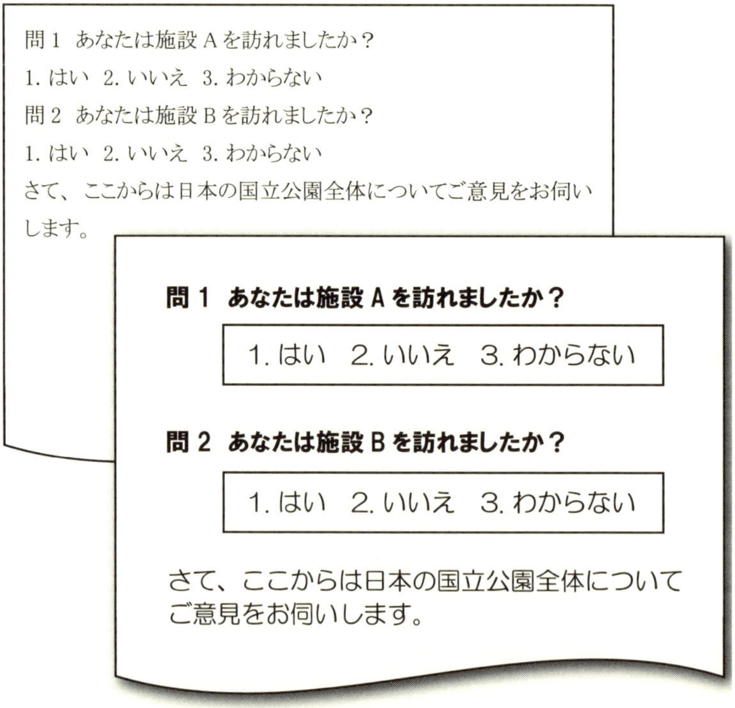

問 1　あなたは施設 A を訪れましたか？
1. はい　2. いいえ　3. わからない
問 2　あなたは施設 B を訪れましたか？
1. はい　2. いいえ　3. わからない
さて、ここからは日本の国立公園全体についてご意見をお伺いします。

問 1　あなたは施設 A を訪れましたか？

　　　1. はい　　2. いいえ　　3. わからない

問 2　あなたは施設 B を訪れましたか？

　　　1. はい　　2. いいえ　　3. わからない

さて、ここからは日本の国立公園全体についてご意見をお伺いします。

図 3-3　デザインに配慮したアンケート調査票とそうでないアンケート調査票

アンケート調査票を作成する上では，例えば，高橋・片山（2014）などが非常に参考になる。アンケート調査票については付録に実際に使用したアンケート調査票が掲載されているのでそちらも参考にしていただきたい。

44. 質問番号と選択肢番号をつける　☆

　質問番号は回答者が全体の分量や進行状況を把握するために使ったり，調査側が分岐を作る際に誘導先として使ったりなど，様々な場面で使用するためつけるのが望ましい。

　選択肢番号をつけるのは，回答者の便宜を考えてというよりデータ入力の作業効率を考えてである。「1. はい」「2. いいえ」「3. わからない」ではなく，数字を記載せず文字に○をつけてもらうことでも回答は可能である。しかし，これでは入力が大変である。「はい→1」「いいえ→2」といった形で，質問ごとに割り振られた値に変換しながら入力を行うことになる。これは非効率であるだけでなく，間違いを引き起こす原因にもなる。さらに，回答に間違いがないかを確認する際も，同じように変換して確認するので，これもまた大変な作業である。

　一般的に番号は通し番号で振っていくが，所得のように選択肢が数字になる場合はアルファベットなどを使ったりすることがある。「1. 100万円」「2. 300万円」「3. 500万円」といった表示だと，「1,100万円」などと表記されていると誤解を引き起こす可能性がある。その意味で，ガイドライン14や16，18などで使っている例は修正した方がいいかもしれない。用いるフォントによってはスペースを空けることで見栄えが改善することもある。

45. ページ番号とアンケート調査票の分量を示す　☆

　アンケート調査票にページ番号は不要に思えるがつけておいた方が望ましい。まず，回答者がページを飛ばして回答している場合，ページ番号を見て飛ばしていることに気づく可能性がある。また，アンケート調査票の前のページを参照してもらう場合もあるので，そのときにも便利である。

　また回答者はアンケート調査票に回答する前に，このアンケート調査票がどれだけの分量であるかを知りたがっている。時間が限られている人にとっては，作業の合間に回答してしまえるかどうか知りたいものである。そのため，最初にア

ンケート調査票がどれだけの分量であるのかを示し，同時にページ番号がついていると，回答者にとって見通しを立てやすくなる。

46. 次のページに質問が続く場合はそれを明示する　☆★

郵送で返送されてきたアンケート調査票を入力していてガッカリすることの1つが，1ページ目だけが回答されており，その後白紙になっている場合である。回答を途中でやめられた可能性もあるのだが，そのような回答者は返送されない可能性の方が高いので，おそらくはアンケート調査票が1ページだけだと勘違いをされた可能性が高い。このようなことを避けるため，ページの最後には必ず「次のページに進みます」「次のページがあります」と表示をつける必要がある。毎回毎回しつこいようではあるが，このようなミスを防ぐためには必要な表示になる。

上記の意味で一番危ないのは，実は裏表2ページのアンケート調査票である。2枚以上にわたれば2枚目をめくり，1枚目の裏にも目が行くからである。このような場合，紙は無駄になるが両面印刷せず，片面印刷のアンケート調査票をホチキスでとめた方がいいかもしれない。

47. 表を使う場合は，縦方向に読むか，横方向に読むかわかるように工夫する

アンケート調査票で情報を提示したり，5段階評価の選択肢の表記に使ったりなど，様々な形で表を用いることになる。しかし，表は縦に読む場合もあれば，横に読む場合もある。アンケート調査票を作成した側は読む方向を知っているが，回答者はそれを知らないことが問題である。思いがけない間違いが発生する場合もあるので，表を読む方向を指し示すようなデザインが要求される。

問14．あなたは森林公園の以下の場所で混雑感を感じましたか？　下記のそれぞれの場所について，当てはまる番号に1つ○をつけて下さい。

場所	ほとんど感じなかった				非常に感じた
駐車場	1	2	3	4	5
遊歩道	1	2	3	4	5
施設	1	2	3	4	5

問 14 は問 2 のデザインを変えたものだが，ヘッダー（見出し）が一番上で，情報は横方向に読むことが一目でわかるようになっている。また，縦に読むのか横に読むのかは，アンケート調査表内ではどちらかに統一する方が望ましい。

4. ガイドラインのまとめとしての原則

　これまで様々なガイドラインを提示してきたが，実はこのガイドラインを眺めるといくつか共通した原則が見いだされることになる。これらの原則はどちらかというと抽象的なものであるが，アンケート調査票を作成する際に指針を与えてくれるものである。

原則 1：回答者に解釈の余地を与えない
原則 2：調査側は迷路を上から眺めているが回答者は迷路を歩いている

　まず原則 1 であるが，質問があいまいであるため何を回答するのかを回答者が考えなければならなかったり，ガイドライン 14（選択肢は互いに重複がなく，かつ漏れのないように設定する）で示した選択肢が MECE になっていなかったりなど，アンケート調査票の内容について回答者が解釈しなければならない状況は避ける必要がある。くどいようでも完全な文章を使い，指示語を避け……といったことが求められるのはこのためである。目指す状況は，調査側が想定する質問と同じ質問を回答者が想定し，回答者が想定する選択肢を含むすべての選択肢を調査側が提示している状態である。
　原則 2 は説明が必要であろう。この原則は比喩になっているのだが，言わんとすることを的確に示している。調査側は迷路を作成する立場である。迷路を上から眺めているので，曲がり角の先，行き止まりの場所もすべてわかっている。一方，回答者はその迷路を歩く人である。迷路がどのようになっているのかまったく情報を持っていない。
　調査側は，例えば質問を分岐させたとしたら，当然正規のルートに戻ってゴールを目指すと考えている。しかし，それはすべて迷路を上から眺めているから知っている調査側の予見に過ぎない。この予見が問題である。回答者側の視点から

考えてみたい。迷路を進むと「回答に応じて右か左かを選択して下さい」という指示が壁に貼ってある。ここは右だとしよう。しかし，右を選択するとまた分岐がある。しかし，先ほどと違って指示は壁に貼っていない。実際には，片方の先は最初の分岐の少し先（つまり1つ飛ばした次の質問）に合流しており，もう片方の先はかなり先（次のページ）に合流している。指示がないならばどちらを選ぶかは回答者次第である。

　このような予見はいろいろなパターンがある。ある質問に回答してもらうため，調査側が用語説明を始めたとする。これは，次にくる質問に回答してもらうためのものだとする。しかし回答者にとっては，迷路で急に脈絡のない貼紙に出くわすのと同じである。何でその貼紙があるのか，なぜこの内容が説明されるのか，その理由がわからないのである。調査側は，質問の流れを知っているので回答者の不安を理解することができない。先ほど挙げた「お住まいは？」の問題も同じである。「この流れで調査側が知りたがっている情報は居住地であることは自明である」という予見を持っているのである。とにかく，このような予見をできる限り排除することが重要である。回答者目線で迷わない，不安にならない迷路を作ることが大切である。もちろん，作成している調査側が回答者になりきることはできないので限界も存在している。このことは，関係のない一般の人々（両親や友人，同級生など）にアンケート調査票をチェックしてもらうことが非常に重要であることを示している。そのため，以下もガイドラインとして追加しておきたい。

48．アンケート調査票は必ず分野外の一般の人々にチェックをしてもらう　☆
49．完成したアンケート調査票を用いてプレテストを実施する　☆

　アンケート調査票の間違いや不適切な点は，両親や友人，同級生などに回答してもらうことでかなりの部分を見つけることができる。ただ，それでも間違いや不適切な点が残っていることが多い。ある程度の回答を得て，それらを集計して初めて，「何かおかしい」と気がつくこともある。そのため，完成したアンケート調査票を用いてプレテストを実施することが重要である。

　第4章でも触れることになるが，この段階で現場の関係者に内容をチェックしていただくことが必要になる場合もある。状況にもよるが，50程度のサンプル数である程度の傾向を把握することが可能である。第2章でも述べたように調査ス

ケジュールに余裕がないことは多いが，逆に取り直しができない場合こそ，プレテストを実施して予期せぬ問題が発生していないかをチェックすることが求められる．仮想評価法（CVM）などを適用する場合には，プレテストの結果に基づいてアンケート調査票のデザインを行うのでプレテストは必須の作業となる．

5. 作業をどこで終わりにするか

　ここまで読んでいただければ，何の知識もなくアンケート調査を実施すれば，多くの場合，何らかの形で失敗することはわかっていただけたと思う．しかしながら，作り込めば適切なアンケート調査票を作成できるかというと実はそうとも限らない．作り込めば作り込むほど，アンケート調査票はより正確でより精緻なものへと向かう傾向がある．しかし，それが回答しやすいとは限らないからである．

　例えば，ガイドライン14（選択肢は互いに重複がなく，かつ漏れのないように設定する）は重要なガイドラインであった．居住期間を尋ねる際，MECEとなるように「何度か転入出をされている方は，直近で引っ越してこられてからの年数をお答え下さい」という一文を加筆した．しかし，「5年前に京都市の実家に戻ってきたのだが，3年前からは単身赴任で平日は東京に住んでいます」という人には，さらに別の対応を講じる必要がある．しかし，このような対応を際限なく行うと，アンケート調査票は正確ではあるが，非常にわかりづらいものとなってしまう．当然どこかの段階で「内容の正確性を取るか」「回答者の理解を取るか」という状況に直面することになる．

　実はこのような状況に直面することが，アンケート調査票作りが終わりに近づいているしるしでもある．序盤では明らかな項目改善への対応が主な作業になるが，終盤ではガイドラインが相反したり，上記のような状況に直面したりして，何を優先させるのか選択することが主な作業になる．ここまでくると，さらに格闘しても生産性は上がらないかもしれない．時間的余裕があれば，少し時間を置いてまた見直すのが望ましい．この過程を経ると多くの問題が解決することが多い．ただ時間がなければ，アンケート調査を実施する責任者が，この段階で何を優先させるのかを判断して，アンケート調査票を最終版とすればよい．どうして

も判断できない項目はプレテストで判断を下す方法もある。

　ガイドラインが相反したり，「内容の正確性を取るか」「回答者の理解を取るか」という状況に直面したりする場合は，基本的に回答者の理解を第一に考えて対応する方が望ましいかもしれない。提示した情報は正確でも回答者が理解していないかもしれない回答は使えないが，提示した情報は限られていても回答者が理解した上での回答は，限られた条件の下ではあるが使うことができるからである。ただ，あえて前者を採用する場合もある。先行研究との比較をする都合上，どうしても質問文や説明文を揃えておきたい場合などである。

6. アンケート調査票の表紙と裏表紙

　最後にアンケート調査票の表紙と裏表紙の話をしたい。アンケート調査票には，表紙がある場合とない場合がある。地域住民を対象に郵送でアンケート調査票を送付するような場合には表紙はつけることになる。一方で，現地で訪問者に配布するようなアンケート調査の場合は表紙をつけず，表紙に書くべき内容を1ページ目の冒頭に簡単に記載する形にすることが多い。どちらにしても，下記のような内容を記載する必要がある。

・アンケート調査票のタイトル
・アンケート調査の実施主体
・アンケート調査の目的（およびアンケート調査をお願いする依頼の文章）
・アンケート調査票の返送あるいは回収方法
・アンケート調査に関する問い合わせ先

　紙面に余裕があれば，実施主体のロゴマークやアンケート調査に関連するイラストなども掲載する方が望ましい。特にアンケート調査票が郵送などで送られてくる場合，封筒を開いて表紙を見た際の第一印象が非常に重要である。無理にカラーにしたり，高級な用紙を使ったりする必要はないが，体裁を整えることで「重要なアンケート調査であり，ぜひご返送下さい」というメッセージを伝えることができる。

裏表紙は基本的に必要ないが，冊子型や両面印刷の調査票で内容が奇数ページで終わってしまう場合，最後の1ページは白紙になることがある。その場合，内容に関わる話題について自由回答の質問で意見を述べてもらうのが普通である。ただ，回答者にアンケート調査の理解度や難易度，分量，回答しやすさなどについて尋ねることも有効である（このような質問はプレテストでも非常に有効である）。アンケート調査の信頼性を確認する指標とすることもできるし，今後アンケート調査を実施する予定のある人にとっては，次回のアンケート調査票の設計の際に参考にすることができるからである。

[参考文献]
Manning, R. (2011) Studies in outdoor recreation: Search and research for satisfaction (3rd Edition), Oregon State University Press.
森岡清志編著（2007）『ガイドブック社会調査』日本評論社
大谷信介・木下栄二・後藤範章・小松洋編著（2013）『新・社会調査へのアプローチ：論理と方法』ミネルヴァ書房
Punch, K. F. (2005) Introduction to social research: Quantitative and qualitative approaches, Sage.（川合隆男監訳『社会調査入門：量的調査と質的調査の活用』慶應義塾大学出版会，2005年）
高橋佑磨・片山なつ（2014）『伝わるデザインの基本：よい資料を作るためのレイアウトのルール』技術評論社
Vaske, J. J. (2008) Survey research and analysis: Applications in parks, recreation and human dimensions, Venture Publishing.

第4章 アンケート調査の実施

愛甲哲也・庄子　康

　ここまでアンケート調査の枠組み作りとアンケート調査票の設計について見てきたが，実際にはアンケート調査票を設計する前段階で，どのような母集団を想定してアンケート調査を実施するのかは決まっていることが多い。トピックの選択の時点，少なくともリサーチ・クエスチョンを設定する前には決まっているであろう。

　アンケート調査は量的調査であり，最終的には統計的推定に基づいて，母集団の特徴を明らかにすることが目的である。そのためには，母集団を設定して，何らかのサンプリング方法によって調査対象者を選定し，アンケート調査を実施することになる。下記で詳しく述べるが，自然環境の保全や観光・レクリエーション利用におけるアンケート調査では，この部分が他の分野のアンケート調査と大きく異なっている。

　母集団の設定と調査対象者のサンプリング方法を踏まえ，実際に適用する調査を選択することとなる。リサーチ・クエスチョンに適切に答えるための調査手法が選択されることになるのだが，予算や人員なども調査手法の選択には大きく関わってくる。このような調査手法の選択について整理していく。その上で，アンケート調査の準備，アンケート調査の実施という順で解説を行っていきたい。自然環境の保全や観光・レクリエーション利用におけるアンケート調査では，野外でアンケート調査を実施することが多いため，この部分の内容についても，他の分野のアンケート調査と大きく異なっている。

1. サンプリング

アンケート調査では様々な調査対象者が想定されるが，本書では，以下の3つの調査対象者を想定して話を進めていきたい。我々が行うアンケート調査では，以下のどれかのケースに該当することがほとんどである。

1. 観光・レクリエーション利用などを目的とした訪問者（あるいは観光客）
2. 自然環境の保全や観光・レクリエーション利用に関係する地域住民
3. 市町村や都道府県，全国といったあるくくりに含まれる一般市民

　一般的な社会調査では，主に一般市民を対象として研究が行われるため，訪問者や地域住民を対象としたアンケート調査を実施する場合の長所と短所がどこにあるのか十分に説明されていない。書籍によっては，どこかに出向き，そこで出会った人々を対象としてアンケート調査を実施することは，やってはいけないこととして挙げられている場合もある。もちろんそれは，そのような形で聴取した結果に基づいて一般市民全体について考察を行う場合なのだが，一般的な社会調査では訪問者や地域住民といった一部を対象とすることがそもそも想定されていないため，このような説明の仕方になってしまうのかもしれない。

サンプリングの基礎

　まず，誰を母集団として設定しているのかを考えてみたい。「2. 自然環境の保全や観光・レクリエーション利用に関係する地域住民」，あるいは「3. 市町村や都道府県，全国といったあるくくりに含まれる一般市民」の場合，調査側は何らかの母集団を設定し，そこからサンプリングを行って調査対象者（標本）を決定し，アンケート調査への回答を依頼する。アンケート調査の母集団は，利害関係が生じる該当地域に含まれる地域住民，あるいは全国，地方，都道府県，市町村などの行政区画に含まれる一般市民である。これらの人々に対して，ある森林公園に関するアンケート調査を行う場合，調査対象者は一般市民や地域住民からサンプリングされた調査対象者であり（図4-1），その中には森林公園を訪れる可能性のある人々も含まれるが，そうでない人々も含まれている。この調査対象者の

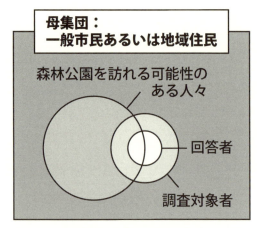

図4-1 一般市民あるいは地域住民を対象としたアンケート調査の母集団

中で実際にアンケート調査票に回答した人が回答者となる。

　ここで注意したいことは，我々が注目しているのは母集団からサンプリングされた回答者の回答自体ではないということである。この回答者はたまたま母集団から調査対象者としてサンプリングされた方であり，同じ内容のアンケート調査をまた別の機会（例えば，翌年）に行うことになれば，また別の方々が調査対象者となる。別々の調査対象者からなる別々の標本調査からは，別々の調査結果が報告されることになるが，我々はこのような個別の調査結果を知りたいわけではない。むしろ知りたいのは，調査対象者が所属している母集団の一般的な特徴である。もしそれを把握することができれば，一般市民や地域住民が平均的にどのような特徴を持っているのかを予測することが可能となるからである。

　同じように考えた場合，「1. 観光・レクリエーション利用などを目的とした訪問者」を対象とする場合の母集団はどのように設定できるのであろうか。例えば，ある森林公園の訪問者にアンケート調査への回答を依頼する状況を考えてみたい。先ほどと同じように，同じ内容のアンケート調査をまた別の機会に行うことになれば，また別の人が調査対象者となる。しかし，森林公園を訪問する可能性がまったくない地域住民や一般市民は含まれる可能性がない。その意味で，母集団は地域住民や一般市民ではなく，その部分集合である森林公園を訪れる可能性のあ

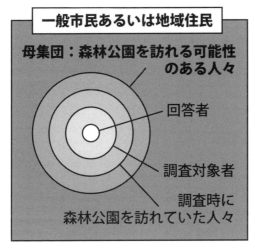

図4-2　訪問者を対象としたアンケート調査の母集団

る人々ということになる（図4-2）。

　この際，設定すべき母集団は森林公園の訪問者と答えたくなるのであるが，実際にはそうではない。何らかの理由で，ここ最近は森林公園を訪れていなかったが，実際には森林公園をよく利用している人々，あるいはまだ森林公園を訪問したことはないが，今年中には訪問したいと思っている人々なども利害関係者として存在はしているからである。1を対象としたアンケート調査において我々が明らかにしたいことは，母集団である森林公園を訪問する可能性のある人々の一般的な特徴である。ここで注意したいことは，訪問者を調査対象者としたアンケート調査では，現地を訪れていない利害関係者はサンプリング対象から外れていることである。後に説明するがこのことが問題を生じさせることになる。

　2と3を対象としたアンケート調査の母集団と訪問者との関係も示しておきたい。調査対象者の中には，森林公園の訪問者も森林公園を訪れる可能性のある人々も，そして森林公園を訪れる可能性のない人々も，あらゆる人々が含まれていることになる（図4-3）。これも後に説明することになるが，森林公園に関わる質問について回答できる調査対象者がどれだけ含まれるのかが問題となる。

　このような違いを把握すると，どこかに出向き，そこで出会った人々を対象としてアンケート調査を実施した場合に，やってはいけないことが何なのかがより

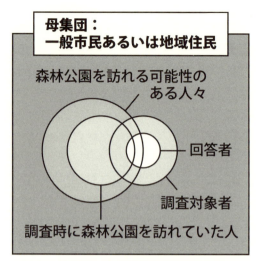

図4-3 一般市民あるいは地域住民を対象としたアンケート調査の母集団と訪問者との関係

明確になる。例えば，医療制度改革といった一般市民に関わる事柄について，森林公園の訪問者を調査対象者としてアンケート調査を実施するのは明らかに不適切である。調査員が森林公園で出会う人々は一般市民あるいは地域住民の一部だからである。特に森林公園を訪問しているという条件下では，ある年代以上で，気力や体力がある人だけを調査対象者としている可能性が高い。つまり，得られた調査結果はゆがんでいる可能性が高い。だからこそ一般的な社会調査では，一般市民からランダムサンプリングによって調査対象者を決定するように注意を促しているのである。

一方，我々が行うようなアンケート調査では，一般市民を母集団とするとアンケート調査の効率が非常に悪くなる場合が多く，実質的には意味のある結果が得られないことが多い。例えば，図4-3の対象が森林公園ではなく知床国立公園であるとする。知床国立公園には全国から訪問者が訪れるので，全国の一般市民を母集団と想定してアンケート調査を実施する必要があるかもしれない。少なくとも，知床国立公園が位置する北海道や東日本といった対象だけに母集団を限定する理由は存在していない。しかし，一般市民からランダムサンプリングによって選ばれた調査対象者の中で，知床国立公園で起きていることに関した質問につい

て，回答ができる回答者は非常に低い確率でしか含まれていないであろう。だからこそ，我々は1を対象にしてアンケート調査を実施しているのである。

これらを整理すると，上記で挙げた1～3の調査対象者について，表4-1のようになる。

表4-1では2つほど説明していない言葉を使用している。まず代表性とは，母集団から偏りなく調査対象者を選定しているか（選定できるか）という問題であ

表4-1 想定される調査対象者とその母集団

訪問者を対象としたアンケート調査	
調査対象者	観光・レクリエーション利用などを目的とした訪問者
母集団	現地を訪問する可能性のある人々（訪問に関係した利害関係を持つ人々）
サンプリング	現地
注意が必要となる調査内容	一般市民にも大きく関わる話題（例えば，非利用価値が関係する場合）や利用動態を大きく変える新しい施設や制度に対する話題（例えば，潜在的な訪問者集団自体が変化する場合）
代表性・無作為性	代表性・無作為性を高く保つには様々な工夫が必要
具体例	森林公園の歩道整備の進め方
地域住民を対象としたアンケート調査	
調査対象者	自然環境の保全や観光・レクリエーション利用に関係する地域住民
母集団	利害関係を持つ地域住民（実質的には，市町村などの行政区画に含まれる人々）
サンプリング	利害関係が生じる該当地域の住民基本台帳や住宅地図など
注意が必要となる調査内容	より幅広い一般市民にも大きく関わる話題（例えば，非利用価値が関係する場合）
代表性・無作為性	一般的には高い
具体例	地域の鳥獣被害対策の進め方
一般市民を対象としたアンケート調査	
調査対象者	一般市民
母集団	全国，都道府県，市町村などの行政区画に含まれる人々
サンプリング	該当地域の住民基本台帳や住宅地図，調査会社のモニターなど
注意が必要となる調査内容	具体的で属地的な一般的でない話題（問題が現地に限定される場合）
代表性・無作為性	一般的には高い
具体例	生物多様性保全に対する認識と対策の進め方

る。一般市民を母集団とすることが適当な医療制度改革に関するアンケート調査について，森林公園の訪問者を調査対象者とするのは代表性が低いということになる。

　また，非利用価値という言葉も使われている。この用語は第7章で詳しく説明するが，簡単に述べると，直接的にも間接的にも利用されないにもかかわらず，人々が認識している価値である。例えば，森林や海洋の生態系が健全に存在していること自体に価値がある，あるいはそれを将来世代に遺すことに価値があるといった形である。

　これになぜ注意が必要なのか，ある希少な野生動物を例に考えてみたい。例えば，この希少な野鳥がある森林公園に生息しているとする。ただ，その姿はほぼ見ることができないので，それを観察するレクリエーションは成り立たないとする。森林公園への訪問者は利用施設の拡大を望んでいるので，1を対象としてアンケート調査を行うとすると，利用施設の拡大が示唆されることになる。しかしながら，この希少な野鳥を保護することにはより幅広い一般市民が非利用価値を持っている可能性があり，その場合，現地のアンケート調査の結果だけで利用施設の拡大を検討するのは問題があることになる。言い方を換えれば，課題に関する利害関係者が現地で閉じているかどうかが問題である。

　以上で整理した点は，一般的な社会調査に関する書籍ではあまり整理されていないものである。ただ，サンプリングは分野によっては大きな研究テーマともなっている（例えば，星野，2009）。また，これらのことはアンケート調査を実施する段階では直感的に感じていることが多いが，結果を取りまとめる際には忘れてしまっていることも多い。例えば，知床国立公園の野生動物管理について，全国の一般市民を母集団としても意味ある結果を得られないことはすぐに予想できる。そのため，現地でのアンケート調査を選択することになる。しかし，取りまとめる際に，得られた結果を，一般市民を母集団と想定した結果であるかのように取り扱ったり，逆に得られた結果から，非利用価値に配慮しない提言を行ったりすることは不適切である。

オンサイトサンプリングとオフサイトサンプリング

　表4-1で示された内容は，一般的にはオンサイトサンプリングとオフサイトサ

ンプリングという言葉で区別されることが多い．先ほどの1を対象としたアンケート調査はオンサイトサンプリングに基づくアンケート調査，2と3を対象としたアンケート調査はオフサイトサンプリングに基づくアンケート調査と位置付けることができる．ここでは，オンサイトサンプリングとオフサイトサンプリングという言葉を使って，特にオンサイトサンプリングの何が問題なのかを具体例を用いながら示していきたい．オンサイトサンプリングとオフサイトサンプリングの話は，アンケート調査票を作成したり，データ分析を行ったりする上でも注意が必要となる問題である．

第7章で詳しく述べることになるが，環境経済学の分野ではトラベルコスト法という手法が用いられる．この手法はレクリエーションサイトの訪問価値を評価する手法である．トラベルコスト法では，先ほどの森林公園を例とすれば，訪問回数がどのような属性（例えば，自宅からレクリエーションサイトまでの距離，レクリエーションサイトの森林面積，施設の数など）で決まるのか推定し，そこから経済価値を評価する．そのため，アンケート調査で訪問回数を聴取することになる．実はトラベルコスト法を適用するケースでは，オンサイトサンプリングに基づくアンケート調査でもオフサイトサンプリングに基づくアンケート調査でも不具合が生じることになる．問題の原因は，オンサイトサンプリングでもオフサイトサンプリングでも，母集団となる森林公園に訪れる可能性のある人々から代表性をもって調査対象者を選定できないことにある．

オンサイトサンプリングに基づくアンケート調査では，「あなたは，今回も含めて，過去1年間，この森林公園を何回訪問しましたか」といった質問を行うことになる．この場合，以下のような問題が生じることになる．

・訪問回数0回という回答者がサンプリングされない．
・訪問回数が多い回答者ほどサンプリングされる確率が高い．

最初の項目は，現地でアンケート調査を行っているので，当然，訪問回数0回という回答者がサンプリングされないという問題である．母集団は「森林公園に訪れる可能性のある人々」であるが，その一部の人々は現地でサンプリングを行うことで自動的に除外されることになる．2番目の項目は，訪問回数が多い回答者

ほど調査員に出会う確率が高くなるので，より訪問回数の多い調査対象者をサンプリングしてしまうという問題である。

　オフサイトサンプリングに基づくアンケート調査でも，同じような質問を行うことになるのであるが，この場合も以下のような問題が生じることになる。

・森林公園について回答できる調査対象者がサンプルに含まれる確率が低い。
・大量の0回という回答が発生するが，その中に「たまたま過去1年間は訪問しなかった訪問者」の0回と，「森林公園という場所を訪問しないという人」の0回が区別できない形で交じっている。

　最初の項目はすでに説明してきた効率性の問題で，サンプルに含まれる訪問者の比率が極めて少ないことが予想される。2番目の項目は，平均訪問回数を計算するような場合に生じる問題である。森林公園の平均訪問回数を考える場合，想定される母集団は「森林公園に訪れる可能性のある人々」である。これは，図4-3で示されているように地域住民や一般市民の部分集合である。そのため，森林公園にまったく行くつもりがない人も調査対象者に含まれることになる。そうなると，「ここ最近は森林公園を訪れていなかったが，実際には森林公園をよく利用している人々」や「まだ森林公園を訪問したことはないが，今年中には訪問したいと思っている人々」の訪問回数0回という回答と，「森林公園という場所をそもそも訪問しないという人々」の0回という回答が，区別できない形で含まれることになる。これらの結果に基づいて「森林公園に訪れる可能性のある人々」の平均訪問回数を計算しようとすると，実際よりも低い値となってしまう。これは森林公園の利用にまったく関係ない人々が，母集団に水増しされた形になっているからである。

発地型のアンケート調査と着地型のアンケート調査

　観光分野では，オンサイトサンプリングとオフサイトサンプリングという概念と同じような概念で，「発地」「着地」の概念が用いられる。今度はこれらの概念も照会しながら，第6章で紹介する満足度を把握する文脈で，もう少しだけこの問題について実例を挙げてみたい。

「発地」は観光客が出発する場所，つまりその人の居住地を指している。発地型のアンケート調査は，地域住民や一般市民などを調査対象者として，ある国立公園の訪問回数や次にどの国立公園に行ってみたいかなどを問うものである。表4-1に示されるように，発地型のアンケート調査では，住民基本台帳などからサンプリングを行ったり，一定地域の住宅を個別に訪問してアンケート調査票への回答を依頼したりする。一方で「着地」は，観光客が到着した場所，つまり観光の対象となっている現地を指す。着地型のアンケート調査は，観光地の現地で，そこに訪れている人々を調査対象者として，その場所をなぜ訪れたのか，訪れて満足したかなどを問うものである。着地型のアンケート調査では，現地でアンケート調査票を配布して回答をその場で求めたり，郵送での返送を依頼したりする。

例えば，知床国立公園への訪問者に，訪問に対する満足度を聴取する状況を考えてみたい。これまでも述べてきているように，知床国立公園への訪問に対する満足度を聴取するために，発地型のアンケート調査を適用するのはあまりにも効率が悪い。訪問に対する満足度は，知床国立公園に訪問経験のある人々にしか回答できない。しかし，そのような人々が一般市民の中にどれだけ含まれているのかを事前に把握することは不可能である。実際には，数えるほどしか含まれていないであろう。そのため，知床国立公園を訪れたことのある100人の回答者を探し出すために，どれだけの人々にアンケート調査を依頼しなければならないか見当もつかないことになる。

その一方，着地型のアンケート調査を適用すれば，「80％以上の観光客が今回の訪問に満足していた」といった結果は比較的簡単に入手することができる。しかし，この満足感をどのように解釈するのかが問題である。先ほどの「森林公園という場所には訪問しないという人々」と同じように，知床国立公園の訪問に満足しないだろうと考えている一般市民は，もともと知床国立公園には訪れていないかもしれないからである。もし，この着地型のアンケート調査を実施するための目的が，新しい訪問者の獲得にあるとするならば，この結果はそもそも満足しそうだと思って知床国立公園に来ている調査対象者に聞いているのであるから，あまり目的には貢献しないかもしれない。

言い方を換えると，着地型のアンケート調査のサンプリングあるいはオンサイトサンプリングには，自己選択バイアス（self-selection bias）が発生していると

も表現することができる。森林公園を訪問するという選択をした訪問者だけを調査対象者とするので，0回という訪問回数が観測できなくなり，また，知床国立公園で満足度を高められそうな人々が訪問者となり，調査対象者となっているので，おのずから満足度は高めに評価されるのである。

　実例を複数挙げながら説明を行ってきたが，整理すると以下のようにまとめることができる。

・多くの社会調査に関する書籍で述べられているような，母集団を明確にして住民基本台帳などからサンプリングを行うアンケート調査がすべてではない。
・我々の分野では現地で実施するアンケート調査は有力な手法であり，状況によってはそれしか適用できない場合もある。
・しかしながら，現地で行うアンケート調査にはサンプリングに関して課題を抱えており，内容に応じて十分に配慮する必要がある。

　これらの問題については，先行研究でも様々な考え方が示されている。ただ，分野によっても考え方に違いがあるようである。Punch（2005）は，標本抽出の基本的な考え方は重要であるが，母集団を明確にしてサンプリングを行うことが難しい現実もあると述べている。また，一般市民の何割がそう感じているというようなサンプルの代表性が重視される場合には，確率的なサンプリングが行われるべきだが，訪問者の中での属性による違いなどを比較するといった，課題が変数間の関係性や集団間の比較に焦点を当てている場合は，ある種の故意の目的性のあるサンプリングがより適切であると述べている。また，宮本・宇井編（2014）は，心理学の場合に台帳をもとにしたランダムサンプリングではなく，標本となり得る構成員の中で依頼・研究実施がしやすい対象をサンプリングする「機会サンプリング」を紹介している。ただし，その場合にはデータ分析や考察の際に偏りがあることを意識する必要があることを指摘している。機会サンプリングは，先ほど述べたオンサイトサンプリングに近いものであり，データ分析や考察の際に偏りがあることは，トラベルコスト法の例で紹介した通りである。

オンサイトサンプリングの実際

　オフサイトサンプリングの実施方法は，多くの社会調査に関する書籍に記載されているので，ここではオンサイトサンプリングのやり方について整理を行いたい。実際にオンサイトサンプリングを行うには，これまで述べてきたような問題点に目を向けるだけでなく，現場でどうやってアンケート調査を実施するのかにも目を向けなければならない。

　Veal（2011）は，レジャーや観光の社会調査においては現地でのサンプリングがやむを得ない場合が多いが，その際に無作為性と代表性に留意して社会調査を行う必要性を強調している。つまり，対象となっている場所を訪れている様々な観光客を含み，様々な日時，様々な天候での回答を得られるようにサンプリングを計画する必要がある。あらかじめ，客数や客層，時間ごとの利用変動などがわかるデータがある調査地ではサンプリングの計画が立てやすいが，第1章でも述べたようにそういったモニタリングデータが事前に存在していることは少ない。そのため予備調査や現地の関係者の経験に基づいたアドバイスが重要となってくる。

　例えば，知床国立公園の知床五湖では10時頃に観光客が急増する。ホテルをチェックアウトした観光客と，朝一番の観光船に乗った乗客が知床五湖に押し寄せるためである。また，荒天で観光船が欠航すると，行き場のない観光客が知床五湖に押し寄せるため，悪天候なのに観光客は多いという，一見矛盾した現象が起きることになる。このような現象は，調査の計画時に配慮する必要があり，現地の関係者は当然のこととして把握しているが，関係者以外が1度や2度訪問しただけでは気づくことはできない。

　オンサイトサンプリングには大きく2つの方法がある。調査側が調査対象者を待ち受けてアンケート調査への回答を依頼する場合と，調査側が動きまわって調査対象者にアンケート調査への回答を依頼する場合である。前者は主に駐車場や観光案内所，登山口などでアンケート調査が行われる場合である。調査対象者全員に依頼ができない場合には，例えば，登山口で下山者5人ごとに1人に調査を依頼するといったように，一定の数ごとに依頼をすることで，特定の訪問者が恣意的に選ばれることは避けることができる。

　調査側が動きまわって調査対象者に依頼することが必要となるのは，出入口が

不特定多数の大きな広場や海岸などで，訪問者がそこに一定の間滞在しているような場合である。この場合は，調査側が歩きまわる場所がランダムになるように配慮し，そこで出会った5人ごと1人に調査を依頼するといったように，一定の数ごとに依頼をすることで，先ほど同様，特定の訪問者が恣意的に選ばれることは避けることができる。観光の対象が地域内に点在している場合や調査者が歩きまわる場合に起き得るのが，同じ対象者が何回もサンプリングされてしまうことである。それを避けるためには，各拠点の調査実施時刻に移動時間も考慮して間隔を設けたり，複数の調査者で歩きまわる場所を変えたりすることなどで回避できる。

　観光地におけるアンケート調査で頭を悩ませるのが，団体のパッケージツアーへの対応である。調査側としては5人ごとに1人に配布したいという希望があるにもかかわらず，添乗員さんに配布を拒否されたり，逆に人数分を求められたりなど，サンプリング上問題となることが発生する。また，団体のパッケージツアーの中には，訪問に関して積極的な関与をしていない方々も含まれている場合が多い。「妻が申し込んだので一緒に来ているが，ここがどこであるかもよくわからない」といった方に出会うこともある。そのため，団体のパッケージツアーについては，取り扱いをどうするのか，つまり調査対象者に含めるのか含めないのか，事前によく検討することが必要となる。

　以上のように，オンサイトサンプリングの実施には特有の課題が存在する。アンケート調査を計画する段階で，時期や時間帯，特定の訪問者層に偏った調査となっていないかどうかを十分に検討する必要がある。複数の調査員で調査を実施する場合には，このような課題を共有するための事前の説明やトレーニングも欠かすことができない。それでも，何らかの意味で偏った回答しか得られないことがほとんどである。連休の配置は毎年異なるし，週末ごとに天気が崩れる年もある。これらの点で平準化を図ることには限界も存在している。一定の条件の下で得られたデータであることを，分析や結果の解釈の際に頭に置いておく必要がある。

2. 調査手法の選択

　自然環境の保全や観光・レクリエーション利用に関わるアンケート調査の具体的な調査手法は，訪問者を対象とした現地実施・現地記入のアンケート調査，訪問者を対象とした現地実施・郵送のアンケート調査，地域住民を対象としたアンケート調査に分類できる。一般市民を対象としたアンケート調査は，近年までほとんど行われてこなかったが，最近ではインターネットを通じたWEBアンケート調査が広く行われるようになってきている。以下，それぞれの特徴と実施の上での配慮事項について整理している（表4-2）。

　どの調査手法を選択するかは，リサーチ・クエスチョンによるが，WEBアンケート調査などはかなりの費用が見込まれるため，現実にはこのような制約条件を踏まえてリサーチ・クエスチョン自体も検討することもある。

表4-2　想定される調査対象者とその母集団

訪問者を対象とした現地実施・現地記入のアンケート調査	
調査対象者	観光・レクリエーション利用などを目的とした訪問者
費用	高い（人件費と交通費，宿泊費などが多くを占める）
アンケート調査票	比較的複雑な内容も聴取できるが，現地で調査対象者を拘束するため，分量は少なくする必要がある（これまでの経験で最長のものはA3裏表）
回収率	高い（テーマにもよるが，経験上90％を超えることが多い）
その他	アンケート調査開始の直前まで修正を行うことができる
訪問者を対象とした現地実施・郵送のアンケート調査	
調査対象者	観光・レクリエーション利用などを目的とした訪問者
費用	中程度（人件費と交通費，宿泊費などは，現地実施・現地記入の方式よりも少なくて済むが，封筒印刷代や郵送代が発生する）
アンケート調査票	ある程度多くすることも可能で，比較的複雑な内容も聴取できる（これまでの経験で最長のものはA4裏表8ページ）
回収率	中程度（テーマにもよるが，経験上，高いものは70％を超え，低いものでは20％台のものもある）
その他	料金受取人払郵便（料金後納）の手続きには時間が必要となる
地域住民を対象としたアンケート調査	
調査対象者	自然環境の保全や観光・レクリエーション利用に関係する地域住民

費用	状況による（住民基本台帳からサンプリングを行う場合は，人件費も含めて多額の費用と時間が必要となるが，個別宅にアンケート調査票を配布したり，市町村の広報と一緒に配布してもらったりして，郵送で返送を依頼する場合は郵送調査と同程度になる）
アンケート調査票	ある程度多くすることも可能であるが，調査対象と関係のない人も多数含まれるので，現地実施・現地記入や現地実施・郵送返送の内容のようには複雑にはできない（これまでの経験で最長のものはA4裏表8ページ）
回収率	低い（テーマにもよるが，経験上，高いもので30％を超え，低いものでは10％台のものもある）
その他	上記の理由から，関係市町村の協力が不可欠になる
一般市民を対象としたWEBアンケート調査	
調査対象者	一般市民（様々な要望に対応できる）
費用	高い（質問数やサンプル数によるが，100万円近い費用が必要）
アンケート調査票	ある程度多くすることも可能であるが，調査対象と関係のない人も多数含まれるので，現地実施・現地記入や現地実施・郵送返送の内容のようには複雑にはできない（回答者には謝礼が支払われている場合がほとんど）
回収率	低い（テーマにもよるが，経験上，10％台である）
その他	入力作業は必要なく，データとして納品される

訪問者を対象とした現地実施・現地記入のアンケート調査

　これは用意したアンケート調査票を，現地で調査員が調査対象者に手渡し，その場で記入してもらう方法である．多くの場合，アンケート調査票は紙ばさみ（クリップボード）に挟み，筆記用具とともに手渡す．前述したような現地でのサンプリングをきちんと行っていれば，偏りのない回答を得ることができる．また，郵送で返送してもらう方法に比べて，その場で回収するため回収率も高く，回答間違いなどもその場で確認できるので有効回答率も高くなる利点がある．状況にもよるが，調査を依頼した調査対象者の90％以上に回答していただける場合もある．現地のテーマについて現地の訪問者に尋ねていること，不明な点を質問された場合，調査員が説明することも可能であることから，比較的複雑な内容も聴取することが可能である．加えて，調査対象者から調査員が直接話を聞くことができるので，アンケート調査票で明らかになる以上の情報が得られる場合もある．

　その一方で，サンプル数は多くは見込めず，一定の回収数を得るには，調査員

もそれなりの数が必要になる。これは調査員が調査対象者とどれだけ遭遇できるかにも左右される。人件費と旅費がかさむと調査全体のコストも高くなる。調査対象者への適切な受け答えが，回収率や回答内容にも反映される可能性が高いため，調査員への説明やトレーニングは欠かすことができない。回答者は一定時間，現場に拘束されることになる。アンケート調査票があまり長くなると断られたり，中断されたりということも少なくない。観光地では，同行者が手持ち無沙汰になってしまったり（内容にもよるが，多くのアンケート調査では1人が回答するように設計されている），バスなどの乗車時刻が迫り，回答が中断したりすることもある。また，野外では悪天候で紙への記入そのものが困難な場合もある。

そのため，アンケート調査の趣旨を丁寧に同行者にも説明し，わずかなお礼の品などを用意し，回答しやすい環境（椅子や筆記具）や悪天候への用意（傘，ビニール袋，テントなど）を整え，アンケート調査票はわかりやすく，回答者の都合を事前に確認するなどの配慮が不可欠である。

訪問者を対象とした現地実施・郵送のアンケート調査

現地実施・郵送のアンケート調査は，現地で調査員が用意したアンケート調査票と返信用の封筒を調査対象者に手渡し，後日郵送で返送してもらう方式である。調査対象者1人に配布するためにかかる時間は少ないので，少ない時間で多くのアンケート調査票を配布することができる。調査員と調査対象者の現地での負担は少ない。時間や天候の影響も受けにくい。アンケート調査票の長さも現地記入よりは長く，現地のテーマについて現地の訪問者に尋ねているので，比較的複雑な質問も可能となる。

その一方で，郵送代が調査コストに加わることになる。ただ，郵送代は一般的には切手を貼った封筒を用いずに，料金受取人払郵便（料金後納）を利用することになる。長形3号（長3）封筒1通の返送に97円（82円の郵送料と15円の手数料）がかかるものの，切手を貼付した封筒を配布するよりは明らかに経費は少なくて済む。ただし，手続きにある程度の時間が必要で，交付された番号とバーコードを封筒に印刷する手間もかかる（ここがネックとなって，現地実施・郵送のアンケート調査が採用できないことも多い）。また，現地記入方式に比べて回収率は低くなる。我々のこれまでの経験では多い場所でも70％，少ない場合は20％

であった．回収率が低い場合には，調査対象者の代表性が懸念事項ともなる．記入漏れや間違いがあっても，後から確認できないので有効回答率も低くなる．

そのため，プレテストや現地実施・現地記入のアンケート調査とも組み合わせて，回答に偏りがないか確認することや，記入漏れが少なくなるように回答しやすいアンケート調査票の設計を心がけることが求められる．筆者らは，配布時に丁寧に調査の趣旨を説明した上で配布した方が，回収率が高くなるという経験をしている．単にアンケート調査票と封筒を配布するだけであっても，調査員への説明やトレーニングは欠かせない．

一方，調査員を配さないで，郵送アンケート調査票の束を，施設などに置かせてもらう，いわゆる現地での留め置きアンケート調査を行うこともある．この方法はサンプリングとしては大きな課題を抱えているので（回収率が計算できないし，悪意のある人が何通も回答することを回避する手立てがない），プレテストに使う場合や本当に人員を割くことができない特殊な場所（例えば，高山の山小屋）でのみ使うことになる．当然，得られた結果は，そのような条件の下での結果であることを踏まえて解釈する必要がある．

地域住民を対象としたアンケート調査

上記の2つの方法は，自然環境の保全や観光・レクリエーション利用に関わる現地で実施するアンケート調査であった．このアンケート調査は，そのような現場を抱える地域に居住する地域住民を対象としたアンケート調査である．このような地域住民の中には，現場を訪問している地域住民もいれば，ほとんど関係を持っていない地域住民も含まれている．

地域住民を対象としたアンケート調査では，調査対象者にアンケート調査票を配布する方法として，戸別訪問してアンケート調査票への回答を依頼する場合と，郵送でアンケート調査票を送付する場合，2つの方法が考えられる．また回収する方法にも，戸別訪問して回収する方法と郵送で返送してもらう方法が考えられる．

戸別訪問するためには，住民基本台帳や住宅地図などを利用して，そこからサンプリングを行う必要がある．郵送でアンケート調査票を届ける場合には住所が必要なので，住民基本台帳からサンプリングする必要がある．サンプリング上の

代表性・無作為性の問題は少なく，また計画時から一定の回収数は期待できる．ただ注意したいことは，介護施設など，アンケート調査に回答すること自体が難しい方も調査対象者に選ばれているので，回答できない場合の対応をアンケート調査票の表紙に書いたりするなどの対応も必要となるかもしれない．例えば，回答できない方は無理に回答せず，その場合，届いたアンケート調査票も捨ててしまって構わないと記載しておくなどである．

　調査対象者には自宅で回答してもらうので，時間や天候の影響も受けにくい．アンケート調査票の長さも現地記入よりは長くすることが可能であるが，調査対象者は地域住民なので，訪れたことのない現地の具体的すぎる話や，難しすぎる話は避けた方が望ましい．

　その一方，調査員の手間やコストは大きくなりやすい．特に戸別訪問を行う場合で，単身者が多い地区などでは，直接手渡すことや回収を行うことが難しい場合もある．集合住宅が多数ある場合は，住宅地図を使ったサンプリングで偏りが発生する可能性がある．集合住宅の建物入口はオートロックになっている場合も多いので，管理人や管理組合の了解を事前に得ておく必要がある．近年は，詐欺などに対して多くの人々が警戒を強めており，インターホンを押しても応答していただけない場合も多い．さらに上記の点については，十分に対策を講じておかないと，場合によっては不審者として警察に通報される可能性もある．市町村の回覧板や広報で，調査員が来ることを案内してもらうなど，事前に十分な対応が必要である．

　そのため戸別訪問を行わず，アンケート調査票をポストに投函したり，郵送で送付したりして，郵送で回収する方法が選択される場合も多い．ただし，回収率が低下することは避けられない．アンケート調査の趣旨を配布する封筒の前面に大きくわかりやすく記載することや，事前に町内会や自治会の代表者に相談し，市町村の回覧板や広報などで調査実施の周知をしておくことなどが望ましい．このような意味から，関係市町村の協力が不可欠となる．

一般市民を対象としたWEBアンケート調査

　一般市民を対象としたアンケート調査は，実施することが難しく，可能であっても多額の費用が必要であったが，近年はインターネットの普及もあって，WEB

アンケート調査が広く実施されている。

　まず，WEBアンケート調査には主に3つの種類があることを確認しておきたい。1つ目は，調査対象者に関する情報を調査側が持っており，その情報に基づいてアンケート調査の回答を依頼する方法である。調査会社のモニターや何らかの調査対象者リスト（例えば，顧客リスト）から調査対象者を選び，アンケート調査への回答を依頼するものがこれに相当する。2つ目は，観光地の訪問者にURLが記載されたカードなどを配布し，WEBサイトにアクセスして回答してもらう方法である。3つ目は，WEBサイト上にアンケート調査票を示して，閲覧した人々に回答を依頼するものである。

　このうち注意したいのは最後のものである。最近では大手のインターネット検索サイトが提供するサービスの中で，アンケート調査を実施するWEBサイトを構築することもできる。民間の調査会社が，少ない質問数に限って無料のWEBサイトを提供している場合もある。WEBサイトは特別な知識もなく構築できるため，予備的な調査を行う場合などには使えるかもしれない。しかし，WEBサイトの存在をどのように知らせるかで回答者にバイアスが生じることになる。SNSを使用すれば，調査対象者は主にそのユーザーに限られるし，そのトピックがたまたま目に入り，興味を持った人々に偏ってしまう。電子メールなどを使っても同様の問題が生じる。また，このような簡易なサービスの場合は，不特定多数が回答の機会を持つため，いたずらや二重回答があったかどうか判別できない。実質的には，WEBサイト上で留め置きアンケート調査を実施しているような形になる。現段階では，限られたメンバーのグループに調査を依頼する場合や，プレテストとして実施すること以外には信頼性のあるデータを取れる方法とは言えないだろう。以下では前者2つのWEBアンケート調査について紹介することにする。

　1つ目のWEBアンケート調査は，アンケート調査票をWEBサイトに掲載して回答を求めるものである。全国や一定の地域の一般市民を対象に調査を実施する場合は，調査専門会社のモニターや一定グループのメンバーなどを対象に行う。母集団が把握できているので，ある程度信頼できる結果を得ることができる。回収数が多く期待できること，映像や音声も使ったインタラクティブな質問ができること，回答による分岐が作りやすく，回答漏れもほとんどないこと（回答漏れがあると次のページに進めないなどの処理をしておく）など多くの利点がある。

その一方，調査対象者がインターネットに接続できるパソコンやスマートフォンの所有者およびその操作に慣れている人に限られるという問題がある。ただ，これらは十数年前にはかなり大きな課題となっていたが，近年はずいぶんと改善されてきている。それでも，調査対象者の属性が偏っていないかを確認することや，想定した母集団の属性の比率に沿うよう調査会社に調整してもらうことが必要となる。例えば，各年代について層化してサンプリングを行ってもらうなどの対応が必要となる。結果の解釈の際にも，そういったバイアスの存在があることを前提にしなければならない。

2つ目のWEBアンケート調査は，WEBサイトに調査票を用意しておき，観光地の訪問者にURLが記載されたカードなどを配布し，WEBサイトにアクセスして回答してもらうものである。着地型と発地型の長所を兼ね備えた方法であり，アンケート調査の手間やコストは少ない。ただ，オンサイトサンプリングによる問題と，上記で示した操作に明るい調査対象からの回答が多いという問題影響は生じることになる。また，アンケート調査の依頼が広告と受け取られることもあり，回答率も多くは期待できない。そのために懸賞を設ける場合もあるが，後述するバイアスをかえって引き起こす可能性もある。

3. 調査の準備

第2章で述べたように，アンケート調査を実施するには背景となるリサーチ・クエスチョンが存在している。アンケート調査票を設計するときと同様に，その実施と準備にあたっても，まずはこのリサーチ・クエスチョンに基づいて，調査対象となっている地域や課題に関連する関係者を把握しておく必要がある。関係者のアドバイスは，調査時期・方法・対象・場所の選定，調査員のトレーニングなどにおいて欠かせないものである。

特に調査対象とする場所においては，管理に関わる関係機関の職員，交通機関や観光事業に携わる人々，観光協会や自然保護団体など関連する団体の代表者，地域の自然資源や文化財，観光資源の研究者・学識経験者，対象地域の自治会や町内会の代表などには，アンケート調査の準備段階から連絡を取り，アドバイスを求めることが円滑なアンケート調査の実施を可能とする。観光や自然保護地の

管理に関する協議会が存在し，関係者の集会が開催されることもある。そういった場でアンケート調査の実施について説明し，アドバイスを求める場合もある。

アンケート調査実施に向けた関係機関との調整

　先述した関係機関および関係者には，事前の連絡と挨拶が欠かせない。アンケート調査の対象となっている場所，特に自然公園や国有林，天然記念物となっている場所では，事前に立ち入りやアンケート調査の実施に許可が必要な場合もある。道路付近でアンケート調査をする場合にも，公安委員会や警察の許可が必要となる。本書で対象としているアンケート調査では，野生生物の住みかであったり，観光の拠点で邪魔にならないように配慮が必要だったりすることもある。事前に関係しそうな方面にアンケート調査の実施予定や内容を説明し，了解を取っておくことは欠かせないことである。

　これらの関係機関・関係者の助けがアンケート調査をよりよくすることも多い。日頃より関心を持っていたことをアンケート調査に盛り込んでほしいと，質問のアイデアを聞けることもある。現地での経験に基づき，アンケート調査の方法や実施場所，実施時間などにアドバイスが得られることも多い。さらにアンケート調査の結果にも関心を持っていただき，フィードバックを求められることもある。そのため，アンケート調査の実施後は，わかりやすく，関係機関・関係者にも使ってもらえるような報告も求められる。

　また，我々が時おり経験するのは，複数の社会調査が同時期に実施されることである。注目度の高い観光地などでは，行政機関や研究者，学生たちの関心も高く，様々な社会調査が計画され，同時期に回答者を奪い合うという好ましくないことが起きる。異なる調査目的で何回も声をかけられる観光客にも迷惑な話である。関係機関や関係者に連絡をして，アンケート調査の計画を相談しておけば，社会調査を計画しているもの同士で，時期をずらすなどの調整をすることも可能となる。

　知床世界自然遺産の適正利用・エコツーリズム検討会議では，そういった社会調査のバッティングを避け，調査結果の地域への還元を進めるため「適正利用・エコツーリズム関連調査（マーケティングとモニタリング）の方針」（章末を参照）が定められ，検討会議の場で調査計画を提示し，実施後に調査結果を報告す

ることが調査者に求められている。

人員の確保と下準備

　アンケート調査の実施には，その方法にもよるが多くの人手が必要となる。たった1人でアンケート調査の企画，設計，実施，そして分析から結果の報告まで行うのはかなり大変であり，準備段階で必要な人員を検討して，手配を進めておく必要がある。アンケート調査の準備段階では，アンケート調査票の印刷や封筒への封入，調査機材の準備などがある。現地実施のアンケート調査や地域住民を対象としたアンケート調査では戸別訪問の人員，アンケート調査票の記入や返送を依頼する人員など，交代時や悪天候時のことも考慮して余裕を持った人員配置を心がけたい。特に現地実施のアンケート調査の人員については，土地勘もあり，アンケート調査の背景や目的などに予備知識がある人，山岳地では登山の経験のある人が望ましい。

　調査員には，事前にアンケート調査の目的や実施内容について，十分に説明をしておく必要がある。予備知識のない調査員をアルバイトとして雇う場合は特にそうである。調査員自身で準備してもらうもの，アンケート調査の目的・対象，手順，対象者への挨拶や依頼の内容・セリフ，あり得る調査者への質問とその回答例，緊急時の連絡先，調査場所と周辺の地図，その他の注意事項などを記載したマニュアルを作成し，事前に配布・説明をしておくのが望ましい。

　専門業者に依頼する場合もあるが，アンケート調査票や必要な説明文書，封筒などの印刷や折りなどは時間がかかる。前述したように，郵送で回答を求める場合には封筒の印刷や切手の用意が，返送された分だけの郵便料を支払いたい場合には郵便局で料金受取人払の手続きを行う必要がある。それらの準備には，それなりの時間を要するので余裕を持ってアンケート調査の準備は進めたい。

　調査員の名札，腕章なども準備しておく必要がある。個別に住宅を訪問する場合などは，調査主体の責任者の押印がされた依頼状や調査者の身分証明書が必要である。調査員の服装にも配慮をしておきたい。何もフォーマルな恰好をしておくということではない。アンケート調査の場所や対象者に合わせて，その場の雰囲気を壊さないようにしておくことが望ましい。特に国立公園のような場所や観光地では，スーツを着ていたら団体旅行の添乗員と勘違いされるし，場違いな雰

囲気を作ってしまう。調査員自身も，派手すぎない範囲で，一訪問者としての恰好をしておけばよい。

アンケート調査票の準備・管理

　アンケート調査票と封筒など，現地で配布するものにも下準備が欠かせない。配布した部数を把握するためにもアンケート調査票にあらかじめ，通し番号やコードを記入しておくとよい。配布日を記入する欄や，必要な場合は配布時刻の記入欄も設ける。複数の地点で同時にアンケート調査する場合は，地点名の記入欄もしくは選択肢を欄外に設けておく。アンケート調査の当日に，実施しながら隙間の時間にそれらを記入する場合もある。

　アンケート調査の実施では，依頼通りに回答をもらえなかったり，断られたり，十分な回答が得られなかったりする場合もある。アンケート調査後には，依頼数，拒否数，回収数，有効回答数などを取りまとめるので，調査員がそれらや配布・回収したアンケート調査票の番号，調査時の天候，その他に気づいたことや対象者からの質問や苦情などを記録しておく用紙や野帳と，調査員用の筆記具を用意しておくのがよい。屋外作業や悪天が予想される場合は防水の野帳を使用するのが望ましい。

下見と予行演習

　アンケート調査の実施にあたっては，対象地の事前の下見と予行演習を行うことが望ましい。関係者への挨拶の際にアドバイスももらって，予行演習を実施しておくべきである。いくら有名な観光地や過去に旅行で訪れた場所であっても，実際に調査者の目で現地に行ってみて初めて気づくことも多い。

　調査対象者の行動や移動経路の空間配置を注意深く観察すれば，人々がよく集まる場所，休憩しながら記入をしてもらいやすい場所を見つけることができる。逆に人通りが多かったり，施設の入り口などの近くで邪魔になったりする場所なども必ず把握しておきたい。アンケート調査の実施時にイベントなどが予定され特殊な状況が発生しないか，訪問者の行動に時間的な変動はないか，交通機関の近くではその発着時刻も確認しておきたい。悪天候時でもアンケート調査が実施できそうな場所，調査員が昼食・休憩を取れる場所，トイレの位置，携帯電話の

電波の状態などの確認によって，アンケート調査を安全に円滑に進めることができる。

4. 調査の実施

現地での対応

　観光地などの現場でアンケート調査を依頼する場合は，サンプリング方法に基づき調査対象者に声をかけて，調査目的を告げるところから始まる。その際に留意したいことが，丁寧すぎる挨拶や失礼な言動をしないことである。筆者は，学生とアンケート調査をするときに，最初に「すみません」と声をかけないようにと指導している。調査者は対象者にお願いをする立場であるが，いきなり謝らないといけないわけでもない。「こんにちは」と普通に挨拶をする方が，断られたり無視されたりすることは少ない。調査員は，話しかけた相手に無視されたり，回答を拒否されたりする経験を何回も繰り返し，中にはすっかりへこんでしまう者もいる。そういった場合も「すみません」と下手に出て断られるよりも，同じ目線で「こんにちは」と話しかけた方がダメージは少ないと筆者は日頃から感じている。調査員は，スムーズに挨拶から調査主体や目的，趣旨の説明をできるように事前のトレーニングが必要である。もごもごしゃべって，何かごそごそやっていると必ずうまくいかない。自信を持って明るく話しかけ，断られても平然としていることが必要である。

　地域住民を対象としたアンケート調査では，個別訪問をする場合もある。訪問に対応した人にアンケート調査の目的などを告げて，家人の中で調査対象者本人であるかどうかを確認する。その上で，アンケート調査内容や必要な時間，回収方法等を説明し協力を求める。対象者が転居したり，留守だったりしてアンケート調査を実施できない場合もある。家人がいる場合は依頼をしたり，異なる曜日や時間帯に出直したり，依頼状とともにポストに投函してくることになる。また，直接出会え，話しかけることができても，「時間がない」「興味がない」という理由で断られることもある。

　調査員が対象者に，回答や受け取りを強要することは決してあってはならない。回答者は，日常の時間や観光に訪れた余暇の時間の一部を割いてアンケート調査

に協力してくれている。それに対する感謝の気持ちと，アンケート調査の結果をその場の改善や自然保護に生かすのだという熱意，丁寧なアンケート調査の趣旨の説明によっておのずと拒否されることは少なくなる。それでもまったくゼロとはいかない。

　アンケート調査を依頼し承諾された場合は，アンケート調査票を手渡し，その場での記入もしくは後日記入した回答用紙の郵送を依頼する。その場で記入してもらう場合は，筆記用具，紙ばさみ（クリップボード）を用意しておく。時間を要する場合は，椅子なども用意しておくとよい。その場で記入を終えたアンケート調査票を受け取る際には記入漏れや選択間違い（択一式で2つ選択するなど）を確認し，回収日と番号を欄外のあらかじめ決めておいた場所に記載し，束ねたり，回収用の袋に大きく日付や場所を記録し，その中に入れておいたりする。回答者には丁重に礼を述べておく。回答後に雑談でアンケート調査内容に関することを話してくれる場合もある。回答状況とともに記録簿に記載しておくとよい。回答を拒否された場合も，記録簿にその数を記録しておく。

　アンケート調査を行っている途中で天候が急変することもある。対象者の数も少なくなるし，対象者の行動も変わってしまう。特にアンケート調査票や記録簿が濡れるのは避けたい。アンケート調査票を防水にするのは，コストがかかりすぎる。紙ばさみ（クリップボード）と回答者の手元を覆うビニール袋や，配布する封筒を1つずつビニール袋に入れるというような心配りも必要である。

回収率について

　自明であるが回収率は低いよりも高い方が望ましい。しかし，回収率を高めるために，アンケート調査の本質的な部分が失われたり，調査倫理に抵触したりするまで努力を払うことは必要ないであろう。例えば，回答者が避けられない形で（例えば，下山口に居座って）現地実施・現地記入のアンケート調査に誘導することは可能である。しかし，そのような強制的なアンケート調査を不快だと思う回答者もいるであろう。また，回収率を上げるためには謝礼（インセンティブ）を渡す場合もある。しかし謝礼も過ぎれば回答に影響が発生する。つまり，調査対象者は調査側の意向に沿うように（調査側が喜びそうな）回答を選ぶ可能性がある。そのような無理をしない範囲内で，できる限り回収率を上げる努力が必要で

ある。

　どれだけ努力しても，現地実施・現地記入のアンケート調査でない限りは，回収率が50％を上回ることはなかなかない。そうなると，調査側は常に以下のような質問にさらされることになる。「この程度の回収率で，この結果を信頼することはできるのでしょうか（代表性は担保されているのでしょうか）」「どの程度の回収率があれば信頼に足るのでしょうか」といったものである。ここでは，このような質問をされた場合にどのように回答すればいいのかから，回収率に対する考え方まで整理していきたい。

　このような質問に直面した場合，問われている真意を確認することがまず重要である。そのような質問をする方は回収率の「相場」を単に誤解している場合も多い。その場合，そもそも回収率というものは高くないことを説明すればよい。現実社会で行われている選挙への投票率と比較しても，郵送で返送するアンケート調査に自発的に回答する割合が，80％や90％を超えると期待すること自体が残念ながら非現実的である。

　もちろん，そのような低い回収率ではアンケート調査を行うこと自体に意味がないのではないかと言われてしまうかもしれない。その場合も，以下のようにこちらがアンケート調査を行っている趣旨を丁寧に説明する必要がある。そもそも，我々はどうしてアンケート調査を実施しているのであろうか。第2章で紹介したように，アンケート調査で得られた結果に基づいて，何らかの社会貢献がなされることを期待して行っているはずである。何らかの普遍的な真実を明らかにすることを目的としている場合もあるが，どちらかというと地域社会あるいは管理者の判断の資料となるものを得ようとしているのである。そのため，回収率が低いという前提条件を踏まえた上で，得られた結果を解釈して，地域社会や管理者が判断に生かせばよい，というのが我々の基本的なスタンスになる。回収率が低いから，地域社会や管理者がその情報を参考にしないという判断もあり得るが，最初からなかったことにする必要はないだろう。

　避けた方が望ましい対応は，得られた結果に「意味がある」「意味がない」で議論を始めることである。1つは，どれだけ回収率が高ければ，信頼できる結果と言えるのか基準が存在しないからである。もう1つは，回収率の低さの議論は，無回答をどう捉えるかの議論になるが，この議論が不毛な議論となるからである。

無回答なのだから，情報はまったく得られていないし，今後も追加情報が得られる見込みもないのである．つまり，あらゆる議論は類推に過ぎないのである．回収率は高い方が望ましく，回収率を高める努力は，正当な範囲内では行うべきである．それでも，アンケート調査の回答率は低い傾向があり，調査手法によって回収率はある程度規定されている．ただ，それは調査側にはコントロールできない部分である．

　回収率を上げる具体的な工夫としては，筆者らは調査対象者のアンケート調査票の受け取りやすさ，理解しやすさ，書きやすさに配慮することが必要だと考えている．調査対象者の動線や目線を観察し，動きを妨げないような位置で待機し，スムーズに話しかけられるようにする．郵送のアンケート調査では封筒にアンケート調査票をすでに入れている場合でも，封筒に返信先（調査主体）を大きく記載したり，郵便物の規定に従い，問題のないスペースにアンケート調査のタイトルや返信希望日，簡単な目的などを書いたりする場合もある．封筒の中から回答用紙を取り出して，内容を少し見てもらうと関心を持ってもらえて，回収・配布もスムーズになる．

　ちょっとしたお礼の品を用意することもある．お礼として渡すのは，記入の際に使用してもらった筆記用具や，その場所の記念になるものなどがよい．お礼は高額なものになると，調査員の意図に沿うような回答をすること（ギフトバイアス）が知られている．時間を割いてアンケート調査に協力してもらったことへの簡単なお礼の気持ちが伝わればよい．筆者らは，これまで記念切手やボールペン，イベントでの配布用に作られていたポストカードなどを用いている．

5. 調査倫理

　前節で述べたように，細心の配慮を持ってアンケート調査を実施してきているつもりだが，それでも地域の関係者からお叱りを受けることもある．アンケート調査の実施において，心がけておかなければならない倫理的な問題点について整理しておきたい．

調査倫理とは？

　調査倫理に関する全般的な事項については，社会調査士資格認定機構による「社会調査倫理規程」，日本社会学会による「日本社会学会倫理綱領」，またそれに基づく「日本社会学会倫理綱領にもとづく研究指針」に整理されている。これらは森岡編（2007）に整理されているとともに，各団体のWEBサイトから入手することができる。

　もちろん，詳細な内容も重要であるのだが，調査倫理に関する本質的な問題は，Veal（2011）が述べているように，黄金律として引用される「Treat others as you would like to be treated」，孔子の論語の言葉で言えば「己の欲せざる所，人に施すなかれ」ということに尽きる。第2章でも述べたように，卒業論文の執筆や委託業務の遂行をアンケート調査の目標に据えてはいけない理由は，調査側の目的達成のために，自分がダシとして使われる状況を想像すれば理解できるだろう。

　一方で，目的や将来像が明確で，調査者がアンケート調査の遂行に強い責任を感じていたり，実施しているアンケート調査に対する周囲の期待が高かったりすると前のめりになりすぎる可能性もある。アンケート調査の結果を通じて社会に貢献したい，ゆえに調査対象者がアンケート調査に協力してくれてもいいはずだ，あるいは回答すべきだといった方向に考えがちになる。また，現地の事情や専門知識を知れば知るほど「皆さんは知らないだろうが，こうするとうまくいくのですよ」といった形で，アンケート調査票の内容が押し付けがましくなることもある。

　アンケート調査を実施する調査者も調査対象者も，自然環境を保全したい，観光・レクリエーション利用を楽しみたいと考えている一利用者としては同じである。自分の目的や将来像と同じように，回答者が持っている目的や将来像についてもできる限りゆがみなく，しかしながら調査対象者の負担を少なく聞き出して，計画や管理に生かしていこうという姿勢が大切になる。

調査対象者への対応

　調査者は，具体的に調査対象者とどのように接すればよいのであろうか？　アンケート調査の実施にあたっては，Veal（2011）は下記のような情報を調査対象

者に示すべきだとしている。

・名前と所属組織の書かれた名札をつけて，何者であるかを明確にする。
・調査に関する内容を把握し，調査対象者から質問をされた場合には答えられるようにしておく。
・アンケート調査票を手渡しする場合は，アンケート調査の目的を簡潔に説明する文章を記載しておく（2～3行程度）。また，調査対象者が詳細な調査内容について照会する際の電話番号も記載しておく。
・調査対象者となってくれそうな方に近づくときは自己紹介をし，「現在，○○に関するアンケート調査を実施しています。お忙しいところ申し訳ございませんが，ご回答いただけますか」といった形で協力を依頼する。
・調査対象者に対応を求められた場合に備えて，調査監督者（責任者）の電話番号を控えておく。
・興味を持ってより詳しい情報を求めてきた調査対象者のために，簡潔な説明資料を準備しておく。
・調査対象者がアンケート調査への回答を途中でやめたり，回答したくない質問があったりした場合でも，調査対象者に圧力がかからないように配慮する。

　地域住民などに対してアンケート調査を実施する場合は，実施時期についても配慮が必要である。地域の産業構造によっては忙しい時期があるので，このような時期にアンケート調査を実施することはできる限り避けたい。例えば，農業従事者に対するアンケート調査であれば，農作業の繁忙期は避ける必要がある。これは回収率を上げるためにも重要である。

現場の関係者に対する対応
　一般的な社会調査と異なり，自然環境の保全や観光・レクリエーション利用に関し，現地でアンケート調査を行う場合は，アンケート調査を実施する現場の関係者に対しても同じような配慮が必要である。現場の関係者の中には，アンケート調査を実施したことにより問題が発生した場合，責任を負うことになる方々もいる。地元の観光業者の中には，分単位でスケジュールを組んでお客さんを案内

されている方々もいる。先ほどの黄金律を踏まえて，自分がその立場に立ったときのことを想像してアンケート調査を設計しなければならない。

　また現場の関係者は，過去の経緯などから，ものごとをいい意味でうやむやにしている場合もある。例えば，絶滅危惧種の保全では，問題を表面化させないこと，つまり世間の注目を浴びさせないことが最善の保全策になっている場合もある。事実を明らかにすることが問題解決につながる場合もあるが，実際にはそうではない場合もある。また，その地域の政治的な問題が関係している場合もある。関係者から異議や自重するよう提案があった場合には，何らかの理由があってなされるのであるから，その背景によくよく思いを巡らせることが大切である。意見を述べる側も，「学問の自由に干渉するのか」といった形で反論される可能性がある中で，あえて言って下さっていることまで考えを巡らす必要がある。

　アンケート調査の実施にあたっては，現場の関係者に，具体的に下記のような対応を行う必要があるだろう。

・関係者にアンケート調査の趣旨を説明する（関係者が同様の趣旨でアンケート調査の実施を検討していたり，検討したいと思っていたりする場合もあるので，協力を得るためにもできる限り早い段階で相談を行う）。
・アンケート調査の実施にあたり申請や許可が必要な場合は手続きを行う。
・行政機関が必要とするならば依頼状などの文書を作成する。
・アンケート調査の内容について関係者に確認する（事実に基づいているか，意見を聴取すること自体に問題がないかなど）。
・まったく別分野のアンケート調査が同じ場所で企画されていないか確認する。企画されている場合は時間や場所を調整する。
・関係者に調査実施日と実施場所，人員などについて連絡する。
・調査監督者（責任者）とその電話番号を連絡する。
・民間事業者の経済活動を妨げない（妨げる可能性がある場合は事前に協議する）。
・利用者あるいは観光客の流れを阻害しない（混雑などを誘発させない）。
・調査現場の関係者に趣旨説明を行う（例えば，調整を図ってきた町役場の担当者は，現場の担当者にすべての情報を伝えていない可能性がある）。

先ほどと同じように，事前の調整を図ったり，アンケート調査を実施しようと考えていたりする時期が，現場の関係者にとって忙しい時期である可能性もある。繁忙期には，そもそも関係者がつかまらないこともある。対応していただける方のご都合をお伺いした上で，十分な余裕を持って上記の項目について調整を行う必要がある。

アンケート調査で問題は解決できるか？
　調査倫理に関連して，アンケート調査を実施するにあたり，1点だけ注意したいことがある。それは，アンケート調査を対立した問題を解決するための手段としてはならないということである。言い方を換えると，対立に白黒つける手段として使ってはならない。「利害関係者間で意見が分かれているからこそ，アンケート調査で人々の意見を聞くべきだ」と考える人にとっては，意外に思われるかもしれない。特に注意したいのは，調査対象が地方自治体であるような場合である。このような設定でのアンケート調査は，住民投票の代替物と見なされる可能性があり，地方自治の手続きのあり方にも話が及ぶことになる。
　レクリエーション分野のコンフリクト・マネジメントに関する先行研究が示しているように，ゼロサムの対立（片方が勝つと，片方は自動的に負けになる対立）で負けた方は，問題をより上位のレベルに格上げして，問題を解決させようとすることがわかっている（Eagles and McCool, 2002）。地域の話し合いで敗北すれば，町役場に問題を持ち込み，町役場レベルでも敗北すれば，都道府県にといった形である。アンケート調査でゼロサムの対立にケリをつければ，負けた側はアンケート調査票の恣意性を挙げて，より上位の信頼できる組織にアンケート調査をやり直すように主張してくるかもしれない。こうなると，アンケート調査は問題を解決するどころか，アンケート調査は信頼できるかという新たな論争を生み出すことになる。結局，対立の炎をさらに燃え上がらせる薪の1本になるだけである。
　それでも，予算を確保してしまっているとか，首長や上部組織の意向があるとか，アンケート調査を実行せざるを得ない場合もあるだろう。その場合，対立する両者に質問内容に関して慎重に意見を伺った上で，得られた結果がどのように使われるのか，事前に合意を取ってからアンケート調査を実施する必要がある。

望ましいのは，利害関係者と協働で作業して，共同実施の形を取ることである。むしろ発想を転換して，利害関係者間での信頼関係を再構築するため，アンケート調査を実施する位置付けにした方がよいかもしれない。そこでは結果そのものよりも，アンケート調査は共同作業による関係づくりを目的にして実施されることになるが，対立の炎を燃え上がらせるよりはよっぽどマシである。

［参考文献］
Eagles, P. F. J. and McCool, S. F. (2002) Tourism in national parks and protected areas: Planning and management, CABI.
星野崇宏 (2009)『調査観察データの統計科学：因果推論・選択バイアス・データ融合』岩波書店
宮本聡介・宇井美代子編 (2014)『質問紙調査と心理測定尺度：計画から実施・解析まで』サイエンス社
森岡清志編著 (2007)『ガイドブック社会調査（第2版）』日本評論社
Punch, K. F. (2005) Introduction to social research: Quantitative and qualitative approaches, Sage.（川合隆男監訳『社会調査入門：量的調査と質的調査の活用』慶應義塾大学出版会，2005年）
Veal, A. J. (2011) Research methods for leisure and tourism: A practical guide, Pearson Education Canada.

参考資料

知床世界自然遺産地域適正利用・エコツーリズム検討会議
適正利用・エコツーリズム関連調査（マーケティングとモニタリング）の方針

1. 目的

　本方針は、知床世界自然遺産地域（以下「自然遺産地域」という。）における自然資源・文化（人文）資源に関するマーケティングとモニタリング調査（以下「調査」という。）を実施し、自然遺産地域内外の関係者がその結果の共有と戦略的活用を図ることで自然遺産地域の適正利用とエコツーリズムの推進を図り、同地域の持続可能な利用に貢献することを目的として定める。

2. 背景

　自然遺産地域の適正な利用とエコツーリズムの推進を図り、多様な野生生物を含む原生的な自然環境を後世に引き継いでいくため、学識経験者、関係行政機関、地域関係団体による検討の場として、2010年（平成22年）に「知床世界自然遺産地域適正利用・エコツーリズム検討会議」（以下「検討会議」という。）が設置された。
　検討会議においては、自然遺産地域で行われる陸域・海域の観光活動を対象に「遺産地域の自然価値の保護、向上」、「観光客の自然に基づく良質な体験の促進」、「地域経済の発展」の3つの基本を柱としたエコツーリズム戦略の策定作業が進められているが、その策定及び策定後の活用に向けては、利用者のニーズ把握や潜在的な利用価値の掘り起こしを行うマーケティングと、実施された観光利用についての評価や資源の保護・保全の状態を測るためのモニタリングが重要となっている。
　しかしながら、自然遺産地域の観光利用に関する調査は、これまでも多様な主体により実施されているが、ほとんどの調査が個別に行われており、またその結果を一元的に整理し、共有し、評価をする場が設けられておらず、連携が十分ではなかった。
　そのため、検討会議のもと自然遺産地域における調査の計画や結果の共有と評

価に関する方針を定めることとする。

3. マーケティング・モニタリング実施方針
　①検討会議では、適正利用とエコツーリズムの推進にあたって、順応的な管理を進めていく観点から、客観的なデータに基づいた検討を進めることが重要である。調査にあたっては、この観点に立ち行うことが必要である。
　②検討会議の関係者が調査を実施する場合は、あらかじめ調査計画を各個別部会または検討会議事務局を通じ検討会議に報告してから実施する。ただし、緊急に実施する必要がある場合その他特別な事由のある場合は、事後報告で足りる。
　③前項の調査の実施については、可能な限り関係者間で相互協力や便宜供与を行う。
　④第2項の調査結果は、調査終了後速やかに検討会議または各個別部会において報告する。
　⑤検討会議の関係者以外の者についても本方針への理解とそれに即した調査の実施が求められる。
　⑥検討会議等への調査計画・調査結果報告については、検討会議に学識経験者ほか有志によるモニタリング部会を設置し、助言・評価を行う。

4. 調査に関する留意事項
　調査計画
　①調査については、長期継続が可能な簡便な調査内容とし、日常的に現場に足を運ぶ者による調査ができるよう努めることとする。
　②調査計画に際し、他の調査者が実施する調査との調整を十分に図り、調査内容・調査対象・調査期間などの調整により、できるだけ相互補完・相乗作用を図る。
　調査実施
　①調査は、調査計画の報告に対し、検討会議等から得られた助言を反映させて実施することとする。
　②聞き取り調査など対面式の調査においては、利用者に対し調査目的等の説明

を行い、調査への協力に対する承諾を得てから実施するものとする。
③アンケート調査など書面配布形式の調査においては、配布する調査票に実施者名・調査目的等を記載することとする。

調査報告
①自然遺産地域をフィールドとして実施した調査は、調査対象として利用した恩恵を還元するため、その結果を検討会議等に報告しなければならない。
②検討会議等に報告された調査結果については、検討会議構成員が二次使用できるデータと位置づけ、報告後、知床データセンターに掲載し公開することとする。
③ただし、営業上の利益、学術上の利益の保護の観点から、調査結果を検討会議等に報告する際、二次使用を許さないデータについては、口頭発表にとどめ、資料等の作成を行わないことができる。

5. 関係者の役割

①検討会議
調査結果の利用と公開の方法に関する方針を定める。また、検討会議に学識経験者ほか有志によるモニタリング部会を設置し、報告された調査計画に対する助言を行い、関係者間の調整を行うとともに、報告された調査結果の評価を行う。

②関係行政機関
適正な利用とエコツーリズムの推進を図るため保護・保全すべき自然観光資源に関する調査の実施及び、利用に関する統計情報や利用意向・利用動向に関する情報の収集に努める。

③学識経験者
ワーキンググループ、調査部会等を通じて、調査結果について科学的な評価を行い、助言を与える。

④地域関係団体
自然資源・文化（人文）資源の恩恵を享受する者として、その保護と活用のための調査を実施する。また他の関係者の調査に対し協力・便宜供与を行う。

6. その他

　この方針は 2011 年 6 月 17 日から実施する。

第5章 データ分析と成果の取りまとめ

庄子　康

　本章の目的はアンケート調査票を回収した後の段階，つまりデータの入力と分析，そして結果の取りまとめについて示すことである．統計分析については，そのオプションはある意味限りなく存在しており，ここですべてを整理することは不可能である．その基礎についても，それを説明するだけで1冊の書籍となってしまう分量である．そこで本書では，統計分析の詳細については思い切って他書に譲り，結果の取りまとめまでの流れの中で必要最小限の内容だけ紹介することにしたい．逆にデータの入力や結果の取りまとめについては，実際には知っておくべき点が数多くあるにもかかわらず，必ずしも知られていないことが多いことから，実務面での利用を想定して丁寧に説明をしていきたい．

1. 本章の内容を理解するタイミング

　話を始める前に第2章の内容を簡単に振り返っておきたい．第2章では，目的や将来像を踏まえて，トピックの選択や先行研究のレビュー，概念枠組みの構築を行い，その取りまとめとしてリサーチ・クエスチョンの設定を行った．これら一連の調査の枠組み作りの段階で，どのような統計分析を適用するのか検討しなければならないことにも触れた．
　この章で扱うことは，アンケート調査の企画，設計，実施，分析という一連の流れの中で，最後の部分に位置するものであり，本書の構成上もそうならざるを得ない．しかしながら，統計分析と同じように，本章の内容は実際にはリサー

チ・クエスチョンを設定する段階で把握しておくことが望ましい内容である。取りまとめる結果を見据えながら準備を進めた方が様々な面で効率的である。例えば，アンケート調査の設計の段階では，質問を詰め込みがちになる。そのようなときには，最終的な取りまとめ結果から遡ることで，重要かもしれないが，少なくとも今回のアンケート調査票には含めなくてもよい質問を見つけ出すことができる。また下記でも述べるが，データを入力する際にミスを少なくするためには，アンケート調査票の設計段階で，選択肢の番号の振り方などにも配慮する必要がある。具体的にどのように入力するのか，その作業がわかっていれば，効率的な作業になるようにアンケート調査票を設計することができる。

2. データ分析の下準備

　ここからは実際の作業について説明を行いたい。すでにアンケート調査票は返送されており，これからデータの入力を開始することになる（WEBアンケート調査の場合はすでにデータはファイルに入力された状態で納品される）。

　多くの場合スケジュールはタイトであると考えられるので，この作業は迅速に，しかし正確に終わらせてしまいたい。データの入力ミスは間違った結論を導くことになるし，間違いがあることに運よく気づいても，どこに間違いがあるのかわからないような場合には，それを見つけるために大きな時間的ロスが生じることがある（例えば，1,000人分の入力を終えたはずなのに，999人分しか入力されていないことがわかると，どこで入力漏れが発生したのか999人分を再確認しなければならない）。実際には，細かな入力ミスはどんなにチェックを重ねたところで依然として存在するものであるが，工夫次第でミスを最小限に抑えることは可能である。データ分析の下準備については，森岡編（2007）の第8章にさらに詳しく体系的に整理されている。

データの入力フォーマットの準備

　ここではマイクロソフト・エクセルで入力することを想定して話を進めたい。ソフトウェアのバージョンやOSによって多少異なることもあるので，詳細は関連するWEBサイトなども参照されたい。

まず，データを入力するにはデータを入力するファイル上のスペースを確保する必要がある。入力スペースの一番上の行はヘッダー（ここでのヘッダーは文書の上部に文字を表示する領域のことではない）と呼ばれ，変数名を入力する部分とする。エクセルに含まれている様々な機能は，一番上の行がヘッダーとして使用されていることを前提としているので（例えば，データの並べ替えでは，「先頭行をデータの見出しとして使用する」かどうかを選択できるようになっている），このような機能に対応するためにも，ヘッダーを2段以上にしないのが基本である。分岐のある質問に対する回答を入力する際，ヘッダーを2段にすると見やすいのだが，そこは変数名の方を工夫することで回避したい。また，多くの統計ソフトウェアではエクセルのデータを直接読み込むことが可能である。その際もヘッダー部分を変数名として読み込めるよう設定されていることが多いので，ヘッダーを2段以上にするのは得策ではない。

　高度な統計分析を適用することを想定しているのであれば，ヘッダーに入力する変数名は英語名にすることが望ましい。日本語に対応していない統計ソフトウェアを用いることになった場合，変数の読み込みエラーが発生する可能性があるからである。日本語に対応していない統計ソフトウェアは，全角英数の文字は読めないので，ヘッダーの変数名は全角ではなく「半角英数」で設定する。例えば，質問1に対してはQ01のような名前をつけることになる。

　次に入力スペースの一番左の列はID番号を入力する部分とする。アンケート調査票には通し番号を振るスペースが用意されている。例えば，郵送によってアンケート調査票が返送されてきたら，ここに通し番号を振っておくことになる。この通し番号がデータのID番号になる。入力したデータはこのID番号を通じてアンケート調査票と紐付いているので，番号は一対一の対応になっている必要がある。入力したデータについてアンケート調査票に戻って確認する場合，このID番号が必要となる。またこのID番号はデータ分析をする際にも必要である。例えば，データをソートする作業（一定の規則に従って並べ替える作業）を行う場合があるが，元に戻す際はID番号に基づいて元の並びに戻すことになる。

　入力を始める前にあと2つだけ設定をしておきたい。この2つを設定することで入力作業の効率は大きく変わることになる。まず，ヘッダーの部分に変数名を入れ，一番左の列にID番号を入れたが，入力の際，この情報を常に参照できるよ

うにしておきたい。これらの値が画面のスクロールによって見えなくなると，自分が適切な場所にデータを入力しているのか確認できなくなるからである。エクセルでは「表示」にある「ウィンドウ枠の固定」という機能でそれを設定することができる。こうすることで，常に変数名と ID 番号を画面に表示させ，それらを確認しながら入力作業を進めることができる。

もう 1 つは，Enter キーを押した後にセルを移動する方向を変更することである。通常，エクセルであるセルを選択し，そこで Enter キーを押すと，選択されるセルは 1 つ下に移動する設定になっている。しかし，アンケート調査票の回答を入力する場合，回答は質問の順に入力していくことが一般的なので（理由は後述），変数名に沿って横方向に移動しながら入力をしていくことになる。そのため，あるセルに入力して Enter キーを押した際に，選択されるセルが下方向に移動してしまうと，次に入力するセルに改めて移動しなおさなければならない。作業自体は大した手間ではないのだが，入力するすべてのセルで発生する手間なので，最終的には大きな時間のロスになる。エクセルでは「オプション」「詳細設定」「Enter キーを押した後にセルを移動する」でその設定を変えることができる。Enter キーを押して選択されるセルが 1 つ右になる設定にすればこの問題は

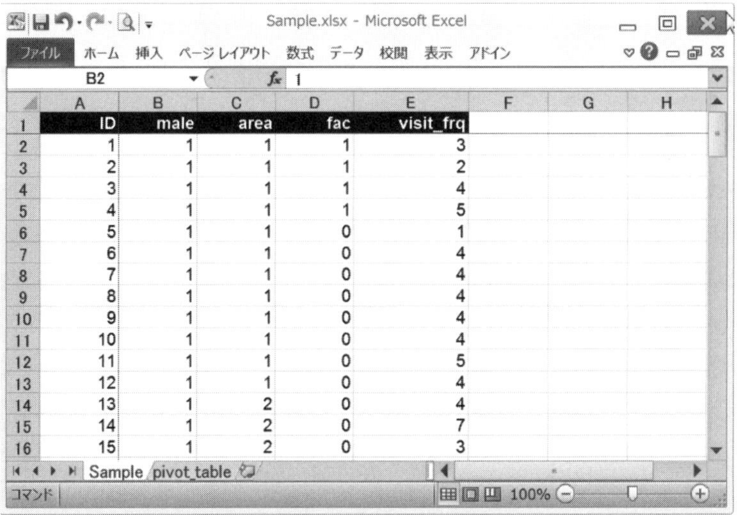

ID	male	area	fac	visit_frq
1	1	1	1	3
2	1	1	1	2
3	1	1	1	4
4	1	1	1	5
5	1	1	0	1
6	1	1	0	4
7	1	1	0	4
8	1	1	0	4
9	1	1	0	4
10	1	1	0	4
11	1	1	0	5
12	1	1	0	4
13	1	2	0	4
14	1	2	0	7
15	1	2	0	3

図 5-1　データ入力スペースの一例

解決できる．セルに値を入力した後にTabキーを押しても，同じようにセルを横に移動させることができる．図5-1はヘッダーとID番号を設定し，ウィンドウ枠を固定したデータ入力スペースの状況である．ヘッダーはわかりやすいように色を反転させている．

データの種類と質問形式の確認

　第3章で整理したように，変数の評価尺度には名義尺度と順序尺度，間隔尺度，比例尺度が存在する．基本的に間隔尺度および比例尺度による回答では量が回答されているので，その値をそのまま入力する．

　一方，名義尺度や順序尺度による回答は「性別」といった量ではないものが回答されているので，それを数値に変換したものを入力することになる．一般的にアンケート調査票の選択肢には番号が振られているので，これを入力することになる．そもそも入力作業を想定してこの番号は振られている．番号が振られていないと，選択された名義などを頭の中で数値に変換しながら入力することになるのでミスが多くなる．例えば「1. 男性　2. 女性」と選択肢が記載されていれば，基本的にはこのまま数値を入力すればよい．このような，回答にどのような入力の値を割り振るかを決める作業はコーディングと呼ばれている．入力作業を行う人が複数いる場合は，全員がこのコーディングを共有している必要がある．

　質問形式には択一の質問と複数選択可能な質問が存在する．択一の質問については，入力スペースを1列用意し，変数名を定義して，選択肢に記載されている番号を入力すればよい．一方，複数選択の場合は入力に注意が必要である．ここでしてはいけないのは，用意した一列に選択された番号をすべて入力してしまうことである．例えば，1つのセルに「1, 2, 3」といった形で入力してしまうことである．人間は「1, 2, 3」のデータを1と2と3を選択したと読み替えているが，エクセルは「1, 2, 3」という1つのデータとして認識している．そのため複数選択の場合は，例えば，問1が複数選択で選択肢が3つある場合，Q01_1，Q01_2，Q01_3といった変数名をつけた3列の入力スペースを設けて，1番目の選択肢を選択していた場合はQ01_1の列に1，そうでない場合は0，2番目の選択肢を選択していた場合はQ01_2の列に1，そうでない場合は0といったように，読み替えて入力することになる．つまり，質問は1つであるが，それぞれの選択肢

を選んだか，選ばなかったかの変数として扱うことになる。この作業には読み取った数値を，頭の中で変換して入力する過程が含まれるが，実際には選択肢が選ばれていれば1，いなければ0を入力するだけなので混乱することはほとんどない。

　質問によっては，選択肢に「その他（　　）」の項目があったり，自由回答欄を設けていたりする場合もある。文字で記されたこれらの情報についても，データとして整理したいと考えるかもしれない。しかし，データ化するかどうかはよくよく考えてからにした方がよい。作業上の効率から言えば，入力は基本的に「半角英数」で行っているので，日本語の入力を行う際には入力モードを変えることになり，入力効率が落ちることになる。半角英数で入力すべき値を間違って全角英数で入力をしてしまう可能性も高くなる。「その他（　　）」の項目については，主要な項目はそもそも選択肢化されているはずであるから，この選択肢を選ぶ回答者は少ないはずである。そのため，実際にこの項目について分析を行うことはほとんど想定されない。逆にこの項目を分析に用いるということは，アンケート調査票の選択肢の設定に問題があったことに他ならない。

　自由回答欄の記載内容についても，貴重な意見が含まれていることは確かであるが，含まれている内容は質的な要素が高く，内容にも濃淡がある。第3章でも述べたように，あるアンケート調査票の自由回答欄には管理に対する具体的な提案などが詳細に書き込まれている一方で，別の自由回答欄には「アンケート調査がんばって下さい」とだけ記載されていたりする。それをデータとして入力して，何らかの数量的な処理を施すことはほとんど想定されない。自由回答欄の内容を質的な記述として整理するだけならば，わざわざ手間をかけて入力しなくても，アンケート調査票をめくりながら整理することで十分である。入力することに意味があるのはテキストマイニングなどを想定している場合だけである。

データの入力

　ヘッダーだけでなくデータの入力はすべて半角英数で行う。また入力は可能ならば2人で実施するのが望ましい。1人が回答を読み上げ，1人が入力することで効率的にかつ間違いが少なく作業を行うことができる。先に触れたように，入力は回答者ごと，問1から最後の質問までの順番で入力していくことになる。問1

だけ最初の回答者から最後の回答者の分まで入力した方が効率的に入力できるように思われるかもしれないが，実はこのやり方には落とし穴が存在している。例えば，問 1 について 500 人分の回答を入力したのだが，最後までやり終えると入力すべきスペースが 1 つ余っている，といったことが起こり得る。何らかの理由でどこかの入力が抜け落ちたのであるが，こうなるとどこで抜け落ちたのか調べ直さなければならない。一方，回答者ごとの入力であれば，入力間違いは ID 番号の並びで起こるので，上記のようなことはどちらかといえば起こりづらい。

　作業の際に気をつけたいことは，入力方向を人間の直感的な認識と逆にしないことである。これは思った以上に重要である。例えば「森林公園でたき火をする」という行為に対する意見を聴取する質問で，「とても望ましい」を 1，「まったく望ましくない」を 5 とコードしているような場合である。多くの人は「とても望ましい→数値が大きい→5」と直感的に認識するので，入力方向はこれと逆になっている。このような場合，入力を続けて集中力が落ちてくると，無意識に「とても望ましい→数値が大きい→5」と頭の中で変換をしてしまい，誤入力する可能性がある。特に「森林公園でたき火をする」といった否定的意見が集まる質問と，「花壇で歩道を外れて歩かない」といった肯定的意見が集まる質問が一緒に提示されていると，さらに混乱してくることになる。

　入力する際は選択肢の番号を拾っているだけなので，そもそも上記のようなことは起こらないようにも思えるかもしれない。しかし，数値だけ拾っているように見えても，実際には「とても望ましい」「まったく望ましくない」といった文字情報も目には入っており，集中力が落ちてくるとこれらを勝手に変換してしまうのである。コーディングの際にこのようなことが起きないように注意を払うとともに，アンケート調査票を設計する段階でも入力の際の混乱を避けるような配慮が必要である。

欠損値の取り扱い

　入力の際には，回答がなかった質問や間違った回答（択一の質問で複数回答している）などが必ず存在する。そのような場合には，決して空欄にはせずに欠損値を示す na（no answer「回答なし」でもあり，not applicable「該当なし」でもある）などの値を入力しておく。空欄にしておくと，入力忘れなのか，あえて空

欄にしているのか，確認する際に判断がつかなくなる．

　間違った回答については，「na」と判断するか，間違いをこちらで正して有効回答に組み入れるか迷う場合がある．例えば，回答方法自体は間違っていないが，論理的にエラーが生じている場合などがある．「県外からいらした方にお聞きします」と誘導した先の質問に回答している一方で，居住地として県内を選択している場合などである．これらへの対処は実際には難しいのであるが，基本的には採用しない方向で取り扱うことになる．採用するのは「回答者は回答方法を間違っただけであり，この質問ではこの選択肢に○がついていなければならない」という決定的な理由がある場合のみである．

　例えば，ある森林公園のビジターセンターにおいてアンケート調査票を配布したとする．森林公園には施設Aと施設Bの2つの施設がある．アンケート調査票では，施設Aを訪問したことがあるかどうかを質問し，訪問したとする回答者だけ，施設Aの管理方法に関する質問に誘導しているとする．このような設定で，「施設Aを訪問したことがあるかどうか」の質問には回答せず，誘導後の質問には回答しているものが出てきたとしよう．普通に考えれば，誘導後の質問に回答しているから，施設Aを訪問しているはずと判断して，調査側で入力を補完したくなるのであるが，「実際には施設Aは訪れていないのだが，誘導部分の説明を読まずに回答してしまった」という可能性が残されている．その場合は，欠損値としてnaを入力することになる．ただ，この回答者が自由回答欄に施設Aについて訪問の感想を具体的に書いているような場合（あまり想定できないが），この回答者が施設Aを訪れたことは決定的なので，間違いをこちらで正して有効回答に組み入れても差し支えないということになる．

　話は多少逸れるが，実は回答者のミスではなく，調査側が論理的にエラーを生じさせる質問を作っているケースがかなり多い．これは筆者の経験を踏まえてである．例えば，訪問経験を聴取する質問で，不用意に「今回の訪問で施設Aを訪問したかどうか」を質問し，それを使って上記のように誘導してしまったとする．こうなると，「訪問していない」と回答しているにもかかわらず，誘導後の質問に回答している状況は回答者のミスとは言えなくなる．「今回は訪問していないがいつもは訪問しており，施設Aの管理方法には意見を述べたい」という人が，誘導先も回答することが予想されるからである．調査側は入力後にこのような回答パ

ターンが多いことに気づき，初めて適切に誘導できていなかったことに気づくのである。この問題は重大である。誘導は無視して，誘導後の回答を単に集計すればいいようにも見える。しかし，いつもは訪問しているが，今回の訪問では施設 A を訪問していないので，誘導どおりに施設 A の管理方法には意見を述べなかった人もいるだろう。そのような可能性がある限り，得られたデータだけを集計するわけにはいかなくなる。このような問題は，第 3 章で述べた MECE に対する配慮不足が発生させるものである。

　一方，調査側が回答者の行動や回答を事前にすべて予想することは不可能であり，このような事例は常に起こり得るものである。過去に知床で訪問場所に関する聞き取り調査（アンケート調査ではない）を行ったことがある。あり得ない移動経路をたどっている回答が返ってきたのでよくよく聞いてみると，ある回答者はヨットで訪れていたり（つまり海を移動していた），別の回答者は 10km 先にある訪問先に 120km 以上回り込んで逆方向から訪問したりしていた。後者については，知床から知床以外の観光地も回り，再び知床に戻ってくることを考えるならば，実は合理的な移動経路であり，調査側である筆者自身が感心してしまった。ただし，これらは聞き取り調査なので詳細を確認できたのであり，アンケート調査への回答であれば単なる入力ミスとして扱われることになる。確かにこの設定では，特殊な回答を入力ミスとしてしまっても，全体に大きな影響は与えないかもしれない。しかし，調査側の理解不足が原因で，かなりの回答者を論理的なエラーに巻き込んでしまうと取り返しがつかなくなってしまう。これらの問題を回避するにはプレテストを実施する以外に方法は存在しない。プレテストを行えば，多くの場合，論理的なエラーに事前に気づくことができる。このような点からも，第 3 章で述べたプレテストは非常に重要なものであることがわかる。

　入力の話に戻りたい。上記ではデータの入力に関するいくつかの問題点を取り上げたが，問題となるのはこれらが作業過程で判明することである。入力作業を分担している場合，問題が発生している状況を共有しないと，ここでも大きな時間的ロスが生じることになる。そのためにも，作業責任者がその都度対応策を一意に決定して，修正点を共有できるような体制を整えておく必要がある。具体的には，このような入力に関する問題点を発見した場合は，作業者が独断で判断するのではなく，必ず作業責任者に報告し，指示を仰ぐようにしておくこと，作業

責任者がコーディングの方法を改訂する場合には，それらが作業員全員に周知されるように段取りしておくことが必要である．

入力ミスを確認する技術的方策

　調査側の入力ミスは必ず起きるものであるが，エクセルの機能を利用して入力ミスが生じないように事前に対策を講じたり，入力ミスを修正したりすることができる．

　設定はかなり面倒であるものの，事前に講じることができる最も確実な方法は，セルにデータの入力規則を設けることである．入力規則を設ければ，一定の範囲の値以外は入力できないようにしたり，リスト内の定義済みの項目だけしか入力できないようにしたりすることができる．例えば，性別に関する質問が「1．男性 2．女性」となっていた場合，1か2，naのデータしか入らないようにすれば，これ以外の値が入力されるとエラーが表示されたり，入力できなかったりするようにできる．

　この方法によって間違いは劇的に減るのであるが，この方法を適用すると作業効率がかなり落ちてしまうかもしれない．実際の作業では，先の項で述べたように想定外のことが発生して，コーディングの方法を変更することが少なからず発生する．その場合，入力規則は作り直しになり，分担して作業してもらっている場合は分担したファイルすべてに入力規則を再設定しなければならない．そもそも入力規則の設定には慣れが必要であり，入力規則自体が間違っていることも少なくない．

　筆者が実際に適用しているチェック方法はもう少し簡便である．1つはフィルター機能を用いる方法である．フィルターを設定すると，その列に含まれる値の一覧が表示される．5段階評価の回答であれば，1〜5の数値かnaが入っているはずである．それ以外の数値がフィルターで拾われているならば，どこかに間違った入力が含まれていることになる．

　誘導が含まれる質問については，条件付き書式を適用すると入力漏れを防ぐことができる．例えば，ある質問で1を選択すると，誘導先でも質問に回答することになる場合を考えたい．1以外を入力すると背景色が変わるように設定されていれば，その先に回答がないことが一目でわかる（実際には回答がないのでnaを入

図 5-2　条件付き書式とフィルターの設定

力する)。分岐のある質問では，誘導先に入力があるのか na なのか回答者ごとに異なるので，その判断でのミスを回避するために有効である。

図 5-2 は Q01 に，2 と入力されると灰色になるような条件付き書式を設定した状態である。Q01 で 1 を選択した場合だけ Q02 に誘導されて回答があり，2 を選択した場合は na となることがわかりやすく示されることになる。同時に Q06 にフィルターを設定して，その内容を表示させている。この列には，1 と 2，na，空白セル（最後のデータ以降は空白だから）だけが入っていることが示されている。

これまでのような仕組みで入力を行えば，最終的に入力範囲内に空欄は存在しないことになる。そこで検索機能を使い，空欄のセルを検索すれば，簡単に記入漏れの項目を探すことができる。このような形で最終確認を行い，分析に用いるデータを確定させることになる。

3. データ分析（単純集計とクロス集計）

データを入力し終え，再確認も終了したら，それは確定データとして保存しておくこととする。そのコピーをデータ分析のためのファイルとして，今度は実際

の分析を始める。

ピボットテーブルによる整理

　まずは各質問において選択肢がどれだけ選択されたのか，あるいはある選択肢を回答者全体の何割が選択したのかなどの情報を集計して整理する。情報の集計や整理を行う上で，エクセルのピボットテーブルの機能は有用である。この機能を用いることで，各質問に対する回答状況を簡単に集計することができる。入力したデータを開き，「挿入」「ピボットテーブル」を選択すると，「ピボットテーブルの作成」という画面が開く。これまでに説明した方法で入力していれば，データの範囲が自動的に選択される（ピボットテーブルの作成にはヘッダーが必要である）。ピボットテーブルの出力先は，データが入力されているシートにも，新規のシートにも指定できるが，データが入力されているシートは変更したくないので，ここでは新規ワークシートにピボットテーブルを作成することとする。図5-3がピボットテーブルを新しいワークシートに設定した状態である。

　行ラベルと記された空欄に，「レポートに追加するフィールドを選択してください」という項目から，質問項目を1つドラッグ＆ドロップし，Σ値と記された空欄

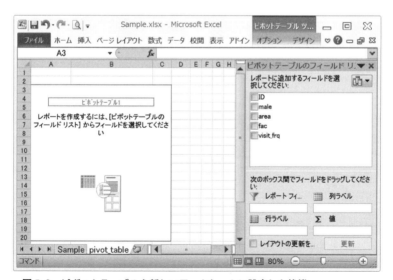

図5-3　ピボットテーブルを新しいワークシートに設定した状態

にIDをドラッグ&ドロップする。その後、Σ値と記された欄にドロップした値のメニューを選択して、「値フィールドの設定」から、データの個数を選択すると、図5-4のような集計表ができあがる。

　ここでは、問1の回答（性別を示し、maleという変数名としている）について、1（＝男性）を選択した人が54人、2（＝女性）を選択した人が54人いることを示している。表示されたピボットテーブル全体をコピーして、同じシートの別の場所にペーストして、行ラベルの欄で選択する質問項目を変更すれば、次の質問の回答状況を計算することができる。このような作業を繰り返すことで、短時間のうちに全体の回答状況を集計することができる。調査側が調査結果の内容を把握することだけが目的であれば、ピボットテーブルを用いるだけで十分である。

　しかしながら、この結果を誰かに説明したり、論文や報告書に掲載したり、プレゼンテーションで発表したりする場合には、グラフとして示した方が望ましいかもしれない。その場合、ピボットテーブルに示された結果からグラフを作ることもできるし、ピボットグラフというピボットテーブルのグラフ版の機能を使うこともできる。

図5-4　性別ごとの回答者数をピボットテーブルで示した状態

変数の名義と想定される集計の形

　回答状況を把握する際，どのような形式で集計を行うのかは変数の尺度によって異なっている。名義尺度の変数は，その質問形式が択一であるか複数選択であるかにかかわらず，名義で示された内容に該当するかどうかが回答されている。我々が知りたいのは，選択された回答数がどれだけであるのか，それが回答者全体に対してどれだけを占めているのかといったことである。そのため，結果は基本的に度数分布表で提示するか，グラフにする場合は棒グラフ（数に注目する場合）あるいは円グラフ（割合に注目する場合）で示すことになる。

　一方，間隔尺度および比例尺度の変数は，実際の数値が記入されているので，そもそも度数分布表を作成することができない。このような場合，一般的には平均値（標本平均）を算出することになる。ただ平均値を算出する場合，それぞれの値のばらつきも問題となるかもしれない。その場合は標準偏差も併記しておいた方が望ましい。平均値を算出する際には，ヒストグラムを作成した方が望ましい場合もある。例えば，ある森林公園において，10人の回答者が施設Aの年間訪問回数を0回と回答し，10人の回答者が20回と回答しているとする。この場合，平均訪問回数は10回であるが，実際に10回訪問している人は誰も存在していない。ヒストグラムがあればこのような状況を理解することができる。もちろん，ヒストグラムを作らなくても，中央値や最頻値といった値も付記しておけば，同じような情報を得ることができる。

　集計の際に一番問題となるのは順序尺度である。順序尺度による変数では，例えば「大変望ましい」から「大変望ましくない」までのリッカート尺度（5段階評価）に対して，5〜1の数値がコーディングされている。操作上は名義として度数分布表を用いて表示することも，間隔尺度として平均値を算出することもできる。厳密に言うと，名義尺度と同じように度数分布表として処理する方が妥当だが，平均値を算出することも学問分野によっては実際には行われており，質問項目間の比較を行う場合には，実際には後者の方がわかりやすい場合もある。

　例えば表5-1で示したように，森林公園で想定される4つの利用方法について「大変望ましい」から「大変望ましくない」までの5段階で評価をしてもらった状況を考えてみたい。ここでは回答者が25名おり，それぞれの水準について選択された度数を整理している。

表 5-1　森林公園における 4 つの利用方法に対する 5 段階評価の度数分布表

	大変望ましい	やや望ましい	どちらとも言えない	あまり望ましくない	大変望ましくない
バードウォッチングをする	5	5	5	5	5
森林浴をする	14	3	4	3	1
自転車に乗る	3	5	7	7	3
犬の散歩をする	10	2	1	2	10

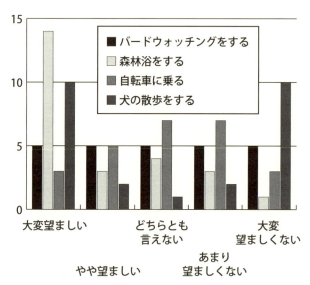

図 5-5　4 つの利用方法に対する 5 段階評価の度数分布表をグラフ化したもの

　表 5-1 を見ると，各質問項目の特徴はある程度想像できるが，各質問項目を比較しながらその特徴を比較検討するには，表による整理はあまり向いていないかもしれない．その場合は，図 5-5 のような棒グラフにすればわかりやすいが，それでも比較する質問項目が多いと棒グラフが煩雑になる．そのため，表 5-2 のように，数値を間隔尺度として解釈して，平均値と標準偏差で表す方が望ましい場合もある．学術論文では，紙面を確保するために表 5-2 のような表記で示されるのがむしろ一般的である．ただ繰り返しになるが，このような形で算出された平

表 5-2　順序尺度の評価を平均値と標準偏差で示した結果

	順位付けの平均値 （標準偏差）
バードウォッチングをする	3.00（1.44）
森林浴をする	4.04（1.27）
自転車に乗る	3.08（1.22）
犬の散歩をする	3.00（1.87）

均値には厳密には問題点が存在している（詳細は後述する）。

変数の変換

　このような集計値を報告する際に，変数を変換することに意味がある場合もある。例えば年齢については，年齢の数字自体というよりも，ある年代以上の回答者の回答に興味があったり，意味があったりする場合もある（例えば，65歳以上の回答者など）。このような場合，変数を変換して65歳以上を1，それ以外を0とするダミー変数を作ることに意味がある。変数の変換はエクセルの関数機能を用いて行うことができる。

　順序尺度で評価した質問項目についても，例えば「大変望ましい」から「大変望ましくない」の5段階評価で聴取した場合，「望ましいか」「望ましくないのか」つまり，肯定的評価か否かという整理の方がわかりやすい場合もある。上記の表5-1も「大変望ましい」「やや望ましい」とそれ以外とで整理すると表5-3のようになり，項目間を比較する上では非常に見やすくなる。このような変数は単に報告をわかりやすくするだけでなく，この値を用いて分析を行う場合にもより望ましい結果（理解しやすい結果）を得る場合もある。

表 5-3　肯定的評価とそれ以外として変数を変換して表示した度数分布表

	肯定的評価	それ以外
バードウォッチングをする	10	15
森林浴をする	17	8
自転車に乗る	8	17
犬の散歩をする	12	13

クロス集計

単純集計によってアンケート調査票の回答がおおむねどのようなものであるかが把握できると，もう少し詳しい情報を知りたくなるに違いない。「この質問は性別や年齢によって回答傾向が異なるのではないか」「この質問に YES と回答した人は，こちらの回答の値が大きいのではないか」といった，回答者の個人属性と質問項目，あるいは質問項目間の関係についてである。このような場合，2つの質問項目あるいはそれ以上の項目に注目して集計を行うクロス集計を行うことになる。もちろんリサーチ・クエスチョンとの関係で，クロス集計をすることが最初から想定されている場合も多い。

クロス集計もピボットテーブルを用いると簡単に行うことができる。図5-6に

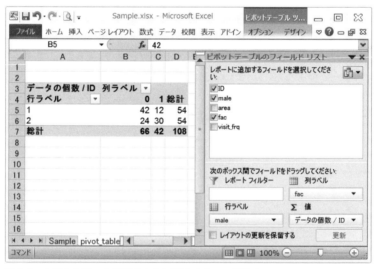

図5-6 年齢と施設への訪問の有無に関するクロス集計表

表5-4 性別と施設への訪問の有無に関するクロス集計表

	今回施設 A を訪問した	今回施設 A を訪問していない
男性	42	12
女性	24	30
合計	66	42

示すように，列ラベルと記された空欄に，クロス表を作成したいもう1つの質問項目をドラッグ＆ドロップするだけである．実際には表5-4に示すような形で報告することになる．

　一般的にクロス集計とは名義尺度×名義尺度の場合を指し，その結果はクロス表と称されるが，ここでは名義尺度×間隔尺度などのクロス集計も含むものとして説明したい．どちらもピボットテーブルで同じように処理できるためである．表5-5は森林公園の昨年の年間訪問回数に関する質問への回答（平均値）と性別とのクロス集計の結果である．このような結果を表示させるためには，図5-7のように，Σ値と記された欄にドロップした値をクリックして，値フィールドの設定から平均値や標本標準偏差を選択すると結果を得ることができる．実際には表5-5に示すような形で報告することになる．

表 5-5　年齢と昨年の年間訪問回数に関するクロス集計表

	昨年の平均訪問回数（標準偏差）
男性	3.96 (1.50)
女性	5.85 (2.54)

図 5-7　年齢と昨年の年間訪問回数に関するクロス集計表

4. データ分析

　クロス集計で行っているデータの整理は標本に対して行っているものである。標本は母集団から抽出されたもので，最終的に知りたいのは標本の特徴ではなく母集団の特徴である。例えば，上記の表 5-5 の平均値は男女の間で異なるので，男性と女性の間には森林公園の平均訪問回数に違いが存在することになる。しかし，これは標本上での違いであり，母集団に違いがあるのかどうかはわからない。実際は母集団に違いはないのにたまたま違いがある結果となるようなサンプルを標本として抽出してしまっているだけかもしれない。

統計的検定の基礎

　このようなことを検証するのが統計的検定である。前述のように，統計的検定の基礎について説明するには紙面が足りないため，その内容については全面的に他書に譲ることとしたい。神林・三輪（2011）や森岡編（2007）はこれらの点を極めて平易に説明しており，初学者にとっては非常に理解しやすいものとなっている。本分野に引き付けて記述された和書は存在しないが，洋書としては Vaske（2008）が参考となる。本書では前節で整理したクロス集計に関わる部分に関してのみ統計的検定を適用してみたい。

　統計的検定とは，母集団に対する仮説が正しいか否かを，標本から得た情報に基づいて確率的な視点から検証する方法である。その過程で最も重要となるのが帰無仮説である。素直に考えれば，男女間で違いがあることを示したいのであれば，違いがあることを直接証明すればよい。しかし，違いがあるという状態はわずかな違いから大きな違いまで無数に存在するので，実際にすべての違いについて検証を行うことは不可能である。しかし「違いがない」という唯一の状態について検証し，それが成り立たないことを示せば，この問題は回避することができる。違いがないという仮説（帰無仮説）と，それに対立する違いがあるという仮説（対立仮説）を立て，前者が棄却されるので，後者を採択するというのが統計的検定の基本的な考え方である。統計ソフトウェアの普及により，統計的検定が容易に実施できるようになったが，逆にそのことで帰無仮説に目が向かなくなっていることもまた事実である。帰無仮説が何であるかを常に意識することが，統

計的検定を行う場合には重要である。

　帰無仮説を棄却する方法は，仮説が成立しないことを直接示すのではなく，帰無仮説が成り立つ状況が統計的にどれだけ発生するのかによって判断する。帰無仮説が成り立つ確率が極めて低ければ対立仮説を採択することになる。この確率はあらかじめ決めておく必要があり，有意水準と呼ばれるものである。一般的には5%の値を用いている。これは，同じような標本調査を複数回実施した場合，帰無仮説が成り立つ確率が20回に1回あることを示している。帰無仮説が成り立つ確率が低ければ低いほど，帰無仮説自体を正しいとすることが間違っている可能性が高いということになる（表現は厳密には正しくないが，趣旨としてはこのようになる）。そしてこの有意水準を計算するために，検定統計量という数値を求めることになる。本書で紹介する例では，カイ二乗値，t値，F値といった検定統計量を実際に求めることになる。

度数の比較（独立性のカイ二乗検定）

　表5-4のような状況で，施設Aを今回訪問したかどうかについて，性別によって違いが存在しているかどうか（選択した，しなかったの度数に性別によって違いがあるか）は，カイ二乗検定によって分析することになる。帰無仮説と対立仮説は以下のように立てることができる。

> 帰無仮説：選択の違いは性別と独立である。つまり，選択した，しなかったの度数に性別は関係していない。
> 対立仮説：性別と選択の違いは独立でない。つまり，選択した，しなかったの度数に性別は関係している。

　具体的にどのような数値計算が行われているかについて本書では触れないが，推定を行うとカイ二乗検定量は27.084と計算される。カイ二乗分布表（ほとんどの統計学の書籍の巻末に掲載されている）で示されている5%有意水準に対応する値（限界値）とこの値を比較し，限界値を上回っているかどうかを確認することになる。ただほとんどの統計ソフトウェアでは，帰無仮説が成り立つ確率（有

意確率）が直接計算されてくる。表5-4の場合の有意確率は 1.57×10^{-7} であり，同じような標本調査を 1,000 万回行っても，帰無仮説が成り立つのは 1.57 回しかないということになる。つまり，帰無仮説が成り立つ確率が極めて低いので，対立仮説を採択するという結論になる。対立仮説が採択された場合，選択した，しなかったの度数に性別は関係していると考えるので，今度はどれだけ関係しているのかを考えることになる。この場合は，変数間の相関の強さを示すクラメールの連関係数と呼ばれる値を算出する。

　2×2のクロス集計ではなく2×3のクロス集計の場合には，残差分析と呼ばれる分析も追加で必要となる。例えば，今度は性別ではなく，居住地によって違いが存在しているかどうかを分析したいとする。ここでは居住地1～3の3地域が存在していると仮定する。カイ二乗検定の帰無仮説と対立仮説は以下のように立てることができる。

> 帰無仮説：選択の違いは居住地と独立である。つまり，選択した，しなかったの度数に居住地は関係していない。
> 対立仮説：選択の違いは居住地と独立でない。つまり，選択した，しなかったの度数に居住地は関係している。

　どこかの地域が1つでも独立でなければこの帰無仮説は棄却されるが，どこが独立でないのかについては，独立性のカイ二乗検定の結果からは情報が得られない。つまり，居住地1にだけ度数の違いが存在するのか，あるいは居住地2もしくは居住地3にだけ存在するのか，それとも居住地1～3すべての間で度数に違いが存在するのかがわからないのである。わかるのは帰無仮説が棄却されるかどうかだけである。このような場合には，残差分析を適用してどこに違いがあるのかを把握することになる。森林公園にある施設を今回訪問したかどうかという質問への回答と居住地とのクロス集計の結果と残差分析の結果（調整済み残差の値）は表 5-6 に示す通りである。

　カイ二乗検定量は 6.910 と計算されるため帰無仮説は棄却される。一方，残差分析では有意確率と対応した調整済み残差（1.96 以上ならば5％水準で有意）が

表 5-6　居住地と施設への訪問の有無に関するクロス集計表

	今回施設 A を訪問した	今回施設 A を訪問していない
居住地 1（調整済み残差）	24（2.00）	12（-2.00）
居住地 2（調整済み残差）	20（0.40）	16（-0.40）
居住地 3（調整済み残差）	13（-2.50）	23（2.50）

計算される。この値が正であれば，そのセルは平均値と比較して有意に度数が多いこと，負であれば逆に度数が少ないことを示している。表 5-6 から言えることは，居住地 2 は平均値と違いが見いだせないが，居住地 1 については，施設 A を訪問した人が多く，逆に居住地 3 については訪問した人が少ないので，3 つすべての居住地に関して，選択した，しなかったの度数に違いがあることになる。

平均値の比較

表 5-5 のような状況で，森林公園の昨年度の年間平均訪問回数が性別によって異なるかどうかは，t 検定によって分析することになる。帰無仮説と対立仮説は以下のように立てることができる。

> 帰無仮説：男性の年間平均訪問回数＝女性の年間平均訪問回数
> 対立仮説：男性の年間平均訪問回数≠女性の年間平均訪問回数

具体的にどのような数値計算が行われているかについて，先ほど同様に本書では触れないが，推定を行うと t 検定量は 4.698 と計算される。帰無仮説が成り立つ有意確率は 7.94×10^{-6} であり，同じような標本調査を 100 万回行っても，帰無仮説が成り立つのは 7.94 回しかないということになる。つまり，帰無仮説が成り立つ確率が極めて低いので，対立仮説を採択するという結論になる。

先ほど同様に，3 つ以上の平均値を比較する場合も想定できる。その場合は，分散分析と呼ばれる手法が適用され，F 値と呼ばれる検定統計量が計算される。その上で，カイ二乗検定および残差分析と同じように，事後比較と呼ばれる方法によってどこに違いがあるのかが特定される。事後比較の方法は様々な状況に対

表 5-7　居住地と昨年の年間訪問回数に関する事後比較の結果

基準の居住地	比較の居住地	平均値の差（基準－比較）	有意確率
居住地 1	居住地 2	-0.889	0.14
	居住地 3	-2.833	0.00
居住地 2	居住地 1	0.889	0.14
	居住地 3	-1.944	0.00
居住地 3	居住地 1	2.833	0.00
	居住地 2	1.944	0.00

応して様々な手法が開発されているが，一般的にはテューキーの HSD 検定と呼ばれる手法が用いられる。帰無仮説と対立仮説は以下のように立てることができる。

> 帰無仮説：居住地 1 の平均値＝居住地 2 の平均値＝居住地 3 の平均値
> 対立仮説：居住地 1 の平均値＝居住地 2 の平均値＝居住地 3 の平均値ではない

　推定を行うと，F 検定量は 19.459 と計算される。帰無仮説が成り立つ有意確率は 6.48×10^{-8} であり，帰無仮説を棄却し，対立仮説を採択するという結論になる。事後比較の結果は表 5-7 のようなもので，居住地 1 と 3，2 と 3 との間に平均値の差は存在するが，居住地 1 と 2 の間には平均値の差は存在しない。有意確率が 0.14 であるので，同じような標本調査を 100 回行った場合でも，「居住地 1 の平均値＝居住地 2 の平均値」という帰無仮説が 14.0 回成立する可能性があるので，帰無仮説が成り立つ確率が極めて低いとは言えない，つまり棄却できないという結論になる。

順序尺度による回答の取り扱い

　表 5-2 に示したような順序尺度による結果について，どのような検定手法を適用すればよいのであろうか。表 5-2 は順序尺度によるデータを整理した結果であった。分散分析は間隔尺度や比例尺度のデータに適用することを想定しているの

で，これを順序尺度で評価したデータに適用することは妥当なのであろうか。この疑問に対する回答も，先ほど同様，正しくはないが，学問分野によっては実際には適用されているということになる。

　そもそもなぜ正しくないのかを簡単に説明したい。例えば「大変望ましい」から「大変望ましくない」の5段階尺度を使った場合，入力値としては，順に5, 4, 3, 2, 1（もしくは2, 1, 0, -1, -2）となっているはずである。しかし，例えば「大変望ましい」と「望ましい」の間に1の差があること，そして他の水準についても間隔の差を1とした等間隔としていることは，調査側が勝手に決めていることである。加えて問題なのは，値が整数値しか取っていないということである。もしこの変数を順序尺度として解釈するならば，厳密にわかっている事実は本来順序だけ，例えば，「大変望ましい＞望ましい」ということだけである。

　一方，この問題はパラメトリックな手法とノンパラメトリックな手法という，統計手法上の区分の問題とも関係している。例えば分散分析については，前提条件として標本が正規分布していること，分散が等分散であることなどが条件となっている。これらを満たす場合，つまり標本が正規分布に従っているならば，パラメトリックな手法が適用できる。基本的にはパラメトリックな手法の方が統計的な違いを検出する能力が高い。もしそうでない場合は，ノンパラメトリックな手法が適用されることになる。順序尺度については，本来ノンパラメトリックな検定手法が適用される必要がある。

　順序尺度で評価した回答結果に対して，間隔尺度による扱いをしない場合，つまり順序として扱う場合には，2グループの場合はウィルコクソン順位和検定（あるいはマン・ホイットニーのU検定）を，3グループ以上の場合はクラスカル・ウォリス検定を適用し，事後比較のためにはスティール・ドゥワス検定が適用される。しかしながら，スティール・ドゥワス検定については推定できるソフトウェアは少なく，我々の分野の学術論文を見ても使われている例はほとんど見かけない。そのため，文献レビューをする段階で，該当する分野で順序尺度によって得られたデータに分散分析を適用している論文が多数を占めるのであれば，その分野に限っては，そのような扱いでも構わないのかもしれない。

　このような状況となっている理由にはいくつかの解釈が考えられる。1つは順序尺度で評価したデータを順序尺度として扱ってノンパラメトリックな検定手法を

適用しても，間隔尺度として扱ってパラメトリックな検定手法を適用しても，結果がそれほど変わらないからである。この点については Vaske（2008）を参照されたい。そのため正確性は欠いても，より一般的なパラメトリックな検定手法をあえて使ってきたという可能性がある。先ほど結果を示した分散分析についても，厳密にはルール違反をしている。訪問回数は整数値であるので，そもそもパラメトリックな手法を適用すべきではない。仮にそれに目をつぶったとしても，前提条件となる等分散性を検定すると，実際に高い有意確率で等分散であるという仮説は棄却されてしまう。つまり，適用しようとしているデータは分散分析を適用する前提条件を満たしていない。それでも，訪問回数についてこのような形で結果を提示することは広く行われている。

　もう1つは，単に我々の研究分野が正確な手法を適用してこなかっただけであり，現在はその移行時期にあるという解釈である。我々の研究分野は統計手法自体を研究しているわけではなく，道具として用いている側面が強い。そのため，広く知られていない統計手法や統計ソフトウェアでカバーされていない統計手法は避けてきた可能性がある。近年は統計手法の知識も広く認識され，Rのようにフリーソフトでありながら，幅広い統計手法を揃えている統計ソフトウェアも普及している。そのため，このような潮流は変わってくる可能性は高い。例えば，オンサイトサンプリングで得られた訪問回数については，標本が正規分布するこ

表 5-8　本節で適用した統計分析の一覧

尺度	名義尺度	間隔尺度	順序尺度	
分析内容	度数の違い	平均値の違い	パラメトリックな検定手法を採用	ノンパラメトリックな検定手法を採用
			平均値の違い	順序付けの違い
統計手法				
2グループ	カイ二乗検定	t 検定	左に同じ	ウィルコクソンの順位和検定
3グループ以上	カイ二乗検定	分散分析	左に同じ	クラスカル・ウォリス検定
事後比較	残差分析	テューキーのHSD検定		スティール・ドゥワス検定

とはあり得ない。それは訪問回数は現地で聴取しているため，必ず1以上の値しか取り得ないからである。仮に全体として正規分布のような形であっても，このような分布は切断された正規分布と呼ばれるものになる。この点を考慮できる統計分析は実際には存在しているのであるが，すべての分野で広く使われているわけではない。

最後にこの節で使われてきた統計的検定について一覧表にして整理しておきたい（表5-8）。これらの他にも相関分析や回帰分析などが適用されることも多いが，それらについては他書を参考にされたい。

統計分析の注意

上記のような回答の度数に差があるかどうかを検定したり，平均値に差があるかどうかを検定したりすることは，多くの分野で一般的に行われている。ただ，アンケート調査で得られたデータの分析については，その特性上，注意すべき点がある。それは，様々な分野での統計分析と比較すると，サンプル数が相当多い場合があるという点である。

このことは，分割したグループの間にある小さな違いでも検出できる可能性が高いということである。これは本来，大変望ましいことである。サンプル数を確保することが難しい分野では，グループの間で意味のある違いがありそうな場合でも，サンプル数が少ないことで帰無仮説が棄却されないことがよくある。一方アンケート調査では，場合によっては数千のサンプルが存在するので，些細な違いでも違いとして検出できることになる。問題なのは，違いを見いだしてもそれほど本質的な意味がないことに対して，違いを見いだしてしまったことで，それがあたかも重要なことであるかのように勘違いしてしまうことである。

極端な例を考えてみたい。ある森林公園の利用者が4万人存在し，この4万人以外はこの公園を利用しないとする。施設AとBの2つがあり，その利用について男女間で違いが存在するかどうかを検定したいとする。ところが，何らかの方法で利用者全員から回答を聞き出すことができ，表5-9のような結果になったとする。

施設Aと施設Bの利用について，男女間で違いは存在するだろうか？　これは母集団に対する結果になるので，仮説検定の必要はなく，施設Aと施設Bの利用

表5-9　森林公園の施設AとBの利用状況

	施設A	施設B
男性	10,000	10,000
女性	10,001	9,999

について男女間で違いはあるというのが結論である。そして，その差は施設Aでは男性と比較して女性が1人多く，施設Bでは同じく男性と比較して女性が1人少ないというものである。確かに差はあるのだが，差に意味があるかといえば，ほとんど意味がないということになる。むしろ，驚くほど男女間で均等に利用されていると解釈すべきであろう。サンプル数が多くなるということは，このようなささいな差を検出しやすくなることを意味している。

例えば表5-10は，同じく森林公園の利用に関する，サンプル数が100の場合のクロス表と，サンプル数が5,000の場合のクロス表である。カイ二乗検定を適用すると，サンプル数が100の場合，帰無仮説は棄却されないが，サンプル数が5,000の場合は1％水準で棄却される。しかし，各セルに入る度数の比率は同じである。

重要なことは，見いだされた統計的な差が役立つ知見をもたらすことができるのかという点である。表5-10の右側の表の結果をもって，施設Aと施設Bの利用について男女間で違いがあること強調することにはほとんど意味がない（むしろ差はあるものの，ほとんど問題にならないと解釈できる）。意味があるかどうかは状況によって異なるが，最終的には目的や将来像に何らかの貢献をするものであるかという視点から検討されるべきである。サンプル数が多くなるアンケート調査では，統計的な有意差を検出しやすいだけに，得られた結果に解釈を加える場合は注意深く検討しなければならない。

表5-10　サンプル数が異なるクロス集計表

	施設A	施設B		施設A	施設B
男性	25	25	男性	1,250	1,250
女性	27	23	女性	1,350	1,150

より進んだ統計分析

　上記で示した統計分析はクロス集計に対する最も基本的な内容であった．ただ，これだけでもアンケート調査票で得られた結果の概要は知ることができる．これら以外にも，多変量解析と呼ばれる各種の手法が存在し，各研究分野にはその研究分野で専門的に用いられる統計手法が数多く存在している．分野が学際的であるがゆえに，研究者であっても全貌を把握している人はいないかもしれない．新しい分析手法が提案されても実際には使われていない例も多い．そのため，分析手法を網羅的に学んでから，アンケート調査票を設計したり，統計分析を行ったりするのは，教育的な効果を考慮しないのであれば実際には効率が悪いかもしれない．

　例えば第7章で紹介するように，環境経済学の分野には表明選好法と呼ばれる一連のアプローチが存在し，それを適用するには，アンケート調査票の設計から分析手法まで相当の知見が必要である．使うか使わないかわからないこれらの手法を一から学習することは，知識を広めることが目的にないならば，ある意味無駄である．統計分析の学習よりも重要なことは，繰り返しになるが調査の枠組み作りの方である．アンケート調査を実施することを検討し始めると，どうしても出口の統計分析に目がいってしまい，その勉強を一から始めてしまいがちである．しかし，調査の枠組みが決まらなければ，適用される統計手法だけでなく，そもそも統計手法を適用するかどうかも決まらないのである．

　より進んだ統計分析については，紙面の都合もありここでは示さないが，調査の枠組み作りの段階で先行研究のレビューを行えば，使うべき統計手法が見つかるはずである．実際，一般的な統計分析に関する教科書（具体性が乏しかったり，例示されているデータがまったく別分野のものであったりすることが多い）を読むよりも，興味を持っている分野で，実際に統計分析を使ってみせている結果を見つけた方が，イメージもわきやすく，理解も早まるであろう．

5. 成果の取りまとめ

　データの分析が終われば，今度は研究成果の取りまとめに入ることになる．先に述べたように，「ある程度わかっていることについてデータを取りにいく」とい

う状態であれば，取りまとめの方針もある程度見えているはずである。ただ，研究成果の取りまとめ方法については，最終的な成果を何に定めているかによって，やり方が多少異なっている。ここでは，研究成果の取りまとめ方法をいくつかの状況を想定して整理していきたい。

報告書の作成

　調査業務を請け負っている場合は調査内容の報告を，また卒業論文などで論文を作成する場合にも，論文とは別にお世話になった現場の方々に調査内容の報告（論文のダイジェスト版）をお渡しすることになるだろう。ここでは，そのような報告書に何を記載すればいいのかについて簡単に整理したい。

　まず，報告書にはアンケート調査票と単純集計の結果を載せておく必要がある。多くの場合，これらは分離した形で掲載されている。しかし，結果とアンケート調査票が離れていると，結果の確認のため行ったり来たりすることになり，実際には読みづらい。一番わかりやすい提示方法は，アンケート調査票自体を利用して，単純集計の結果を示すことである。例えば下記のような質問があったとする。

　問1. あなたの性別について，当てはまるものに1つ○をつけて下さい。

1.　男性　　　2.　女性

このような場合には，下記のようにこの質問の有効回答数（全サンプル数の中で欠損値などを除いた数）と回答数（度数）をこの質問に書き加えればよい。

　問2. あなたの性別について，当てはまるものに1つ○をつけて下さい（$N = 1,000$）。

1.　男性（485人）　　　2.　女性（515人）

ここで，Nは有効回答数を示している。もし分岐などで，サンプルが分割され

るような場合には，サブサンプルを示すnを用いればよい。間隔尺度や比例尺度によって計測された値であれば平均値と標準偏差を記しておく。

このようにすることで，アンケート調査の質問と対応する回答が一目でわかるため，非常にわかりやすく結果を整理することができる。すべての結果について度数分布表を作ったり，グラフを作ったりすることは，求められているのであれば別であるが，必要はないかもしれない（もちろん，調査業務の場合は仕様書に結果の報告方法まで示されているかもしれない）。

さて報告書の内容自体であるが，調査の枠組み作りができていれば，実際は比較的簡単に作成できる（はずである）。「背景と課題設定（リサーチ・クエスチョンの提示）」「手法」「結果」「考察」に，上記の単純集計の結果と引用文献や参考文献のリストを添付すれば十分である。「背景と課題設定」はすでに明確になっており，「手法」もすでに下調べが終わっている。「結果」もすでに出ているので，得られた結果に応じて「考察」を行えばよいことになる。具体的には，すでにリサーチ・クエスチョンが疑問，課題，仮説という形で設定されているはずなので，それに応じて，回答，解決策，当てはまるか否かを，それぞれの結果に基づいて述べれば十分である。くどくどと各質問の結果にコメントを加えたりすることも不要である。確かにアンケート調査を行ってみて，初めてわかった思いがけない発見もあるので，それらは報告する価値があるかもしれない。しかし，基本的には調査の枠組みで目標を明確にして，データを取りにいっているのであるから，「あんなこともわかった」「こんなこともわかった」といった類の解説は不要なはずである。

最後に忘れてほしくないことは，報告書であっても引用文献や参考文献をつけることである。自然科学的な報告書ではこれらは必ず記載されているのに，アンケート調査については多くの場合記載されていない。例えば，国立公園などで行われるアンケート調査業務のうち，植物や動物に関わる報告書には，ほとんどの場合，引用文献や参考文献がつけられている。同じような形で，アンケート調査の報告書に引用文献や参考文献をつけてほしいのである。これまで見てきたように，アンケート調査についても研究の積み重ねが重要であり，作成した報告書を参考に新たにアンケート調査を企画するような人がいる場合は，この情報が非常に貴重なものとなる。第2章の説明からも明らかであるが，このような引用文献

や参考文献をつけることはアンケート調査の品質証明にもなっている。第2章では信用できないアンケート調査について触れたが，再びアンケート調査を信用してもらうには，このような形で質の保たれた報告書を地道に積み重ねていくしかないのである。

論文の作成

　卒業論文や学術論文などの論文を作成する場合は，アンケート調査全体のリサーチ・クエスチョンとともに，統計的な検定を意図したより細かいリサーチ・クエスチョンが設定されている場合が多い。その上で，全体として論旨の通った内容が書かれることになる。すでに統計分析は終了しているとすれば，細かなリサーチ・クエスチョンに対しては，その結果がわかっており，それを踏まえて，アンケート調査全体のリサーチ・クエスチョンに対して回答していくことになる。

　繰り返しになるが，調査の枠組み作りができていないと，この過程で結果をこねくりまわし，何とかストーリーを作り出そうとすることになる。ストーリーを論理的に構成するために必要とされる材料（質問）は手持ちのものしかないため，多くの場合，結論付けるには決定打を欠いた形でしかストーリーを構成できない。第2章でも述べたように，最も悲しいことは，もがいた結果として，今回のアンケート調査からは何も結論付けられないことがこの時点になってわかってしまうことである。

　まとめ方は報告書の構成と同じであるが，論文については，厳密な論理構成を必要とするので，何も考えずに書き始めないことが重要である。構成を練って，論理的な主張が展開できることを確認してから書き始めることである。「背景と課題設定」「手法」「結果」「考察」の順で書きたくなるが，実際には課題設定で示した内容（リサーチ・クエスチョン）について，得られた結果を用いて論証することができないこともある。「ある程度わかっていることについてデータを取りにいった」ものの，想定していた結果と違う結果が得られている場合があるからである。あるいは論文を書いているうちに理解が深まり，実は得られた結果からは論証できない，あるいは矛盾していることに気づくこともある。そうなると調査の枠組みについても修正を加える必要が出てくる。筆者もこのような形で論文を何度か全部書き直したことがある。書き直しも時間を取られるが，矛盾に気づくま

でも相当時間を使っていることが多い。

　これを避けるためには，構成を練った上で，「結果」「考察」「背景と課題設定」の順で書いていくことである。変えることができないのは「結果」であり，結果を固めて，そこから論証できる「考察」をまとめ，考察で示した回答に対応するリサーチ・クエスチョンを「背景と課題設定」として書き上げるのである。学術誌に論文を投稿するような人であれば，調査の枠組み作りもかなりしっかりしているため「背景と課題設定」「手法」「結果」「考察」の順番で書けないこともない。ただ，学術誌では文字数制限を設けている場合がほとんどであり，最初から書くと文字数オーバーになるリスクがある。

　読者の中には，海外の学術雑誌への投稿を目指している方もいるだろう。そのような方は，論文を書く前に，どこの雑誌に投稿するのか目星をつけておく必要がある。海外の学術雑誌は多種多様である。定量的な分析を好んでいる雑誌，逆に定性的な分析を好んでいる雑誌といった形で，各雑誌は特徴を持っている。具体例としていくつかの観光に関わる学術雑誌を例に挙げてみたい。「*Annals of Tourism Research*」は旅行自体に焦点を絞った，実証より理論の色合いが強い雑誌である。「*Tourism Management*」は計画や管理に目を向けていることもあり，本書の読者にとっても興味深いと思われる論文が多数掲載されている。「*Journal of Sustainable Tourism*」は持続可能性に特に焦点を絞っている。得られた調査結果は1つであるが，どのような位置付けを持たせて執筆するかは投稿先に応じて修正する必要がある。筆者も過去に *Journal of Sustainable Tourism* に論文を投稿したことがあるが，持続可能性と関わりが薄いという理由で，査読に回らず編集者から断られたことがある。第2章で紹介した調査の枠組み作りで取り上げた例がそうである。

　また，海外の学術誌へ投稿する際には「Instructions for Authors」あるいは「Guide for Authors」，日本語で言えば投稿規定が必ず示されているので，これも執筆前に読んでおく必要がある。例えば，海外の学術誌の中には，アンケート調査票（英語に翻訳したもの）を提出するだけでなく，各質問の記述統計量の報告まで求めるものがある。これは，先ほど述べたパラメトリックな手法とノンパラメトリックな手法が適切に使われているか，査読者が検証できるようにするためのものと思われる。ここまで要求されると，分析方法についてまで拘束が及ぶの

で，どこに投稿するかを事前に検討しないと時間を大きくロスすることになる。本項で整理した論文の書き方などは，渡邊（2015）などの論文執筆に関する書籍によりわかりやすく整理されている。また，海外の学術誌へ投稿する際には，American Psychological Association（2013）など参考となる書籍がたくさん刊行されているので書店や図書館で関係するものを探してみるのがよい。

［参考文献］
American Psychological Association (2013) Publication Manual of the American Psychological Association (Sixth ed.), American Psychological Association.
神林博史・三輪哲（2011）『社会調査のための統計学：生きた実例で理解する』技術評論社
森岡清志編著（2007）『ガイドブック社会調査』日本評論社
Vaske, J. J. (2008) Survey research and analysis: Applications in parks, recreation and human dimensions, Venture Publishing.
渡邊淳子（2015）『大学生のための論文・レポートの論理的な書き方』研究社

第Ⅱ部　応用編

第6章　レクリエーション研究からのアプローチ

愛甲哲也

1. 観光・レクリエーションと満足度

　この章からは，国立公園から近郊の森林公園，都市内の公園など，観光・レクリエーション利用が行われる空間の利用者を対象にした，アンケート調査の基本的な考え方，実施のプロセスについて解説していく。本章では，特に利用者の総合的な評価としてよく用いられる満足度，不快な状況を表す評価として用いられる混雑感について，その学術的なバックグラウンド，アンケート調査票の作り方を，実際の研究・評価された事例をもとに紹介していきたい。

　観光・レクリエーション利用のための空間を計画・管理する場合に，管理者（環境省，国土交通省，林野庁，文化庁などの国の機関をはじめ，都道府県，市町村の環境保全，公園緑地，観光の担当部署，管理に関わるその他の団体など）や，事業者（宿泊業，交通機関，ガイド事業，観光施設営業，小売事業者など）の人々が，まず気にかけるのが利用者の満足度だろう。一般に，利用者の満足度が高ければ，現状で提供されているサービスや様々な管理施策が理解・選好され，より多くの利用者を期待できる。逆に満足度が低ければ，施策やサービスに何らかの問題があり，それを放置すると利用者数の低下を招くと考えられる。ホテルやレストラン，観光施設などでは，顧客の満足度を質問するシートが部屋やテーブルに置いてあることが多い。読者の中でも，宿泊予約サイトなどの点数や口コミ情報など満足度に関わる情報を事前に確認する方も少なくないだろう。観光・レクリエーション利用のための施設を管理する場合でも，利用者の満足度調査が

行われることは普通である．指定管理者制度により管理されている都市公園では，定期的な評価が義務付けられ，一定レベルの満足度を得ることが管理目標になっている場合もある．第1章で紹介したように，満足度は国立公園を管理する自然保護官などにとっても重要な関心事である．公園施設やサービスの良し悪しの意見を求めるという意味だけではなく，利用者への情報提供やシャトルバスの導入などの様々な管理施策への評価にもなるからである．しかし，満足度は，後述するように評価が低くなりにくい性質があり，利用者に満足度の評価を求める際には注意すべき点も多い．それらを正しく理解して調査が行われている事例は残念ながら少ない．

満足度と適正収容力

　本書で対象とする観光・レクリエーション利用が行われる空間では，利用者の増加や適正でない行為によって，人為的に自然環境に影響を与えてしまう場合がある．植物の踏みつけや登山道の侵食，野生生物への干渉などの過剰利用と言われる現象が世界各地で報告され，劣化した自然環境は利用者の体験にも負の影響をもたらす．

　管理者はその場所の自然環境の特性や回復力を理解する必要があり，「レクリエーションの質を維持しながら許容できる利用レベル」である適正収容力の設定が自然保護地域の管理の上で注目を集めてきた．その適正収容力の設定においても，満足度が指標の1つとして活用されてきた．利用者数の増加やそれによる自然環境へのインパクトに応じて，満足度が低下するために，適正収容力を設定する指標となると考えられてきたためである．しかし，最近の観光・レクリエーション利用における利用者の満足度の研究では，利用者数の増加が直接満足度の低下には結びつかないという事例の方が多く報告されている．

適正収容力はマジック・ナンバー

　2013年に富士山が世界文化遺産に登録された際に，ユネスコから日本政府に対して，構成資産とその周辺での開発行為，噴火・火災発生時の危機対策などとともに，登山者数の多さとその対策の必要性が指摘された．具体的には，5合目以上の登山者の適正収容力を研究して，それに基づく来訪者管理戦略を立てること

が勧告された。この勧告は，マスコミでも多く報道され，関係者の注目を集めたが，そもそも簡単に富士山の適正収容力を決めることなどできるのだろうか。筆者は，山梨県と静岡県が行っている適正収容力の勉強会と登山者の調査に，アドバイザーとして参加している。その最初の打ち合わせで，単に登山者数という値で適正収容力を計算・設定するのは無理ですとお伝えした。担当の方は私に会うまでは，専門家なら，登山者の行動の調査とアンケート調査から，富士登山者の適正収容力を比較的簡単に推定することが可能ではないかと考えておられたようだった。

　観光・レクリエーション利用の適正収容力は，国立公園等への利用者が増加しつつあった1960年代のアメリカで研究が始まった。Wagar（1964）が牧草地の管理などで使われていた概念を応用し，「レクリエーションの質を維持しながら許容できる利用レベル」と定義した。グランドキャニオンやヨセミテなどの国立公園や国有林で多数の研究が行われたが，その成果は期待されたほどではなかった。一連の研究の成果から，観光・レクリエーションサイトの適正収容力は「マジック・フォーミュラ（魔法の公式）」「マジック・ナンバー（魔法の数字）」であり，理論的には存在しても，実際の算定は極めて困難であるというものであった。当初は，利用量が増加すると土壌侵食や植物の損傷などの自然へのインパクトが比例して増加し，利用者の満足度が低下すると考えられていた。しかし，実際には様々な要因が関与し，利用量とインパクト量は線形関係とはならず，一定レベルでの適正収容力を求めることは難しいことがわかった。例えば，登山道の土壌侵食には，踏みつける回数だけではなく，土質や水分，植生，天候，靴底の違いなども関与する。満足度と混雑感も，アンケート調査で利用者に質問し，利用者数と相関を取る研究が盛んに行われたが，単純な線形関係を見いだすことはできなかった。

　そのため現在では，適正収容力とは数ではなく，観光・レクリエーションの管理目標や利用者に提供する体験のあるべき姿だと再定義され，そのための計画手法が確立されつつある（小林・愛甲編，2008）。そのあるべき姿を実現できているか，利用者が不快に感じていないかを確認するための指標が，満足度や混雑感であると考えられている。富士山でも，2016年に提出された保全状況報告書の来訪者管理戦略では，富士登山のあるべき姿を実現するための目標をまず掲げ，それを実現するための指標の選定と基準を設定する調査を実施することになっている。

満足度の特性と問題点

　観光・レクリエーション利用の満足度とは，サービスや体験の質の高さを表す指標としてアンケート調査でしばしば用いられるものである（Manning, 2011）。図6-1は，過去に屋久島の登山者に実施したアンケート調査における訪問者全体の満足度の結果である。満足度は，この例のように，「とても満足」から「とても不満」といった5段階や7段階の尺度で質問されることが多い。この屋久島の例では，「とても満足できた」「満足できた」を合わせると93％と高い満足度を示している。

　しかし，実はこのアンケート調査の回答者は，個別のサービスや体験に対する不満や課題も他の質問で回答していた。このように，個別の不満があっても，全体の満足度がそれほど低くはならないのが，まず注意すべき点である。旅行や消費は，個人の自主的な選択に基づいて行われ，金銭の支払いも行っている。不満を表明することは自身の行動や支払った対価を否定することになる。そのため，満足度は，個別の施設やサービス，体験に不満があっても，自身の行動を正当化するために「まあ全体的には，そこそこよかったよね」というような評価になりやすい。

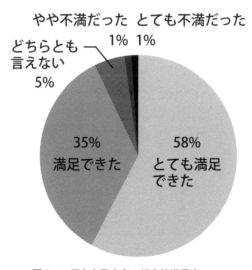

図6-1　屋久島登山者の総合的満足度

例えば，以下の例を見てほしい。実際に，ある国立公園で行われたアンケート調査を参考に作ったものである。

問1. この自然観察会は全体的に見ていかがでしたか？　あてはまる番号に1つ○をつけて下さい。

> 1. とても満足した　　2. 満足した　　3. どちらでもない
> 4. 不満だった　　　　5. とても不満だった

すでに第3章を読まれている方は，この質問の問題点に気づかれているだろう。管理者は，この自然観察会の時間帯や開催場所を改善したかったのかもしれないし，解説内容やコースの改善を図りたかったのかもしれない。しかし，「全体的に見ていかがでしたか？」と，あまりにも漠然とした質問で，たいていの人は「まぁまぁ」と思い，「満足した」と答えるだろう。このようなアンケート調査票では，そこそこ満足されていると管理者は評価して，問題を含んでいるかもしれない自然観察会の課題が改善に向かわない可能性もある。また，自然観察会の主催者や案内役のガイドが調査票を手渡して記入をお願いしたとしたら，「とても不満だった」とは書きにくい。さらに，満足度は時間の経過とともに，不満が減少していくと言われている。思い出は美しいものだけが残り，嫌な思いは忘却されていく。それが人間の特性である。調査を，誰が，いつ行うかにも配慮が必要である。

満足度は，訪問者の期待が，期待したレベルで満たされたかどうかにより評価される。晴れた日に山頂から景色を見ることを期待しても，天候が悪く遠景は望めなかったり，体調不良で登頂が果たせなかったりすることもあるだろう。しかし，そういった場合でも，満足度はすぐに低くなりはしない。展望は悪くても，山頂まで登れてよかったとか，途中で咲いている花が見られたからよかったとか，当初の期待を置き換えたり，期待したレベルを低くしたりして，自身の行動を心理的に正当化しようとする。そのため，満足度は，よほどの不満がないかぎり，現状が肯定されやすいという性質を持っている。

また，満足度の評価には，様々な外的要因と回答者自身の内的要因が影響すると言われている。外的要因として，観光や登山など活動の形態の違い，景観や空

間のタイプやサイズなど物理的環境，混雑や他のグループなどの社会状況，規制や管理の程度などがある。内的要因として，訪問した動機や期待，過去の経験，嗜好・趣味，気分，学歴，年収，年齢，性別など，様々な影響が過去の研究で明らかとなっている。例えば，屋久島を訪れた登山者でも，最も人気がある縄文杉ルートを日帰りで歩いた人と，一部の人々が利用する縦走ルートで宮之浦岳に登山した人では，利用した施設，出会った他の登山者の数も異なる。さらに，静かに原生的な自然を味わいたいと期待した登山者もいれば，仲間との交流を期待した登山者もいるはずである。過去に屋久島を訪れた経験の多さや，他の地域も含めた登山経験の長さも満足度には影響してくる。それぞれの登山者が持っている評価基準，個人の規範が異なるからである。そのため，満足度の結果を解釈するには，それらの影響要因を同時に調査し分析する必要がある。

満足度の質問の改善方法

では，質問方法は，どのように改善すればよいのだろうか？　例えば以下のように改善を図ることができる。

問2．この自然観察会の感想に関して，それぞれの項目について当てはまる番号に1つずつ○をつけて下さい。

項目	とても満足した	満足した	どちらでもない	不満だった	とても不満だった
長さ	1	2	3	4	5
内容	1	2	3	4	5
施設	1	2	3	4	5
全体	1	2	3	4	5

満足度を，提供するサービスや施策などの具体的な要素に分解して，それぞれについて評価を求めるとよい。その方が，調査結果をその後の改善にどう生かすかについても具体的な結果を得ることができる。さらに，案内したガイド以外のスタッフや調査員が，事後に匿名で回答を依頼することなどで上述したような問題も避けることが可能である。

最近では，筆者らは満足度の調査の際に合わせて，ロイヤルティ（loyalty）を

質問することが増えてきている（五木田・愛甲，2015）。ロイヤルティ（loyalty）は，内外の研究でその有効性が確認されてきているが，単に満足しているかどうかではなく，再度訪れたいか，自身の経験を知人や家族に伝えたいか，という思いの強さである。第9章において，観光庁の「観光地の魅力向上に向けた評価手法調査」で用いられた具体的な質問方法と調査結果を紹介している。満足度が比較的高くなるのに対して，満足はしたけど再度訪れたいとは思わないとか，友人に勧めるほどではないと感じる人がいるため，やや感度がよい。また，再度の訪問といった実際の行動との関連も実証されている。

あいまいな満足度の質問からは，あいまいな結果しか得られない。管理者が，その成果を用いて，具体的な施策に反映することもできない。第2章で述べたようにリサーチ・クエスチョンや，何のために満足度を調査するのかを明確にして，アンケート調査票を設計する必要がある。

2. 観光・レクリエーション利用と混雑感

混雑感の特性

我が国よりも早くから国立公園などで研究に取り組んできたアメリカでは，満足度は適正収容力の指標としては感度が弱いために，使われなくなっている。その代わりに，盛んに研究が行われたのが混雑感である。そもそも適正収容力は，国立公園などの一定の地域内での快適性や安全性を提供するための適正な人数を導くという考え方が取られていたため，管理者や研究者は，人数の影響を混雑感で直接評価してもらおうと考えた。混雑感は，「利用者の価値判断を含み，一定の空間における利用者の増加が利用目的や活動の妨げとなった場合に見られる負の評価」であると定義されている（Manning, 2011）。例えば，他の利用者が多く，トイレや駐車場の利用で待たなければならなかったり，キャンプ場が混んでいて隣のテントが近くて，話し声も聞こえるような状況だったりすると，利用者は不快に感じる可能性がある。これまでの研究では，利用者数と満足度の相関係数が高くても0.3程度，通常は0.1〜0.2程度であった。それに対して，利用者数と混雑感の相関係数は，高い場合では0.4〜0.6，通常でも0.3以上はあることが知られている。利用者数が増加した場合に，満足度が線形的に減少しなくても，混雑感は

```
1    2    3    4    5    6    7    8    9
```

Not al all Slightly   Moderately Extremely
Crowded Crowded   Crowded   Crowded
まったく わずかに ほどほど かなり
混んでいない 混んでいる 混んでいる 混んでいる

図6-2　9段階の混雑感の評価尺度

やや線形的に増加する場合があることが示されてきた。とはいっても，相関係数が0.3程度ではそれほど高いとは言えず，後述するように他にも様々な要因の影響を受けていることが容易に想像できる。アンケート調査票の質問としては，満足度と同様に5段階や7段階で，「まったく混んでいない」から「とても混んでいる」といった評価尺度が用いられる。アメリカの国立公園などでの研究では，少しでも指標としての感度をよくするために9段階尺度がよく使われてきた（Vaske and Shelby, 2008）。筆者らも大雪山の登山道上の混雑感を調査する際に適用した（図6-2）。

既往研究では，混雑感の評価には，利用人数や密度，遭遇した人数などの利用状況だけでなく，出会った他の利用者の行動やグループの人数，場所の環境条件，評価する回答者の動機や嗜好，期待，過去の経験などが影響することが知られている（図6-3）。筆者らは，大雪山国立公園の登山道の一区間で，登山者数を実測した上で，通過した登山者に混雑感を問うアンケート調査を行ったことがある。その結果，実際の登山者数よりも，回答者が出会ったと思った人数（実際の人数と同じにはならない）と混雑感の相関が高いことが示された（愛甲，2003）。また，大雪山国立公園の野営地で，テント数と登山者数を実測し，宿泊した登山者の混雑感，望ましいと思う人数を質問したところ，回答者が望ましいと思った人数と宿泊したと思った人数とのギャップと混雑感との相関がより高くなることが示された。

アンケート調査で，観光・レクリエーションサイトの利用者の混雑感を把握する際に重要なのは，その場所の利用者数が，利用者が期待し，想定していた状況と比べて，許容できる範囲に収まっているかどうかである。閉鎖的な渓谷沿いの歩道か，広大な平原かといった場所の状況や，利用者自身のそこを訪れた動機も

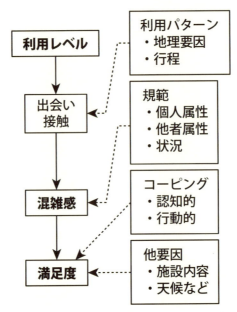

図6-3 混雑感や満足度に関与する要因（Manning〔2011〕より作成）

様々である。そのため，期待される利用状況は利用者によって様々であり，同じ利用者数でも各人の感じる混雑感は異なる場合がある。例えば，原生的な体験を期待して，アクセスも悪く，長距離を歩いて目的地にたどりついた利用者と，友人との交流やにぎわいを期待してそこにたどりついた利用者では，望ましいと思う利用者数は大きく異なることが予想できる。混雑感は主観的な評価で，回答者自身が何を期待しているかが強く影響することが知られているため，満足度と同様に，具体的に場所や状況を指定して質問する必要がある。さらに，混雑感の理由，訪れた動機や期待した利用状況なども合わせて質問して，分析することが望ましい。

コーピングと潜在的利用者

　混雑感や満足度を，適正収容力の指標とする際に頭に置いておきたいのが，コーピングという概念である。コーピングとは，人が多いなどの不快な状況に遭遇した場合に，自分の認識を改めること（認知的コーピング）や，その場所・時期

を避けて行動すること（行動的コーピング）を指す．混雑感の程度が増し，現状を許容できなくなると，「今日は連休だから混んでいるね」「登山ブームだから混んでいて当然だよね」と認知的コーピングを起こす．さらに，混雑感が増すと，許容できない登山者はより空いている場所や時期を選択して行動するようになり，最終的にはその地域自体も避けるようになってしまうという現象である（図6-4）．筆者らが，大雪山国立公園の登山者に行ったアンケート調査では，他の登山者数の多さによって，約半数の回答者は不快に感じて，約4割の回答者が時期やルートを変える行動的コーピングを起こす可能性を示し，約2割の回答者は実際に場所や時期を変えた経験があると回答した．

　利用者数が多くなるなどの状況が発生した場合，その状況を不快には感じない利用者や，現状に満足であると認知的コーピングを起こした利用者はその場にとどまる．しかし，現状に不満を抱いた利用者は時期をずらしたり，他の場所を選択するという行動的コーピングを起こすようになる．結果として，現状を追認した利用者だけが，利用を継続することになる．例えば，富士山のように現状で非常に混雑し，全国的に注目を集めている場所では，以前は登山したが最近は混雑を避けて登ってない人や，いつかは登りたいけど今はやめている人などがいる．そのため，現地のアンケート調査だけでは，現状にそこそこ満足している登山者のみを対象に調査をしていることになってしまい，大きな不満の声や批判的な意見が拾えなくなってしまう．

　そのような不満や批判を把握するには，第4章で紹介したようなオフサイトサンプリングによるアンケート調査あるいは発地型のアンケート調査も必要となる．この場合は，WEBアンケート調査が有効である．また，現場を訪れていない潜在

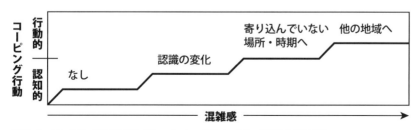

図6-4　コーピングの模式図（Kuentzel and Heberlein, 1992より作成）

図6-5　カヤック数による混雑感を調査した際のモンタージュ写真（寺崎ら，2011）

図6-6　都市内の緑道の利用者数と利用形態による混雑感の違いを調査した際のモンタージュ写真（Arnberger et al., 2010）

的利用者からも混雑感の評価を得る場合には，利用状況を段階的に変えて合成したモンタージュ写真を用いた評価が有効である．アメリカでバーモント大学のManningらによって導入され，国内でも研究例が増えつつある．沖縄の慶佐次湾のヒルギ林で，カヤックの利用者や事業者の混雑感を調査した際にも，モンタージュ写真を利用した（図6-5）．写真であるため，調査者は，様々な状況を仮想的に提示することが可能であり，歩行者や自転車，ジョギング，犬の散歩などの活動形態が混在した林内の歩道（図6-6）や，歩道の侵食，ゴミの散乱などの評価にも応用されている．

3. 知床五湖における満足度と混雑感の調査

知床半島の概況

　ここからは，具体的に満足度および混雑感を指標として用いて，アンケート調査が実施され，その結果が管理施策の改善に生かされている例を紹介したい．第7章，第8章でも知床半島を事例とした研究例が紹介されるので，まずはその概況を紹介する．知床半島は北海道東部に位置する自然豊かな地域であり，知床岬は日本の最北東端に位置している（図6-7）．知床半島は主に2つの市町村から構

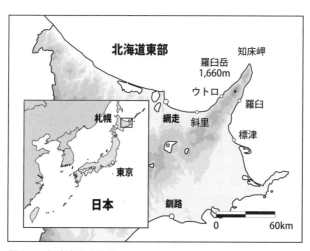

図6-7　知床半島の位置

成されており，半島中央の山地の西側に斜里町，東側に羅臼町が位置している。斜里町には知床半島の観光拠点であるウトロが位置している。しかしながら，観光業だけが主要な産業ではなく，漁業や農業も斜里町の主要な産業となっている。一方，羅臼町は観光業もあるものの，主要産業は漁業である。

知床半島は1964年に国立公園に指定され，2005年には日本で3番目の世界自然遺産として登録されている。知床が世界自然遺産として登録されたのは，海と陸との食物連鎖を見ることのできる貴重な自然環境が評価されたためである。知床の自然環境で特筆すべきことは，世界で最も低緯度に接岸する流氷である。この流氷が大量のプランクトンを育み，それらがサケをはじめとする様々な海洋性魚類を養っている。サケは秋に河川を遡上し，ヒグマや冬季にロシア極東から渡ってくるオオワシやオジロワシなどに捕食される。最終的にサケの死骸や大型哺乳類・大型鳥類の排泄物は，植物の栄養素として陸地に還元されることになる。

一方，このような知床の遺産地域には2011年には年間約170万人もの観光客が訪れている（環境省北海道地方環境事務所釧路自然環境事務所，2012）。そのほとんどはパッケージツアーを利用したマスツーリストであり，その利用は夏季に集中している。ハイシーズンには，本研究の事例地である知床五湖などでは2時間以上の駐車場待ちも発生している。このような利用の集中は，利用者の体験の質を低下させるだけでなく，歩道の植生荒廃などの自然資源の破壊ももたらしている（図6-8）。

また知床はヒグマの高密度な生息域である。利用者が写真撮影のためヒグマに

図6-8　駐車場までの混雑と知床五湖の地上遊歩道での混雑（利用調整地区制度の導入前）

接近したり，餌を与えたりする事例も報告されている．これらの行為は，ヒグマが人間に危害を及ぼす可能性を高めるだけでなく，問題を発生させたヒグマを補殺することにもつながっている．国立公園あるいは世界自然遺産として，知床においてどのように自然環境を保全するのか，どのような体験を利用者に提供すべきなのか，現在，様々な模索が続いている．ヒグマについては第8章でより詳しく整理したい．

一方，知床への利用者数は，世界遺産登録の直後から減り始めている．もちろん，このような利用者の減少は知床に限ったものではなく，日本全体の観光地に共通するものである．全国的に見ても，2009年の国立公園の利用者数は，最盛期である1991年の82.6％，知床国立公園の利用者も，最盛期である1994年の72.7％である（環境省北海道地方環境事務所釧路自然環境事務所，2012）．日本の人口は2004年をピークとして減少に向かっており，今後大幅に国内旅行者数が回復することは難しいと言える．短期的には現状を維持しながら，中長期的には利用者数の減少に対応した新しい観光形態に移行することが求められている．

知床では，上記のような自然環境と地域経済の持続性を維持するため，積極的にエコツーリズムを推進している．その中でもエコツアーは，エコツーリズムの実現に向けて中心的な役割を担っている．エコツアーは適切な情報提供や誘導を通じ，動植物をはじめとした自然環境へのインパクトの軽減に寄与することができる．さらに利用体験の質的向上に伴い，客単価や滞在日数の増加，リピーターの獲得を促し，地域経済の活性化も期待できる．日本では2008年にエコツーリズム推進法が施行され，この法律の下，全国でエコツーリズム推進協議会が組織されている．知床も協議会を立ち上げた地域の1つである．このような政策的なバックアップもあり，知床ではエコツアーが夏季において一定の成果を収めている．

知床五湖利用調整地区

利用調整地区は，国立・国定公園の風致または景観の維持と適正な利用のために，区域を指定し，利用者数や利用ルールを定めて，その区域に立ち入るためには環境大臣，都道府県知事または指定認定機関の許可・認定を受けなければならないという制度である．2007年9月から吉野熊野国立公園の西大台地区に，2011年5月から知床国立公園の知床五湖地区に導入されている．

西大台では苔むした林床と歩道の踏みつけが問題視され，知床五湖では植生の踏みつけとヒグマと利用者との軋轢(あつれき)が懸念されていた。こういった過剰利用の影響への懸念からの利用規制は，利用者や事業者，地元住民との意見の調整ができない場合も少なくない。その理由は，立入や行動の制限が，利用者の自由度を妨げること，観光入込客数の減少や地元住民による日常的な利用の制約につながることへの懸念などがある。Shelby and Heberlein（1987）は，利用規制を導入するには，利用者数の増加や利用者の行動が自然環境や利用者の体験に及ぼす影響を明らかにした上で，対象地の利害関係者と情報の共有を図り，立ち入りの制限などの対策について合意を得る必要がある，と指摘している。利用調整地区の導入においても，観光・レクリエーション利用による自然環境への影響を明示して，関係者や利用者の意見を聞きながら，対策の是非について丁寧に議論をしていく必要がある。

　知床五湖には，一湖から五湖までの湖畔を2時間ほどで散策できる歩道が整備されていた。しかし，特に春から夏にかけてヒグマが頻繁に出没して，利用者の安全性のために歩道を閉鎖せざるを得ない状況が続いていた。そのため，地上の遊歩道に代わり，高架木道と展望台が整備された（図6-9）。2005年に知床が世界

図6-9　知床五湖の高架木道

自然遺産に指定されると，観光客も増加した。利用者の踏みつけによる植物の損傷や，駐車場の渋滞，トイレの待ち時間の増加なども発生した。知床五湖では頻繁にヒグマが出没してたことから，管理者は知床で最も人気の立ち寄り先である知床五湖での観光客の安全を確保できるか懸念した。観光事業者は，ヒグマの出没により地上遊歩道が閉鎖されると，観光客の訪問先としての魅力が減じることと，旅程が不確定になることも懸念していた。そこで，2007年から，関係行政機関と地元関係者を交えた「知床五湖の利用のあり方協議会」（以下，五湖協議会）が設置された。100回以上に及ぶ協議会の議論で，利用規制の内容が検討され，自然公園法の利用調整地区制度を適用して，ヒグマの活動が活発な時期のガイド利用を義務付けること（図6-10），安全対策として利用方向を一方通行とすること，利用者に手数料を課すことなどが合意された。知床五湖では「2つの歩き方」という形で，この制度の普及を図っている。1つの歩き方は高架木道の利用であり，もう1つは地上遊歩道の利用である。知床五湖における利用調整地区導入の詳しい背景やその経緯については，寺山（2011）および愛甲・大場（2014）をご覧いただきたい。

図6-10　知床五湖地上遊歩道のガイド付きツアーの様子（提供：公益財団法人知床財団）

利用調整地区の導入にあたって，地上遊歩道（図6-11）の入り口に，立ち入り認定のための手続きと手数料の支払い，事前のレクチャーを受講するための施設である知床五湖フィールドハウスが建設された（図6-12）。導入された制度は，春から夏のヒグマが頻繁に出没する「ヒグマ活動期」，春の連休と夏休みで利用者数が多く地上遊歩道周辺の植物の踏みつけが懸念される「植生保護期」，ヒグマや植物への影響が少ない「自由利用期」に分けて，立ち入りの方法が定められた（表6-1）。「ヒグマ活動期」の地上遊歩道の利用は，登録引率者（ヒグマとの遭遇回避や遭遇時の対処法を習得し，試験を受けて合格したものが登録され，プロのガイドとして活動している方々）が同伴するガイドツアーのみに限定された。ガイドツアーは，1グループ10名までで，10分おきにフィールドハウスから地上遊歩道に出発するため，他の利用者との接触は少なく，静かな散策が期待できる。ガイド料金と手数料で，約5,000円の支払いが必要となる。「植生保護期」は，ヒグマ出没時の対処方法や歩道上での注意事項に関するレクチャーを受けた上で，手数料を支払い，散策ができる。フィールドハウスでのレクチャーは，1回の定員が50名までで，10分おきに行われる。そのため，上限となる人数はおのずと定められている。毎回のレクチャーが満員になるわけではないが，それでも曜日や時間帯によっては，散策する利用者数はかなり多くなってしまう。「自由利用期」は，

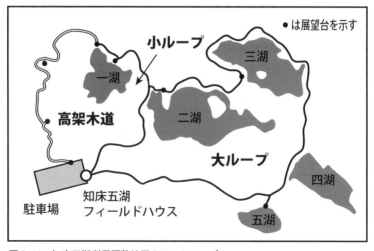

図6-11　知床五湖利用調整地区のルートマップ

図 6-12　知床五湖フィールドハウスの受付カウンター

表 6-1　知床五湖利用調整地区の運用システム

期間区分	開園〜5月9日 植生保護期	5月10日〜 7月31日 ヒグマ活動期	8月1日〜 10月20日 植生保護期	10月21日〜 閉園 自由利用期
高架木道 (往復1.6km)	無料で自由に散策（約40分）			
大ループ (3km) 五湖→ 高架木道	積雪状況に応じて開放 レクチャーを受けて，約1.5時間の散策 手数料支払	登録引率者のガイドツアー，約3時間 手数料・ガイド料支払 レクチャー受講	レクチャーを受けて，約1.5時間の散策 手数料支払	無料で自由に散策
少ループ (1.6km) 二湖→ 高架木道	レクチャーを受けて，約40分の散策 手数料支払	登録引率者のガイドツアー，約1.5時間 手数料・ガイド料支払 レクチャー受講	レクチャーを受けて，約40分の散策 手数料支払	無料で自由に散策

無料で特に制限は定められていない。

利用適正化計画とモニタリング

　自然公園法に基づいて，利用調整地区を導入するにあたっては，利用適正化計画を策定し，基本方針，利用調整の対象，モニタリング，立入認定の手続きについて，運用の細部を定めることになっている。知床五湖では，「原生的な自然景観と生態系の保全」「利用者が自らのニーズに応じた利用体験の機会を選択できるようにすることにより，利用者の満足度を向上させる」ことが基本方針として掲げられた。原生的な自然景観の保全と，質の高い自然体験の提供のために，定期的にモニタリングを行い，順応的な管理を行うことが決められた。この利用適正化計画の基本方針が，知床五湖のアンケート調査のリサーチ・クエスチョンとなっている。

　モニタリングの項目には，利用による自然植生やヒグマ等の野生動物への影響を最小限とし，人間と自然との共存を目指すために，歩道の踏みつけ，侵食の状況を調査し，ヒグマの出没，人との遭遇件数を記録することが求められた。また，利用者が自らのニーズに応じた利用体験の機会を選択し，満足度を向上させるために，利用調整地区の周知度合い，利用者の混雑感，満足度の把握がモニタリングの項目として設定されている。

　五湖協議会で，モニタリング結果の評価を行い，利用適正化計画の見直しに生かしている。五湖協議会には，筆者ら研究者も参加し，モニタリングの計画を利用調整地区の運用の議論と同時に作り上げていった。

　ただし，アンケート調査については，事前にそういった利用規制を導入する賛否や，試験的に行われたモニターツアーの運用を評価するために利用調整地区導入の2年前から実施してきた。

利用調整地区導入前のアンケート調査

　利用調整地区の導入は2011年からであったが，事前に，立ち入り前の手続きやレクチャーの内容，案内するルートや立ち入り人数，ヒグマが出没した場合に登録引率者や管理者がどう対処するかなど，知床五湖の利用調整地区の運用の適切さを確認する実験的なモニターツアーが，2008年から数回にわたって実施された。

その事前のモニターツアーの際にも，訪問動機，ツアー時間の長さ・人数・インターネット予約システムへの意見，気になった箇所，手続き・レクチャーの内容・歩くスピード・ヒグマ出没への不安などに加えて，利用規制を行うことの望ましさなどに関する質問からなるアンケート調査票を作成して，参加者に質問した（図6-13）。

2009年と2010年には，モニターツアーの参加者に前年同様の質問をするのに加えて，地上遊歩道を利用せず高架木道などを訪れている利用者にもアンケート調査を実施した。知床五湖は利用調整地区として指定される地上遊歩道の他に，自由に利用できる高架木道や売店などもあるため，利用規制の導入やモニターツアーの実施が参加者以外の利用者に不都合を生じさせないか，あるいは参加者以外の利用者に利用規制の導入がどの程度認知されているかを確認する必要があった。

アンケート調査は，知床五湖利用調整地区のモニタリングとして定期的に行う必要があるため，アンケート調査票の質問項目も事前の調査結果を受けて検討され，利用調整地区導入の前年の2010年に，おおよそのフォーマットが完成した

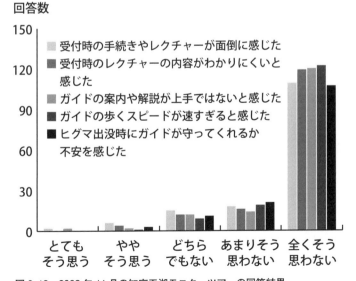

図6-13　2008年11月の知床五湖モニターツアーの回答結果

表 6-2　知床五湖利用調整地区のアンケート調査の質問項目（ヒグマ活動期ツアー参加者，部分）

問9　今回のツアーを体験して，以下の項目についてどのように思われましたか？　当てはまる 1〜6 の番号に1つずつ○をつけて下さい。

	全くそう思わない	←	どちらでもない	→	とてもそう思う	わからない・該当しない
受付の手続きや事前の説明・レクチャーはスムーズに行われた	1	2	3	4	5	6
ツアー参加する前は，知床五湖のヒグマの存在や遭遇が不安だった	1	2	3	4	5	6
引率者の事前の説明（五湖の利用，ヒグマへの対応など）は十分であった	1	2	3	4	5	6
ヒグマの痕跡，物音，姿をみた場合などに，不安になった	1	2	3	4	5	6
ヒグマの痕跡，物音，姿をみた場合に，引率者の対応は十分であった	1	2	3	4	5	6
歩道脇の植物が，人により踏みつけられていて，気になった	1	2	3	4	5	6
地上遊歩道は利用者が多く混雑を感じた	1	2	3	4	5	6
期待していた動物や植物を見ることができた	1	2	3	4	5	6
原生的で静寂な五湖の自然を満喫できた	1	2	3	4	5	6
また知床五湖を訪れたい	1	2	3	4	5	6
家族や親しい知人に，知床五湖を紹介したい	1	2	3	4	5	6

(表6-2)。この利用調整地区の目標である「利用者が自らのニーズに応じた利用体験の機会を選択できるようにすることにより，利用者の満足度を向上させる」ために，利用調整地区の認知度合い，利用調整地区導入の望ましさ，利用者の混雑感，満足度が質問項目として設けられた。さらに，ツアーをガイドする登録引率者，立ち入り認定の手続き，レクチャーの内容，案内するルートなどの細部を問う質問が設定された。利用調整地区が導入された後も，これらの項目を使用して，モニタリングが継続されている。

利用調整地区制度導入前後の比較

　アンケート調査の第一の目的は，ヒグマ活動期のモニターツアーおよびツアーの参加者，同時期のそれ以外の利用者，植生保護期の利用者の満足度や混雑感を把握することであった。その結果は，利用調整地区の運用および利用適正化計画の見直しの際に参考とされる。そのため満足度は利用適正化計画の方針をもとに「原生的で静寂な知床五湖の自然を満喫できた」かどうかを質問し，「また知床五湖を訪れたい」「家族や親しい知人に，知床五湖を紹介したい」かどうかというロイヤルティも合わせて質問している。混雑感は，地上遊歩道と高架木道のそれぞれで「利用者が多く混雑を感じた」かどうかを質問している。ガイドツアーの参加者にはさらに，事前の手続きやレクチャー，ヒグマ遭遇への不安，引率者の説明とヒグマ出没時の対応，植物の踏みつけなどについても感想を聞き，利用調整地区の運用を検討する参考にしている。ツアーの非参加者である高架木道のみの利用者を対象に含めるのは，利用調整地区の導入が間接的にそれらの人々の利用に不具合をもたらしていないかを確認するためである。先述したように，コーピングの影響があるため，実際にヒグマ活動期のツアーに参加した利用者の意見を聞くだけでは，現状の制度への賛意が高いことは容易に想像でき，利用調整地区制度の評価をしたとは言えないからである。

　利用調整地区の導入前の2010年，導入された2011年，2年目の2012年に取られたアンケート調査から，認知度を図6-14に示した。ガイドツアーの参加者や，植生保護期にレクチャーを受けて地上遊歩道を散策する利用者の事前の認知度が，年々増えていることがわかった。また，導入前に2割程度であった非参加者の事前の認知度は，導入後の高架木道の利用者でも4割前後まで増加しており，地上

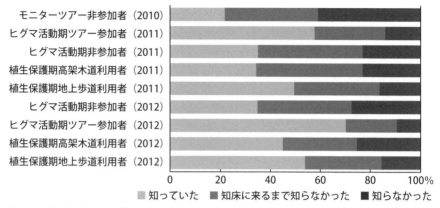

図 6-14 知床五湖利用調整地区の認知度

遊歩道を歩くことや，ガイドツアーに関心のない人々にも広報によって情報がある程度伝達できていることが確認された。

図 6-15 には，知床五湖利用調整地区に対する利用者の満足度の回答結果を示した。知床五湖利用者の満足度は，総じて高い。モニターツアー，ヒグマ活動期のツアー参加者の満足度が，特に高い。植生保護期の地上遊歩道利用者の満足度も高く，増加傾向にある。利用調整地区の導入は，利用者に好意的に捉えられ，「原生的で静寂な五湖の自然を満喫できた」と感じている回答者が多いことが確かめられた。ただし，高架木道の回答者の満足度がやや低くなりつつあるのは，留意しなければならない点である。ヒグマ活動期には，定員制であるガイドツアーやレクチャーには事前予約が必要で，参加できなかった利用者の不満，それらの利用者が高架木道に集中することによる不満が生じている可能性も考えられる。

先述したように満足度は総じて高く，利用した時期やツアー参加の有無の影響はあまり見られなかった。図 6-16 には，混雑感の回答結果を示した。「利用者が多く混雑を感じた」に「とてもそう思う」「そう思う」と答えた回答者に注目してほしい。利用調整地区導入後のヒグマ活動期のツアー参加者と植生保護期の地上歩道利用者ではその比率は 10% 程度であるが，ヒグマ活動期の非参加者，植生保護期の高架木道利用者では約 30% になっている。立ち入りの間隔や人数が制限されている地上歩道利用者の混雑感は低く，自由に利用できる高架木道の混雑感は

第6章 レクリエーション研究からのアプローチ 179

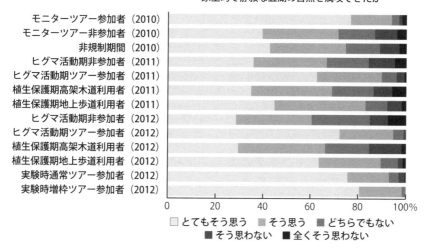

図6-15 知床五湖利用調整地区の満足度

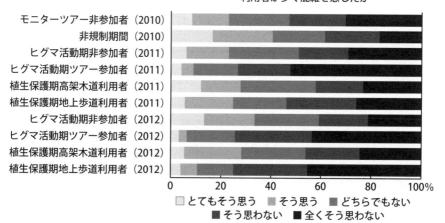

図6-16 知床五湖利用調整地区の混雑感

やや高くなった．地上歩道と高架木道の利用者の評価の違いが，満足度よりも混雑感に明確に表れるのは，先に述べたそれぞれの評価の特性によるものである．

　原生的な自然体験をしてもらうという知床五湖の利用調整地区制度は，期待した通りに機能し，利用者の評価にも表れていた．その一方で，高架木道にその他の利用者が集中することによって，時には不快な状況も発生していることも考えられた．

4. 調査結果のフィードバックとモニタリングの継続

　上述した何種類ものアンケート調査は，筆者らが企画し，環境省の担当者と相談しながら原案を作成した．利用調整地区の運用の検討と同時に，五湖協議会でアンケート調査の計画，アンケート調査票の内容が議論された．五湖協議会は，関係する行政機関のほか，観光協会，観光事業者，エコツーリズム推進協議会，ガイド協議会，地元の自治会の代表者なども参加している．そのため，アンケート調査票の作成と調査の計画には，それぞれの専門性や経験，土地勘に基づく有益な意見を多数いただいた．アンケート調査票内の細かな言い回し，説明不足やわかりにくい点，アンケート調査の実施場所や時刻などを，それらの意見に基づいて修正を何回も加えて，実施に至った．特に，環境省の担当者，指定認定機関である公益財団法人知床財団の職員，知床ガイド協議会や登録引率者などのガイドの方々には，現場にいるからこそわかることを多く示唆いただいた．また，運用を改善する上で，調査項目の提案があり追加された項目もある．

　例えば，図 6-15 の満足度のグラフを再度見ていただきたい．2012 年の調査では，実験時通常ツアー参加者と，増枠ツアー参加者という区分が設けられている．これは，2012 年に試験的に行われたツアーの参加者の回答である．管理者やガイドなどの関係者は，事前の申し込みの必要性や定員が限られていることが，利用者の選択肢を減らしているのではないかと考えていた．ツアーの枠を増やすことが提案されたが，全体の利用者数を増やすことになるので，他の利用者の満足度の低下，混雑感の増加が起こらないかということが懸念された．そのため，通常のツアーと増枠のツアーを比較するモニタリングを計画し，2012 年に実験が行われた．アンケート調査の結果，増枠したツアー参加者の満足度と増枠以外のツア

一参加者の満足度は,「とてもそう思う」と「そう思う」を合わせて9割以上と高く,増枠の影響はないことが確認された.それによって,翌年より増枠が実際に導入されることになった.この他にも,3時間を要する地上遊歩道のツアーより短い小ループの設定や,10分の間隔を空けて出発するツアー同士の追い抜きを可能にすることなども提案され,調査と実験を行い,その効果を検証しながら利用調整地区の運用の改善が現在も続けられている.

　アンケート調査の結果は,五湖協議会の場で報告され,議論の材料とされる.特に,実験的に行った取り組みの評価には,地域の関係者の関心も高い.研究のためだけの調査,調査のための調査ではなく,公園を管理し,新たな観光の取り組みを評価し,改善していくプロセスの中に,アンケート調査が位置付けられている.アンケート調査の企画段階や,結果の報告時に,関係者から寄せられる意見には,学術研究を発展させる上でも示唆に富むものが多い.最近では,これらのアンケート調査の計画や実施自体も,観光協会やガイド協議会などの地域の団体が担うことも増えてきている.筆者らは,アンケート調査票の設計や,調査実施後の分析の相談を受け,協力をしている.このような取り組みを可能にしているのは,世界自然遺産に登録され,順応的管理の仕組みが確立している知床ならではなのかもしれない.観光・レクリエーション利用の場で,やりっぱなしのアンケート調査や,専門家にしか役に立たないアンケート調査が行われ,地域には還元されていない残念な例も少なくない.知床での取り組みは,観光・レクリエーション利用による影響を関係者が共有し,合意形成にアンケート調査の結果を役立てている1つの例として参考になるだろう.

[参考文献]

愛甲哲也（2003）「山岳性自然公園における利用者の混雑感評価と収容力に関する研究」『北海道大学大学院農学研究科邦文紀要』25（1），61-114頁.

愛甲哲也・大場一樹（2014）「知床五湖における地域との協働による利用調整地区の導入プロセス」『ランドスケープ研究』78（2），101-102頁.

Arnberger, A., Aikoh, T., Eder, R., Shoji, Y. and Mieno, T. (2010) "How many people should be in the urban forest? A comparison of trail preferences of Vienna and Sapporo forest visitor segments," *Urban Forestry & Urban Greening*, 9 (3), 215-225.

五木田玲子・愛甲哲也 (2015)「山岳系国立公園利用者の感動, 満足, ロイヤルティ, 心理的効用の関係性」『ランドスケープ研究』78 (5), 533-538 頁.

環境省北海道地方環境事務所釧路自然環境事務所 (2012)『平成 23 年度知床世界自然遺産地域における利用状況調査業務報告書』
http://dc.shiretoko-whc.com/data/research/report/h23/H23shiretoko-riyo-jyokyo.pdf
(2016.3.29 参照)

小林昭裕・愛甲哲也編著 (2008)『利用者の行動と体験』(自然公園シリーズ：2) 古今書院

Kuentzel, W. F. and Heberlein, T. A. (1992) "Cognitive and behavioral adaptations to perceived crowding: A panel study of coping and displacement," *Journal of Leisure Research*, 24 (4), 337-393.

Manning, R. E. (2011) Studies in outdoor recreation, search and research for satisfaction, Corvallis, OR: Oregon State University Press.

Shelby, B. and Heberlein, T. A. (1987) Carrying capacity in recreation settings, Oregon State University Press.

寺崎竜雄・愛甲哲也・武正憲・中島泰・外山昌樹 (2011)「沖縄県慶佐次川におけるカヌー利用者の混雑感評価と許容限界と社会的収容力に関する考察」『林業経済研究』57 (3), 12-21 頁.

寺山元 (2011)「原生自然におけるエコツーリズム」敷田麻実・森重昌之編著『地域資源を守っていかすエコツーリズム：人と自然の共生システム』講談社

Vaske, J. J., and Shelby, L. B. (2008) "Crowding as a descriptive indicator and an evaluative standard: Results from 30 years of research," *Leisure Sciences*, 30 (2), 111-126.

Wagar, J. A. (1964) The carrying capacity of wild lands for recreation, Monograph 7, Forest Science.

第7章 環境経済学からのアプローチ
――貨幣評価

庄子　康・柘植隆宏

　第7章では環境経済学分野における環境経済評価での応用例について見ていきたい。環境経済評価とは環境の持つ価値を貨幣価値に換算する試みである。貨幣価値で評価することにより，自然環境の保全を進める政策を実施することに意味があるのか，あるいはある地域を開発する事業と保護地域として残しておくのはどちらが望ましいのかといったことを判断することができる。このような貨幣評価の過程でアンケート調査が用いられるのであるが，当然，その結果が信頼できるものなのかどうかという点で鋭い対立が生じることとなった。本章では，アンケート調査の信頼性とその確保に向けた調査手法の発展という点に焦点を絞りながら，具体例も交えて話を進めていきたい。

1. 環境の持つ価値とその貨幣評価

　本章では環境の持つ価値を貨幣価値に換算する試みについて紹介するが，そのためにまず環境の価値とはどのようなものであり，それを貨幣評価することにどのような意味があるのか整理していきたい。

環境の価値

　1954年から1974年までの20年間で，アメリカで湿地が農地へと転換された面積は年平均2,400km^{2}であった（Field, 2008）。当時，何も価値を生まない湿地を，生産性の高い農地に転換することに疑問の余地はほとんどなかった。日本で

も，1945年から1995年までの50年間で345km^{2}の干潟が失われている（環境省生物多様性総合評価検討委員会，2010）。高度経済成長期には宅地や工業用地が大幅に不足しており，何も価値を生まない干潟を埋め立てることには，同じように疑問の余地はほとんどなかった。しかし，生態系や生物多様性といった新しい概念が登場し，それに対する理解が深まるにつれて，そのような認識が誤りであったことが次第に明らかになった。干潟には干潟生態系が形作られており，そこは渡り鳥の中継地点として重要な役割を果たしている。湿地は水循環に寄与し，干潟同様に独自の生態系を持ち，渡り鳥の中継地点となっている。湿地について言えば，現在では，農地への転換は大幅に減少し（1982年から1992年までの10年間では，アメリカで湿原が農地へと転換された面積は年平均100km^{2}を下回っている），日本の最大の湿原である釧路湿原では，かつて農地開発によって消失した湿原を取り戻す自然再生事業も行われている。このように過去と現在との間で，干潟や湿地・湿原に対する考え方が異なっている背景には，これらが持っている環境の価値に対する認識の違いがある。

経済学的な価値の分類

自然環境は人々に様々な価値を提供しているが，そのような価値は図7-1に示すように整理できる。大きくは利用価値と非利用価値に分類することができる（栗山ら，2013）。ここでは森林を例に説明を行っている。

直接利用価値とは木材のように，森林を直接利用することで生じる価値のことである。一方，間接利用価値とは森林レクリエーションのように，森林を直接利

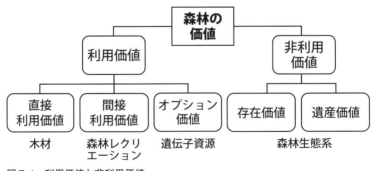

図7-1　利用価値と非利用価値

用するわけではないが，それらが存在する環境を使うことで生じる価値のことである。またオプション価値は未利用の遺伝子資源のように，将来利用することができるよう，森林が存在していることを担保することで生じる価値のことである。一方，存在価値は森林を直接的にも間接的にも利用しないが，それが存在することで生じる価値であり，遺産価値は森林を将来世代に遺すことで生じる価値である。森林生態系に対して人々が抱く価値の多くはまさにこれらの非利用価値ということになる。

　図7-1に示すように，森林の価値は，木材や森林レクリエーションといった森林が提供する様々なサービスに対して認識されている。この図は価値の分類を示すために提供されるサービスをかなり簡略化して示しているが，実際には自然環境は極めて多様なサービスを提供している。「生態系と生物多様性の経済学（TEEB; The Economics of Ecosystems and Biodiversity）」と呼ばれる報告書が，2010年10月に名古屋市で開催された生物多様性条約第10回締約国会議（COP10）に合わせてまとめられているが，そこで示されている生態系サービスには以下のようなものが挙げられている（表7-1）。

表7-1　TEEBで示されている生態系サービス（TEEB〔2010〕より作成）

供給サービス
1　食料：農産物や水産物，きのこや山菜などの食料を生産する働き
2　原材料：建材や家具，紙の原材料となる木材などを生産する働き
3　淡水：水資源を蓄える働き
4　医薬品：医薬品や医薬品となる可能性のある資源を提供する働き
調整サービス
5　局地気候と大気の質：空気をきれいにしたり，騒音をやわらげたりする働き
6　炭素の固定と貯留：二酸化炭素を吸収することにより，地球温暖化防止に貢献する働き
7　異常気象の緩和：山崩れや洪水などの災害を防止する働き
8　汚水の処理：汚染物質を取り除き，分解する働き
9　浸食防止と肥沃度の維持：土壌の流出を防いだり，肥沃な土壌を維持したりする働き
10　受粉：果物や野菜をはじめとする様々な植物の受粉を行う働き
11　生物学的防除：害虫や病気を防除する働き
生息地としてのサービス
12　野生動植物の生息地：貴重な野生動植物の生息の場としての働き
13　遺伝的多様性の維持：動植物の遺伝的な多様性を維持する場としての働き

文化的サービス
14　レクリエーションと心身の健康：運動で身体的健康を増進したり，癒しや安らぎで精神的健康を増進したりする場を提供する働き
15　教育：自然に親しみ，森林と人との関わりを学ぶなど教育の場としての働き
16　観光：観光や登山・ハイキングなどの野外レクリエーションに出かける場としての働き
17　美しさや文化・芸術・デザインの創造：美しさを感じたり，文化や芸術，デザインの源となったりする働き
18　宗教的体験や場所の感覚（sense of place）：宗教的な体験を行ったり，精神的に大切な場所となったりする働き

タダと見なされる環境の価値

　自然環境が提供するサービスとそこに人々が抱く価値を概念的に整理することはそれほど難しいことではない。問題はこのような価値を具体的にどのように評価するのかである。一般的にオプション価値を除く利用価値については，難易度の差はあるものの，市場に顕示されている情報に基づいてその価値を貨幣評価することが可能である。直接利用価値については，市場価格（例えば，木材価格）をもとに計算することによって，その価値を容易に推定することができる。間接利用価値についても，森林レクリエーションを行うために費やした旅行費用や時間（時間も価値ある資源であり，貨幣評価される対象である）から同じように計算することができる。ところがオプション価値と非利用価値については，一般的には関係する市場が存在しないため，このようなアプローチを採用することができない。

　貨幣評価されていない価値は基本的にタダと見なされがちである。例えば，森林生態系が破壊されたとしても，満足度が減少する人々は存在するが，直接的に所得が減少する人々は存在していないからである。先ほど示した干潟や湿地・湿原のように非利用価値が考慮されず開発が進むのは，非利用価値が貨幣評価によって見える化されていないことが大きな理由となっている。だからといって，何も問題が生じていないわけではない。例えば，森林生態系の破壊は人々の満足度を直接低下させている。そこで，このような森林生態系の破壊に伴う人々の満足度の低下（あるいは森林生態系の保全に伴う人々の満足度の上昇）を貨幣評価するための手法が求められることになる。そこで登場したのが仮想評価法（CVM;

Contingent Valuation Method）と呼ばれる手法である。

2. 仮想評価法

手法の概要

　例えば，森林生態系が破壊されて人々が認識する非利用価値が失われるとしよう。ほとんどの人々はそれによって満足度が低下するので，もし何らかの対策で森林生態系の破壊が阻止されるのであれば，その対策を支援しても構わないと思うであろう。そのような人々は，「森林生態系の破壊を阻止することの満足度」が「お金を支払うことの不満度」よりも大きいならば，お金を支払っても構わないと思うはずである。逆に言えば，その対策に最大支払っても構わない金額は，「森林生態系の破壊を阻止することの満足度」＝「お金を支払うことの不満度」となる金額である。この金額を経済学では支払意志額と呼んでいる。仮想評価法はアンケート調査を用いて人々に支払意志額を直接尋ねる手法である。例えば，埋め立ての危機にある干潟について，埋め立てを回避し，その干潟を保全することにどれだけの価値があるかを人々に直接尋ねるのである。

エクソン・バルディーズ号事件

　このような人々に支払意志額を直接尋ねるというアプローチに対しては，当初から批判が大きかった。仮想評価法に批判的な研究者は，様々な観点から支払意志額のゆがみ（バイアス）について指摘を行ってきた。例えば，仮想評価法では仮想的なシナリオ（上記の例で言えば，「森林生態系の破壊を阻止するための何らかの対策」の具体的な内容が該当）に対して評価が行われる。主要な批判の1つは，このシナリオの設定や表現方法が様々な形でバイアスを引き起こすというものであった。「仮の問いには仮の答えしか返さない」という皮肉めいたものもあった。それに対し，仮想評価法に肯定的な研究者は様々な方法でそれらの指摘に対抗していった。例えば，「仮の問いには仮の答えしか返さない」のかどうかを確認するため，アンケート調査票の記入後に，隣の部屋に回答者を連れていって，実際に「お金を払って下さい」と頼んでみたりもしている。評価額と実際に集まった額に大きく乖離が生じた結果もあれば，そうでない結果もあり，そのことがま

た議論を呼ぶことになった。

　このような論争は，そこまでは環境経済学分野の研究者間の論争であったが，1989 年に発生したエクソン社のタンカー「バルディーズ号」の原油流出事故を契機に，この論争はさらに拡大することになった。バルディーズ号が起こした原油流出事故により，周辺の海洋生態系は甚大な被害を受けた。これに対し，アラスカ州政府と連邦政府がエクソン社に損害賠償訴訟を起こしたのであるが，生態系破壊の損害額を算定するために仮想評価法を適用したのである（栗山，1998；栗山ら，2013）。その評価額は 28 億ドル（当時の為替レートで約 3,700 億円）にも上ったため，現実問題も巻き込み，論争は激しさを増したのである。

NOAA のガイドライン
　仮想評価法に関する問題点の核心は，真の支払意志額は本人しか知り得ないということである。他人はその人の支払意志額を客観的に計測できない。つまり，批判をするにしても肯定するにしても，真の支払意志額を知り得ないのであるから，厳密にはどちらが正しいのかを判定することができないのである。最終的には，仮想評価法で評価した値を人々が妥当だと認めるかどうか，あるいはどのような条件で評価すれば妥当だと認めるのかという点に帰着することになる。

　バルディーズ号の原油流出事故を受け，アメリカ海洋大気庁（NOAA）は，損害額の算定に仮想評価法が使えるのかどうかを検討するため，専門家による委員会（NOAA パネル）を設置した。委員会のメンバーは，いわゆる経済学分野の大御所と呼ばれる研究者たちである。検討結果は 1993 年に報告され，その内容は「仮想評価法は環境破壊の損害賠償に関する訴訟において，議論を開始するための材料として十分な信頼性を提供できる」というものであった。

　一方，裁判で使えるだけの信頼性を確保するためには，様々な条件が必要であることも示された。これらの条件は仮想評価法を適用する際の「NOAA ガイドライン」として知られている（栗山ら，2013）。NOAA ガイドラインは，ある意味，理想的な仮想評価法の適用方法を示したものである。実際にはすべての条件を満たすことは難しいものであるが，これらの条件を満たすように努力することが求められている。

バイアスとその対応——質問形式を例に

　仮想評価法をめぐる賛否両論の膨大な研究は，アンケート調査票の作成において極めて多くの知見をもたらすこととなった。ここでは大きな論争の1つであった支払意志額の質問形式を例に，どのような研究の進展があったのかを紹介したい。

　当初，支払意志額は自由回答形式と呼ばれる方法で聴取されてきた。例えば，以下のような質問形式である。

問1．釧路湿原では，過去に湿原の一部が農地に転換されました。しかし，その農地の一部は条件が悪く，実質的には農地として使用されていません（つまり，耕作が放棄されています）。このような場所が100haあるとします。この場所を買い取って湿原に戻し，保護地域として管理する事業が考えられているとします。あなたはこの事業に最大いくら支払っても構わないと思いますか？　その金額をお書き下さい。

円

　このような質問形式の問題点は，第3章でも触れているように，無回答が多くなる点である。特に仮想評価法で聴取されている内容は値段がつけられていないものなので（だからこそ，仮想的な状況設定を設けて質問している），なおさら無回答が多くなる。そのため，回答者がより回答しやすい質問形式の開発が試みられてきた。

　そのような質問形式の1つが付け値ゲーム形式と呼ばれるものである。競りのような形で，支払意志額について「500円は支払いますか？」「1,000円は支払いますか？」といった形で調査側が回答者に聴取する方法である。この方法もほどなく問題点が見つかることとなった。それは開始する金額によって評価額が異なってしまう点である。つまり，「100円は支払いますか？」と始めたのと，「1,000円は支払いますか？」と始めたのでは，後者の方が，評価額が高くなってしまう。開始する金額が回答の手がかりになっているのである。

　もう1つは支払カード形式と呼ばれる形式である。第3章で言えば択一の質問

によるものである。

問 2. （前略）あなたはこの事業に最大いくら支払っても構わないと思いますか？　当てはまる番号に 1 つ◯をつけて下さい。

1. 100 円	2. 200 円	3. 300 円	4. 500 円	5. 1,000 円
6. 2,000 円	7. 3,000 円	8. 5,000 円	9. 10,000 円	

　この方法は一見妥当に見えるが，最低価格と最高価格（あるいは提示する金額の幅）が回答に影響することが明らかになっている。問題の根っこは付け値ゲーム形式と同じである。
　そこで考え出されたのが二肢選択形式と呼ばれる形式である。この方法は，直感的に理解することが難しいので数値例を用いて説明したい。二肢選択形式ではアンケート調査票を複数パターン用意する。その上で，回答者には次のような質問を行う。

問 3. （前略）この事業を実施するために，◯◯◯円を支払っても構わないと思いますか？　当てはまる番号に 1 つ◯をつけて下さい。

　1. はい　　2. いいえ　　3. わからない

　◯◯◯円の部分には，例えば，100 円から 5,000 円までの 5 つの金額がランダムで入っており（つまり，アンケート調査票は 5 パターンあり），回答者は提示された 1 つの金額に対して，「はい」もしくは「いいえ」だけを回答することになる（「わからない」という回答はここでは分析から除外することとする）。例えば，このようなアンケート調査票を 5 パターン× 100 人に対して実施し，表 7-2 のような回答が得られたとする。提示額と提示額に対して「はい」と回答する割合をプロットし，そのプロットに沿うように曲線を当てはめると図 7-2 のようなグラフを描くことができる。
　統計分析の結果，支払意志額の中央値は回答者の半分が「はい」と回答する提

表7-2　5種類の提示額とそれに対する回答例

	回答者数	YESとした回答者	NOとした回答者
100円	100人	95人	5人
500円	100人	75人	25人
1,000円	100人	40人	60人
2,000円	100人	20人	80人
5,000円	100人	5人	95人

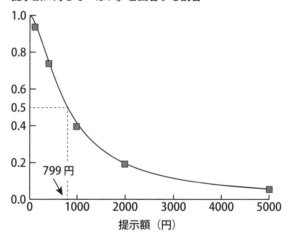

図7-2　提示額と支払意志額との関係

示額である799円，平均値は曲線の下側を積分した値である1,286円と推定される。

　実はこの質問形式がNOAAガイドラインで使用が推奨されている質問形式である。また二肢選択形式には他にも望ましい点がある。1つは，回答者は提示額に対して「はい」もしくは「いいえ」を回答するだけであり，回答が簡単な点である。これは，我々が商品を買う際の行動，つまり複数の選択肢の中から1つを選択する行動と同じだからである。

　さらに二肢選択形式は別の問題の解決策にもなっている。仮想評価法における重大なバイアスの1つは，回答者がつくウソによるものであった。このバイアス

は戦略バイアスという名前で呼ばれている。対策の内容は決まっているが，自分が表明した支払意志額によって負担額が決まるならば，回答者は低い支払意志額を表明したくなるであろう。逆に負担額は決まっているが，表明した支払意志額に応じて実施される対策の内容が決まるならば，回答者は高い支払意志額を表明したくなるであろう。例えば，農地100haを湿原に戻すことは決まっているが，それを実施するための負担額が自分の表明した支払意志額によって決まる設定ならば，回答者は支払意志額を低く表明するし，負担額を1,000円とすることは決まっているが，自分の表明した支払意志額に応じて湿原に戻す農地の面積が決まる設定ならば，回答者は支払意志額を高く表明することになる。二肢選択形式は一定の条件のもとでは，このような戦略バイアスの影響を受けないことが明らかにされている（Hoehn and Randall, 1987）。

　一方で二肢選択形式には欠点も存在している。回答者にはある提示額を受諾するか，受諾しないかだけを聞いているため，回答者から得られる情報は非常に少ない（ある提示額よりも支払意志額が上か下かだけ）ということになる。このことは，信頼性の高い支払意志額を推定するために，多くの回答を集めなければならないことを意味している。

実際に仮想評価法を適用するには

　このように，仮想評価法をめぐっては賛否両論の膨大な先行研究が存在しているので，アンケート調査票の作成難度という点から見ると，仮想評価法を含むアンケート調査票の作成は難度が高いと言える。二肢選択形式を適用する場合は，事前に提示額の設定が必要であり，やり方を知っていればそれほど難しいことではないが，初めて行う場合にはそれなりの時間が必要である。バイアスの話は一部しか紹介していないが，それらについても事前に十分に配慮する必要がある（Mitchell and Carson, 1989；栗山ら，2013）。さらにこれらのバイアスへの対応やアンケート調査票の作成手順は比較的厳密に定められている。先ほど紹介したNOAAのガイドラインもそうであるが，日本では，国土交通省の「仮想的市場評価法（CVM）適用の指針」といった形で整理されている（国土交通省，2009）。そのためそれらを踏まえずに設計すると，推定結果は得られても，実際には指針に従っていないという理由で政策実施の根拠に用いることができない場合もある。

仮想評価法については，アンケート調査票の設計方法から統計分析に至るまで，栗山ら（2013）に詳しく整理されており，二肢選択形式による回答も，公開されているExcelシートを用いることで分析が行えるようになっている。貨幣評価を検討されている方は参照されたい。

3. 仮想評価法による評価事例

　ここからは仮想評価法の事例研究について紹介したい。事例地は北海道の知床五湖であり，第6章と同様に利用調整地区制度をめぐって行われたアンケート調査を紹介する。事例地の概況と利用調整地区制度の詳細については第6章を参照されたい。

　第6章でも詳しく述べたように，知床五湖における利用調整地区制度は，議論を何度も重ねながら形作られてきたものであるが，当然，導入の検討が始まった段階では様々な意見が出されることになった。最も大きな問題は安全管理の問題であったが，もう1つの大きな課題は，費用負担を導入することで知床全体として観光客が減少しないのか，また知床五湖については，観光客のどれだけが高架木道を利用し，どれだけが地上遊歩道を選択するのかということであった。特にエコツアーガイドにとっては，現時点で実施しているエコツアーの催行数を大きく下回る可能性はないのか，観光客の否定的な見解によって知床の評価を大きく下げてしまうことはないのかといった懸念が存在した。

観光客の認識や要望の把握の必要性

　そこで，研究者を中心にこのような新しい制度に対する観光客の認識や要望の把握が行われることとなった。ここで，観光客を対象としたアンケート調査が複数回実施されることになる。ここでは立入認定の認定手数料をいくらに設定するのかという課題について紹介をしたい。

　利用調整地区制度の導入にあたり，第6章で紹介したような実証実験を行ったり，制度への賛否などを聴取したりすることで，ヒグマ活動期に実施されるような登録引率者が引率するツアーに対しては，おそらく需要があるであろうことは明らかになってきた。実際，利用調整地区制度が導入されていない状況でも，エ

コツアーに申し込み，エコツアーガイドとともに知床五湖を訪問していた観光客は存在したので，大きな打撃がないであろうことはある程度予想がついていた。

問題となったのは立入認定の認定手数料である。これは制度の運用のために不可欠な費用であるが，認定手数料のため，地元の観光業者にとってもエコツアーガイドにとっても価格設定が低いに越したことはない費用である。一方で価格を低く設定しすぎれば，レクチャーをはじめとする一連の事務作業のための経費が確保できないことになる。この業務は実質的に指定認定機関（認定に関わる業務を行政機関に代わって行う指定された地元の団体等）が行うのであるが，認定手数料が低すぎれば，観光客数によっては赤字になるので，この指定認定機関の引き受け手が見つからないことになる。認定手数料は1,000円を上限に定めることができるので，この金額設定を巡って制度運用を検討していた協議会で大きな議論になったのである。

仮想評価法による評価

そこで適用されたのが仮想評価法である。評価対象はオプション価値でも非利用価値でもないが，これから導入される認定手数料に対する評価ということで，仮想評価法を用いる他に方法はない。実際のアンケート調査票の質問は以下のようなものである。本研究では質問形式として二肢選択形式を用いている。より詳細な設問は付録のアンケート調査票（P.288）を参照されたい。

【説明文】（前略）一方，ヒグマの出没が少ない8月以降については，ヒグマについてのレクチャー（事前説明）を受けていただき，認定を受けた方は一湖〜五湖の歩道を利用できる仕組みが検討されています。

問4. あなたはこの「レクチャーによる認定」についてどう思いますか？ 当てはまる番号に1つ○をつけて下さい（今回の仕組みの長所と短所は灰色の部分にまとめています）。ただし，レクチャーを受けなくても高架木道はいつでも無料で利用できます。来年以降は高架木道が延長されるので，一湖の近くまでは行くことができます。

> 長所：レクチャーを受けた人ならば一湖〜五湖の歩道を歩ける。自分も他人もヒグマへの対応のしかたを心得ている。
>
> 短所：レクチャーには 10 分程度の時間がかかり，混雑時には待ち時間も発生する。またレクチャーを受けるには認定料がかかる。

> 1. 大変に望ましい　2. 望ましい　3. どちらでもない
> 4. 望ましくない　5. 大変に望ましくない
> 6. その他（　　　　　　　　　　　　　）

問5．仮に，あなたが今回の知床訪問を計画している際，レクチャーによる認定が導入されていることを知ったとします。認定には，1人○○○円の認定料が必要であるとします。あなたは認定を受け，一湖〜五湖の歩道を利用しますか？　当てはまる番号に1つ○をつけて下さい。実際にお金を支払うと，支出をどこかで減らす必要があることも踏まえてお答え下さい。

> 1. レクチャーによる認定を受ける
> 2. 認定を受けず無料の高架木道だけ利用する
> 3. 知床五湖を訪れない　4. その他（　　　）

　この質問は，単純な「はい」もしくは「いいえ」ではないが，実質的に「認定を受けるか（はい）」か「認定を受けないか（いいえ）」の2択として解釈することができる。○○○円の部分には 100 円，250 円，500 円，750 円，1,000 円の金額のどれかが入り，回答者はそのどれかについてのみ回答することになる。

　アンケート調査は環境省と知床財団の協力の下で企画し，2009 年 8 月 13 日から 15 日の 3 日間，知床五湖でアンケート票を配布した。配布部数は 800 通である。郵送によって回収し，回収数は 523 通，回収率は 65.4％であった。得られた回答を分析すると，図 7-3 のような評価結果を得ることができた。

　実はこの評価結果は，仮想評価法の適用例としては典型的な失敗例である。仮

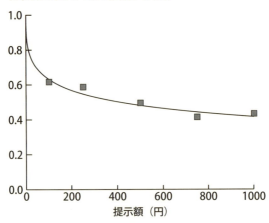

図7-3 認定手数料に対する支払意志額（庄子〔2011〕に基づき作成）

想評価法では，プレテストで得られた事前情報に基づいて，最高提示額は，回答者のほとんどが「いいえ」を選択するような高額に設定することが求められる。しかし，認定手数料は法律で1,000円までと定められているので，正確性を考えて（回答者に誤解を与えないように）今回はあえて上限を1,000円に設定している。

　支払意志額を求めるためには不適切な結果ではあったが，一方でこの結果は非常に重要な結果を含んでいた。まず図7-3の四角いポイントは，提示額に対して「はい」と回答した回答者の割合を示している。例えば，250円という金額が印刷されたアンケート調査票への回答が100人分あったとしたら，約60人が「はい」と回答していたことを示している。曲線はこのポイントを最もよく表現するように引いた回帰曲線である。手数料が0の場合は，すべての人が「はい」と回答するはずなので，0円では確率が1となるような関数形を選択している。

　この結果が示す重要な点は，認定手数料が100円であろうが，500円であろうが，1,000円であろうが，支払う人は支払うが，支払わない人は100円であっても支払わないということである。これは予想を裏切る結果であった。二肢選択形式の仮想評価法を適用すると，一般的には図7-2に示すように，提示額の上昇に応じて「はい」と回答する確率が徐々に低下していくことが多いからである。この

ように低い提示額で急激に「はい」と回答する確率が下がり，その後はほぼ一定の確率を維持するような回答傾向は初めて目にするものであった。

　この結果を議論の開始点として，知床五湖フィールドハウスでの人件費や券売機の価格など，詳細な見積りに基づく費用計算との突き合わせなどが行われ，最終的に現在のような価格設定に決定されることになった。これらの過程は庄子（2011）に整理されているとともに，知床データセンター（http://shiretoko-whc.com）に会議議事録として，資料も含めてすべて掲載されている。

　余談であるが，後日，この件については現場の担当者から，議論のたたき台となる金額すらなかったので，この結果を示してもらったのは非常にありがたかったとの声をいただくことができた。調査側としては，役に立とうと思ってアンケート調査を企画し，実施してはいるが，実際にこのような声をいただき，さらに関わったアンケート調査が実際の制度にも反映されているのであるからこれ以上嬉しいことはない。

4. その他の手法

　これまでは主に仮想評価法について述べてきたが，仮想評価法だけが環境経済評価ではない。実際には仮想評価法以外にも様々な手法が適用されている。

　環境評価手法は，人々の行動から環境の価値を評価する顕示選好法と，人々の意見から環境の価値を評価する表明選好法に大きく分けることができる。ここではこれらの評価手法について，アンケート調査という視点からそれぞれが抱える課題について簡単に整理したい。紙面の都合上，手法の詳細については割愛しているので，詳しくは栗山ら（2013）を参照されたい。

顕示選好法

　顕示選好法には，代替法やヘドニック価格法，トラベルコスト法といった手法が含まれている。この中で，自然環境の保全や観光・レクリエーション利用に大きく関わる手法はトラベルコスト法である。トラベルコスト法は，レクリエーションサイトまで行くのに費やした旅行費用などから，レクリエーションの価値を算出する手法である。野外レクリエーションの価値を計測するための標準的な手法

と言っても過言ではない。

　第4章でオンサイトサンプリングとオフサイトサンプリングについて述べたが，トラベルコスト法ではこの区別が重要な意味を持っている．現在，一般的に使われているトラベルコスト法は，シングルサイトモデル（個人トラベルコスト法）とマルチサイトモデルである．

　シングルサイトモデルは利用者の訪問回数と費やした旅行費用との関係からレクリエーション需要曲線を推定する方法である．サンプリングは基本的にオンサイトサンプリング，つまり評価対象となるレクリエーションサイト現地で調査対象者が選定される．オフサイトサンプリングでも実施することが可能であるが，大量の「訪問回数0回」という回答が発生することになる．問題は，その0回の中にも「そのレクリエーションサイトに訪問することもあるが，調査されている期間には訪問しなかった」という意味での0回と，「そのレクリエーションサイトで提供されているレクリエーション自体を行わないので，そもそもそこに行くことがない」という意味での0回が混在していることである．この点については第4章でも述べた．これを解決する方法は存在しているが，分析には統計的知識と専門的な統計ソフトウェアが必要である．

　一方，オンサイトサンプリングでは，訪問回数は必ず1回以上である．さらに訪問回数は整数値しか取らず，調査側は訪問回数が多い人により高い確率で遭遇するという問題もある．これらのことは，訪問回数を予測するモデルを構築する場合，単純な回帰分析では対応できないことを意味している．これらについても解決する方法は存在しているが，先ほど同様，分析には統計的知識と専門的な統計ソフトウェアが必要である．

　一方，マルチサイトモデルは，複数のレクリエーションサイトからどれか1つのレクリエーションサイトを選択するという行動をモデル化し，そのモデルに基づいて野外レクリエーションの価値を計測する方法である．

　マルチサイトモデルでは，選ばれるレクリエーションサイトの情報とともに，選択にあたって考慮した代替案（代替的なレクリエーションサイト）に関する情報が必要である．オンサイトサンプリングでそれらの情報を聴取しようとすると，以下のような問題が生じることになる．

・オンサイトサンプリングを行うと，アンケート調査を実施している現地を実際の訪問先として選んだ回答者だけを調査対象者としてしまう。
・すべての代替的なレクリエーションサイトを事前に把握することは難しく，仮に把握できたとしても，すべての代替的なレクリエーションサイトにおいて，まったく同じ条件でオンサイトサンプリングを行うことは実質的に不可能である。

　このような理由から，サンプリングはオフサイトサンプリング，つまり一般市民あるいはレクリエーションを楽しむ利用者集団から，ランダムサンプリングによって調査対象者が選定される。そのため，対象とするレクリエーションへの参加人口が少ないと，分析に耐えるだけのサンプル数を得ることができないかもしれない。海外では釣りやハンティングを行うことに対してライセンスを発行している場合が多く，ライセンスを受けている人々を母集団として設定することができる。その場合は効率よくアンケート調査を実施することが可能である。
　このように，トラベルコスト法はレクリエーションサイトまでに費やした旅行費用などからレクリエーションの価値を算出する直感的にはわかりやすい手法であるが，サンプリング方法と関係して，実際にはかなり複雑な統計分析が必要とされる場合がある。

表明選好法
　仮想評価法は表明選好法の1つである。仮想評価法に加え，近年広く用いられている手法が選択型実験と呼ばれる手法である。仮想評価法の限界の1つは，評価するサービスが1種類に限定されることである。しかし表7-1に見られるように，複数のサービスが同時に提供される場合も少なくない。さらに，このような複数のサービスが提供される場合，どちらのサービスがどれだけの価値を持つのか，その比較に興味がある場合も少なくない。これらの課題に仮想評価法で対応しようとすれば，複数回のアンケート調査を実施しなければならない。二肢選択形式の質問形式を用いる場合，それぞれのアンケート調査でそれなりのサンプル数が必要となるため，アンケート調査を実施する負担がかなり重くなることが想像される。
　選択型実験は複数のサービスからなる代替案を回答者に提示して，その中から

一番望ましいものを聞き出すことで評価を行う手法である。仮想評価法の多属性版と言うことができる。以下は，北海道の国立公園に対する選択行動を把握するために行った，首都圏に居住する一般市民を対象とした選択型実験の一例である（庄子ら，2007）。

【説明文】ここからは，あなたが普段旅行を行う方々（家族や友人，あるいは個人）と，6月もしくは7月に北海道の自然を楽しむことを目的とした，5泊6日の北海道旅行（パックツアー）を行うことを考えているとしてお答え下さい。（中略）この旅行はパックツアーの形をとっており，集合と解散は羽田空港で行います。飛行機で北海道まで行きますが，北海道内では各グループや個人で好きな交通手段を選ぶことができます。2日目から4日目午前にかけては，北海道内のどこか1つの国立公園をゆっくり見て回ります。4日目午後からは，近年人気の高い旭山動物園，北海道らしい景色が見られる美瑛や富良野，運河で有名な小樽，そして北海道の中心地である札幌を訪ねます。
　ここから，前のページで説明した北海道旅行での目的地に，北海道内の移動時間と，1人あたりの旅行費用（羽田空港で集合・解散）を組み合わせた旅行プランのセットを合計7回お見せします。皆さんには，それぞれのセットの中で最も望ましいと感じる旅行プランを1つずつ，7回選んで頂きます。

問6. 下で示すそれぞれの旅行プランのセットの中で，あなたが最も望ましいと感じる旅行プランを1つずつえらんで下さい。

この例では，旅行プランは，訪問する国立公園（2日目から4日目午前までの旅程＋4日目午後以降の旅程），総移動時間，総旅行費用によって構成されている（図7-4）。回答者は総移動時間が短く，総旅行費用が少ない旅行プランを望ましいと思うであろうが，実際に選択するかどうかを決める際には，訪問する国立公園とのトレードオフも考慮することになる。例えば，ぜひとも訪問したい国立公園を含む旅行プランは総旅行費用が高くても選択するかもしれない。このようなトレードオフの関係を定量的に把握することで，それぞれの項目に対する支払意志額を評価することができる。評価結果は表7-3に示す通りである。

	旅行プラン1	旅行プラン2	旅行プラン3
訪問する国立公園	利尻礼文サロベツ	なし	知床
2日目↓4日目午前	礼文島のスコトン岬 / 自然ガイドと鉄府地区レブンアツモリソウ群生地	二泊三日で旭山動物園 美瑛・富良野 札幌・小樽 だけをまわる	フレペの滝と知床峠 / 自然ガイドと知床五湖
4日目午後以降	旭山動物園 美瑛・富良野 札幌・小樽		旭山動物園 美瑛・富良野 札幌・小樽
総移動時間	12時間	8時間	10時間
総旅行費用	100,000円	75,000円	150,000円
この中で最も良い旅行プランを選ぶ→	1	2	3

図7-4　国立公園に対する評価を把握するための選択型実験の質問例

表7-3　条件付ロジットモデルによる推定結果（庄子ら〔2007〕より）

属性	支払意志額（円）
利尻礼文サロベツ国立公園	63,978
知床国立公園	75,163
大雪山国立公園	12,948
阿寒国立公園	37,728
釧路湿原国立公園	46,472
支笏洞爺国立公園	16,371
総旅行時間（追加1時間）	-1,453

各国立公園に対する支払意志額は，旅行プランに国立公園を訪問するというオプションをつけることに対する支払意志額ということになる。表7-3から，どの国立公園を訪問するのかによって支払意志額が異なっていることがわかる。総旅行時間（追加1時間）に対する支払意志額は負となっている。これは，例えば何らかの交通手段の変更で1時間早く目的地に到着する旅行プランに対し，最大1,453円支払っても構わないことを示している。

　選択型実験は非常に汎用性が高く，現在様々な分野で応用が進んでいる。一方で，アンケート調査という視点から述べておかなければならないことは，図7-4のような項目や選択肢の組み合わせは，調査デザインに則って行われる必要があるということである。つまり，現実に存在する旅行プランだけを集めてきて選択肢としたり，考え得るすべての選択肢をランダムに組み合わせたりした場合，推定に失敗したり，効率的に推定できなかったりすることがある。

5. まとめ

　環境経済評価は，自然環境の保全や観光・レクリエーション利用に関する経済的な論点に対して，非常に有用な情報を提供することができる。近年，自然環境の保全や観光・レクリエーション利用に関係する分野では管理のための予算が不足しており，例えば，自然環境を保全するためにお金をかけることに意味があるのかを明らかにしたり，利用者にどれだけの費用負担を行ってもらえるのかを明らかにしたりといった目的のため，環境経済評価を適用することが多くなっている（環境省，2016）。

　一方で，二肢選択形式の仮想評価法や選択型実験で見てきたように，環境経済評価を適用するアンケート調査はかなり複雑であり，十分な予備知識が必要である。第2章の最後ではアンケート調査の実施スケジュールについて言及しているが，特にこれらの手法を初めて適用する場合，研究者や実務家に指導を仰がなければ，短期間で実施することは実質的に不可能である（環境経済評価は経済理論に基づいており，経済理論に対する基礎知識も必要となる）。手が出ないほど難しい話ではないのだがともかく時間がかかるのである。細かい職人芸的な部分も数多くあり，研究者や実務家に指導を仰いだ方が断然望ましいし，効率的にアンケ

ート調査を実施することができる。

[参考文献]
Field, B. C. (2008) Natural Resource Economics: An Introduction, 2nd edition, Waveland Press.
Hoehn, J. P. and Randall, A. (1987) "A Satisfactory Benefit Cost Indicator from Contingent Valuation," *Journal of Environmental Economics and Management*, 14 (3), 226-247.
環境省生物多様性総合評価検討委員会 (2010)『生物多様性総合評価報告書』
　http://www.biodic.go.jp/biodiversity/activity/policy/jbo/jbo/index.html (2016.3.22 参照)
環境省 (2016)『自然の恵みの価値を計る：生物多様性と生態系サービスの経済的価値の評価』
　http://www.biodic.go.jp/biodiversity/activity/policy/valuation/index.html (2016.3.22 参照)
栗山浩一 (1998)『環境の価値と評価手法：CVM による経済評価』北海道大学出版会
栗山浩一・柘植隆宏・庄子康 (2013)『初心者のための環境評価入門』勁草書房
国土交通省 (2009)『仮想的市場評価法 (CVM) 適用の指針』
　http://www.mlit.go.jp/tec/hyouka/public/090713/090713.html (2016.3.22 参照)
Mitchell, R. C. and Carson, R. T. (1989) Using Surveys to Value Public Goods: The Contingent Valuation Method, Resources for the Future.
　(環境経済評価研究会訳『CVM による環境質の経済評価：非市場財の価値計測』山海堂, 2001 年)
庄子康・八巻一成・三谷羊平・栗山浩一 (2007)「レブンアツモリソウの販売が礼文島への訪問者数に与える影響」, 環境経済・政策学会 2007 年大会 (2007 年 10 月 7-8 日, 滋賀大学, 滋賀)
庄子康 (2011)「自然地域におけるレクリエーション研究の展開と今後の展望」『林業経済研究』57 (1), 27-36 頁.
TEEB (2010) The Economics of Ecosystems and Biodiversity: Mainstreaming the Economics of Nature: A Synthesis of the Approach, Conclusions and Recommendations of TEEB.

第8章 野生動物管理学からのアプローチ
——政策評価・リスク認識

久保雄広・庄子　康

　本章は野生動物管理学からのアプローチというタイトルを冠してはいるものの，野生動物管理学というある学問体系に限定してアンケート調査の適用について述べるものではない。野生動物管理という極めて学際的な研究が必要とされる中で，自然科学的な知見を取り入れ，実際に現場で行われている管理に貢献していくことを念頭に，どうアンケート調査を企画し，実施するのかという点に注目して話を進めていきたい。

　本章では北海道の知床半島における知床半島ヒグマ保護管理方針の策定過程を中心に，筆者らが行ってきた3つの調査研究を紹介する。

・選択型実験によるゾーニング管理に対する地域住民の評価。
・リスク・イメージを用いたアプローチによる地域住民のリスク認識の評価。
・ヒグマとの遭遇距離を考える新しい評価尺度の検討。

　知床半島ヒグマ保護管理方針とは，下記で詳しく紹介するが，ヒグマ地域個体群の保全およびヒグマとの地域住民・観光客との軋轢(あつれき)緩和を目的として取りまとめられたものである。

　ただし，これらの3つの研究に触れる前に，どうして野生動物管理において，アンケート調査をはじめとする社会調査が重要となってきているのか，その背景について整理しておく必要があるだろう。その上で，知床半島のヒグマ保護管理を具体例に挙げながら，アンケート調査の企画や実施の手順，その意義について

理解を深められるよう論を進めていく。

1. 野生動物管理と社会科学的な調査研究の必要性

　野生動物を含む生物多様性の保全が重要性を増す一方，農林業被害や人身被害といった野生動物との軋轢は世界中で深刻な問題となっている（Woodroffe et al., 2005）。日本もその例外ではなく，シカやイノシシによる農林業被害は毎年200億円前後で推移しているほか，クマ類による人身事故も毎年約50件，多い年では150件発生している（環境省，2016；農林水産省，2016）。

　野生動物管理はこれまで生態学や生物学，獣医学など，動物自体を対象とした自然科学的な研究に支えられてきた。しかしながら，昨今の野生動物を巡る問題の多くが社会経済的な要因によって引き起こされていることを鑑みれば，人々の認識や行動を対象とした社会科学的な調査研究を充実させていくことが，野生動物管理における喫緊の課題となっていることは明らかであろう。例えば，上記の農林業被害は中山間の過疎化や耕作放棄の増加に大きく関係しているほか，人身被害は自然保護地域をはじめとした野生動物の生息地に人々が踏み入ることや，野生動物に対する餌やり等に起因している（例えば，Herrero, 2002）。そのため，人間側の行動や態度，認識を明らかにし，その結果に基づいて野生動物管理を巡る問題解決に資するような調査研究が求められている。

　北米ではこのような野生動物管理における社会的側面に焦点を当てた学問分野"Human Dimensions of Wildlife Management（以下，HDW）"が1970年代より発展し，昨今は学術雑誌や書籍も刊行されるなど広がりを見せている（Decker et al., 2001; Vaske, 2008; Manfredo et al., 2008）。言うまでもなく，野生動物管理における社会科学的な調査研究の重要性はそれ以前から認識されていたのだが，それを科学的な学問として確立したのはごく最近のことである（Vaske, 2008）。また，HDWは経済学や心理学，社会学，政治学など，既存の社会科学における理論や手法をベースとしているが，野生動物管理を効果的かつ円滑に実施するために，関係者に有益な情報を提供するという応用面に重きを置いている点で他の学問とは一線を画している。

　一方，日本においても既存の学問分野ごとに野生動物管理を対象とした優れた

社会科学的研究も存在するものの，このように応用面に重きを置いた社会科学的な調査研究はまだ限られているのが実情である。これは久保・庄子（2014）が指摘するように，社会科学者が現場での応用にあまり関心を払ってこなかったことに起因するのかもしれない。また，第2章で述べてきたような準備不足の即席アンケート調査の類が横行することで，自然科学者や現場で管理を担う人々の信頼を失い，管理計画などの策定プロセスにおいて，社会科学的な調査研究が軽視されてきた面もあるかもしれない。いずれにしても，HDWのようなくくりの下で調査研究を積み重ねることで，学問としての重みや汎用性を確保し，研究としてレベルアップを図っていくことが我が国の野生動物管理を巡る諸問題の解決につながると考えられる。

次節からは，このような基本的な問題も意識しながら，知床半島におけるヒグマ保護管理に関して，自然科学的な知見や現場で行われている実際の管理をどう取り入れて，アンケート調査を企画し，実施するのかという点に注目して話を進めていきたい。

2. 知床半島におけるヒグマ

本節では知床半島におけるヒグマの生息状況やヒグマと人々との関わりについて概観しながら，知床半島ヒグマ保護管理方針に至るまでの経緯や，そこに社会科学的な調査研究が必要となった背景について述べたい。

第6章で述べたように，知床半島は世界でも稀に見るヒグマの高密度生息地となっている。高山帯から海岸線まで垂直的に多様な自然環境が備わっているため，ヒグマにとって1年を通じて豊富な餌資源（草本や果実，サケ科魚類，エゾシカ等）を利用できることが，その生息状況に特に大きな影響を与えていると言われている。このように知床半島では数多くヒグマが生息しているため，観光客は比較的容易にヒグマを目撃することができる。観光客にとってヒグマは知床の自然環境の豊かさを象徴するシンボルであり，地域社会にとっても事実上，重要な観光資源となっている。特に小型観光船からのヒグマ観察は知床半島における最も人気のレクリエーションの1つであり，それらの観光利用などに起因する経済的な便益は年間3億円以上に上るものと推測されている（山中, 2007）。斜里町の観

光協会のシンボルマークにヒグマが採用されていることも暗に示すように，ヒグマは知床を訪れる観光客にとっても，またそれらの人々を呼び込む地域社会にとっても重要な存在であると言える．

このように地域社会に少なからぬ便益をもたらしているヒグマであるが，知床半島では1980年代以降，国指定鳥獣保護区の指定や春グマ駆除制度の廃止など，ヒグマを保護する方向に舵が切られてきた．その結果，知床半島におけるヒグマの出没数や目撃件数は増加傾向にあり，人身事故の危険性も高まっている．また人身事故以外にもヒグマによる農業被害や漁業被害，物損事故などはすでに現実の問題として存在している．国立公園内において，観光客とヒグマとが偶発的に近距離遭遇することは日常茶飯事であり，ヒグマの写真撮影を目的とした意図的なヒグマへの接近や餌を与えたりする危険事例も数多く報告されている（図8-1）．

上記のような状況の下，管理者は日々ヒグマの駆除や追い払い，その他の安全対策といったヒグマ対応に取り組んできた．しかし，知床半島全体として統一的な対応方針がないがゆえに，長期的なビジョンが示されないまま日々の管理が実施されてきた．ヒグマの駆除や追い払いの報道に対して一般市民から苦情が寄せられ，その対応に苦慮しているという点からも，一般市民に説明できる長期的なビジョンが必要とされている．

図8-1　知床半島のヒグマ（提供：近藤杏子氏）

3. 知床半島ヒグマ保護管理方針

　そうした状況を踏まえ，知床半島全体として，ヒグマ地域個体群の保全およびヒグマと地域住民や観光客の軋轢緩和を目的とした「知床半島ヒグマ保護管理方針」が2012年に策定された．具体的には，対象地域でのヒグマ個体群を現行水準で維持するため，5歳以上のメスヒグマの人為的死亡数（狩猟や駆除，交通事故など）を計画期間5年間の総数で30頭以下にすることや，ゾーニング管理を導入し，ヒグマの行動段階を規定して，ゾーンごとで異なった対策を展開することなどが示された．特に地域住民や観光客との関わりでは，ヒグマに関するゾーニング管理の導入が要の内容となった．これは知床半島を5地域に区分し（図8-2），地域ごとにヒグマ対応の方針を示したものである（表8-1，表8-2，表8-3）．

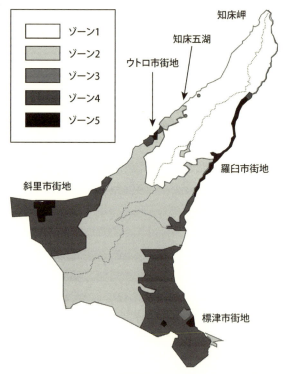

図8-2　知床半島ヒグマ保護管理方針のゾーニング（『知床半島ヒグマ保護管理方針〔2012〕』より抜粋して作成）

表8-1 知床半島ヒグマ保護管理方針におけるゾーンの説明（『知床半島ヒグマ保護管理方針〔2012〕』より抜粋して作成）

ゾーン	ゾーンの説明（該当地域）
ゾーン1	全域が遺産地域で定住者は存在しない （斜里側の知床五湖以北～知床岬の海岸線，知床連山縦走路，遺産地域の山林・山岳地域）
ゾーン2	定住者がわずかに存在するか，少数の番屋がある遺産地域など （羅臼湖，ポンホロ沼，羅臼岳登山道，幌別岩尾別地区，羅臼側の赤岩～二本滝～観音岩の間の海岸線，隣接地域の緑の回廊地区，道立斜里岳自然公園，野付半島基部）
ゾーン3	定住者が少数存在するか，番屋が比較的多い遺産地域など （国立公園内のすべての車道沿線，カムイワッカ湯の滝，フレペの滝遊歩道，ホロベツ園地，岩尾別温泉，羅臼町観音岩以南～ルサ川河口の海岸部，湯ノ沢集団施設地区，ポー川自然公園）
ゾーン4	定住者が少数存在するか，小規模な集落が存在する隣接地域 （斜里町ウトロ高原，オチカバケ川以南の斜里平野農耕地域，羅臼町ルサ河口以南，ショウジ川までの海岸部，峯浜地区農耕地域，標津町，崎無異川以南の農耕地域，望ヶ丘森林公園等）
ゾーン5	隣接地域の市街地とその周辺 （斜里町ウトロ市街地，斜里本町市街地，羅臼町市街地，標津町中心市街地，川北市街地）

表8-2 知床半島ヒグマ保護管理方針におけるヒグマの行動段階区分（『知床半島ヒグマ保護管理方針〔2012〕』より抜粋して作成）

行動段階区分	
段階3	人につきまとう，または人を攻撃する
段階2	人の活動に実害をもたらす
段階1	人を避けない
段階0	人を避ける

表 8-3 知床半島ヒグマ保護管理方針におけるゾーニングと行動段階区分の対応（『知床半島ヒグマ保護管理方針〔2012〕』より抜粋して作成）

ゾーニング	人身・経済リスク	クマへの許容度	人を避けるヒグマへの対応 (段階 0)
ゾーン 1	わずか	大	対応なし
ゾーン 2	低	大	経過観察
ゾーン 3	中から大	中	経過観察
ゾーン 4	大	小	経過観察
			必要に応じて定期的なパトロール
ゾーン 5	大	最小	基本的に捕獲
			市街地辺縁部の出没など，可能ならば追い払いを実施
			地域住民への情報提供

　例えば，知床半島には人がほとんど住んでおらず，原生的な自然環境が保たれた場所もあれば，ウトロ市街のように多くの観光客を受け入れるホテルが立ち並ぶ場所もある。これらの場所にヒグマ出没した場合の対応はおのずから異なるはずなのだが，これまではそれが明示されてこなかった。このゾーニング管理の導入によって，前者のような場所では，人につきまとったり攻撃したりすることがない限りはヒグマが捕獲されることはないが，後者のような場所では，人間を避けるような慎重なヒグマであっても，基本的に捕獲されることになる。これらの場所ごとに異なる対応の決定（ゾーニング案の作成）は基本的にヒグマ保護管理方針の検討委員である研究者および現場の管理者（つまり，専門家）の意見をもとに作成されたものである。

　しかし，これらの専門家の策定したゾーニング案と各ゾーンでの対応を，地域住民や観光客がそのまま受け入れるかどうかはまた別問題である。例えば，観光の利用拠点でヒグマが観光客につきまとい始めたら，多くの人はそのヒグマを捕獲することに同意するに違いない。だからといって，専門家が安全に配慮して，利用拠点の遠方に現れた人間に対して関心を抱いていないヒグマまで追い払ったとしたら，多くの観光客はやりすぎだと感じるかもしれない。特に知床半島で野生のヒグマを見ることを楽しみにしている観光客の中には，ヒグマを追い払うくらいなら自分たちが退いた方が望ましいという考えを持っている人もいるかもしれない。あるいは，専門家がヒグマの個体数維持に配慮して，市街地の通学路周

辺を徘徊するヒグマを経過観察（様子見）の状態にすることを決定したとすれば，子供を持った親たちの抗議が町役場に殺到するだろう。専門家がこのような常識外れの対応を取るかもしれないと言っているわけではない。専門家もヒグマ個体群の維持と安全の確保，観光業の振興という様々な目的が両立するように知恵を絞って保護管理方針を検討している。しかし，ヒグマに対する許容度は人々の関心や立場によって異なるものである以上，それが地域住民や観光客に受け入れられるかどうかは，やはり人々に直接尋ねてみるしかないのである。そこに社会科学的な調査研究を実施する必要性が存在するのである。

以下の研究成果は，ヒグマ管理方針を検討する際の資料として，またより広く，この地域でヒグマ管理を検討する際の議論のベースとして活用されたものである。

4. 地域住民に対するアンケート調査の実施について

上記のように知床ヒグマ保護管理方針へ反映することを念頭に，表 8-4 のスケジュールで，地域住民を対象としたアンケート調査を実施した（調査票は付録 P.290 参照）。特にヒグマ保護管理方針が素案として確定するよりも前に，地域住民から意見を得て，議論のたたき台としたという点は合意形成のプロセスとして今後大事な部分になるかもしれない。

アンケート調査の母集団は斜里町住民および羅臼町住民であり，調査対象者を 20 代以上の斜里町住民 2,400 名と羅臼町住民 1,200 名とした。アンケートの配布は郵送で行い，同じく郵送にて回収している。なお斜里町住民および羅臼町住民に

表 8-4　アンケート調査の実施に至るまでのタイムスケジュール

日付	内容
2010 年 6 月	2010 年ヒグマ保護管理方針検討会議第 1 回会議が開催
2010 年 11 月	知床のヒグマに関する過去のアンケート調査を整理し，2010 年ヒグマ保護管理方針検討会議第 2 回会議で報告
2011 年 3 月	環境省をはじめとする関係者とアンケート調査の内容調整を開始
2011 年 11 月	アンケート票の配布を開始
2011 年 12 月末	アンケート票の回収を締め切り
2012 年 2 月	H23 ヒグマ保護管理方針検討会議第 2 回会議にて調査結果概要を報告
2012 年 3 月	科学委員会新聞にて調査結果概要を地域住民に報告

対するアンケートの調査に先駆けて，2011 年 7 月に隣り合う標津町においても知床半島の調査との内容すり合わせを行った上で，ヒグマに関する地域住民に対するアンケート調査を実施している（この結果の一部は後ほど紹介したい）。

5. ゾーニング管理に対する地域住民の評価

　ここで紹介するのは，ゾーニング管理に対する地域住民の評価を選択型実験によって明らかにした研究である（Kubo and Shoji, 2014a）。本研究の目的は，地域住民が (1) 市街地にヒグマが出没する状況を望ましいと考えているか，(2) 市街地以外の地域（例えば，世界自然遺産に登録された地域）にヒグマが出没する状況を望ましいと考えているかを明らかにすることである。地域住民としては，自分の居住地域にヒグマが出没した場合の対応が一番気になると考えられるが，自分たちの住む周辺地域には世界自然遺産の地域もあることから，そのような場所でヒグマにどのような対応を取るべきかに関しても関心を持っていると予想される。

選択型実験の調査設計
　これらの複数の項目に対する評価を定量的に把握するために，本研究では第 7 章でも触れた選択型実験を用いている。選択型実験は，各地域で異なったヒグマへの対応策を行う代替案を複数用意し，それらを回答者に提示して，その中から最も望ましい代替案を選択してもらう方法である（栗山・庄子，2005；栗山ら，2013）。この手法は一般的に貨幣評価を得るために用いられることが多いが，第 6 章で紹介した混雑感への適用も含め，相対的な重要性を定量的に把握するツールとしても有効である（例えば，Kubo and Shoji, 2014b; Lawson and Manning, 2002）。残念ながら手法の詳細については，紙面の都合上詳しく述べることができないので，Kubo and Shoji（2014a）および栗山・庄子（2005）を参照されたい。
　選択型実験では，まず評価してもらうシナリオを作成し，そのシナリオの下で提示する代替案の属性と水準の設定を行う必要がある。本研究では，知床ヒグマ保護管理方針を定めることがシナリオであり，属性はヒグマが生息する場所（6 ヶ所），水準はそれぞれの場所でヒグマが出没する・しないの 2 水準である。ヒグマ

第8章　野生動物管理学からのアプローチ——政策評価・リスク認識　213

保護管理方針検討会議の関係者とも相談しながら以下のような質問を作成し，調査対象者に提示した（図8-3）。ここで注意したいことは，提示された図8-3のような組み合わせには様々なパターンが存在して（8パターン），回答者によって受け取るパターンが異なることである。

【説明文】近年，知床半島では全域でヒグマが出没し，近距離での人との遭遇や農業・漁業被害など，様々な問題を引き起こしています。その一方，ヒグマは知床の自然を象徴する野生動物でもあり，知床半島を訪れる観光客の中にはヒグマの観察を期待する人も少なくありません。そのような状況を踏まえ，知床半島として今後どのような方向性で管理をしていくべきか，このページではイラストを使って皆さまにご意見をお伺いします。

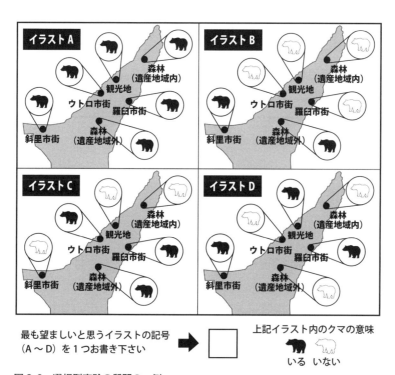

図8-3　選択型実験の質問の一例

問　あなたは知床半島において将来的にヒグマがどこに生息しているのが望ましいと思いますか？　下記の4つのイラスト［筆者注：図8-3を指す］の中であなたが最も望ましいと思うイラストと最も望ましくないと思うイラストを1つずつ選び，下記に記号をお書き下さい。

　なお，下記のイラストは，皆さんが望ましいと思う将来像を見つけるために作成しています。調査上やむを得ない理由により，おかしいと感じられるイラストが出てくることもありますが，そのままお答え下さい。

　おそらく，「斜里市街」や「羅臼市街」といった市街地では，ヒグマの出没は否定的に評価されると考えられるので，そのような内容を含む選択肢（イラスト）の選択は避けられると予想される。一方で，森林（遺産地域内）でのヒグマの出没は，肯定的に評価（あるいはどちらでも構わないと評価）されると考えられるので，そのような選択肢（イラスト）はより選択されると予想される。回答者全員の回答を集計し，統計分析から選択確率と属性と水準の関係を把握することで，それぞれの場所のヒグマが出没することの相対的な望ましさを定量的に把握することができる。

選択型実験の推定結果

　回答結果を条件付きロジットモデルによって推定した結果をグラフにしたものが図8-4である。条件付きロジットモデルについては栗山ら（2013）および栗山・庄子（2005）を参照されたい。

　推定結果は相対的なものであるが，図8-4に示された結果から明らかなように，地域住民は（1）市街地にヒグマが生息する状況を望ましいとは考えておらず，（2）市街地以外の地域（例えば，世界自然遺産に登録された地域の森林）にヒグマが出没する状況を望ましいと考えていることがわかる。地域住民であっても，ヒグマは農業被害や人的被害をもたらす害獣である一方で，それらは地域からいなくなってほしいというわけではなく，観光に不可欠な要素，あるいは自分たちの生活する環境に欠かせない要素として，市街地でない場所には生息していてほしいと考えているのである。ただ，この結果は当然といえば当然の結果かもしれない。むしろ注目したいのは，ウトロ市街と観光地に対する評価結果である。

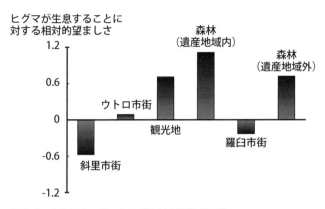

図8-4　条件付きロジットモデルによる推定結果

　ウトロ市街は知床観光の拠点であり，ホテルや飲食店が立ち並んでいる。もちろん地域住民もそこに居住している。それにもかかわらず，そこにヒグマが出没することに対しては，斜里市街や羅臼市街とは異なった評価，つまりより出没しても構わないという評価がなされている。もちろん，図8-4で示した評価結果は回答者の平均値であるため，ウトロ市街の回答者は出没することを望ましいと思っていないが，斜里市街や羅臼市街の回答者は「ウトロ市街には出没してもいいだろう」と回答した可能性がある。しかし，結果はここでは示さないが，そのような傾向があるかどうかを検定したところ，やはりウトロ市街の回答者も，同じような評価を与えていることが明らかとなったのである。先ほども述べたように，知床においてヒグマは，事実上，観光資源となっている。観光業に携わっている人が多いウトロの地域住民にとっては，当然ヒグマとの遭遇事故は避けたいが，斜里市街や羅臼市街と同じような感覚で出没してほしくないとは思っていないということである。さらに観光地に至っては，遺産地域外の森林と同じような水準でヒグマの出没が望ましいと評価されている。

　この評価結果は，知床半島ヒグマ保護管理方針で検討しているようなゾーニングによる管理が社会科学的な知見からもある程度適切であるということを示している。地域住民は，ヒグマの斜里市街および羅臼市街での出没とウトロ市街での出没，観光地での出没，森林での出没に対する望ましさを異なって評価しており，示した順に，より出没することに対する許容度（あるいは望ましさ）が上昇して

いるからである。この順番は図 8-2 で示した知床半島ヒグマ保護管理方針のゾーニングの色分け順にほぼ沿っている。もちろん，実際の管理方針では，ウトロ市街がゾーン 5 で，斜里市街や羅臼市街と同じ管理方針となっているなど細かな違いはある。しかしながらこの結果に基づけば，専門家によって提案された知床半島ヒグマ保護管理方針のゾーニング案は，地域住民からある程度支持されるものであり，受け入れ可能であると考えられた。得られた結果は，最終的には表 8-4 で示したように，ヒグマ保護管理方針検討会議第 2 回会議にて報告するとともに，知床世界自然遺産地域科学委員会が発行する科学委員会新聞にて調査結果の概要を地域住民にも報告した。

6. 地域住民のリスク認識の評価

　先ほども述べたように，斜里町住民および羅臼町住民に対するアンケートの調査に先駆けて，2011 年 7 月に標津町においても，ヒグマに関する地域住民に対するアンケート調査を実施している。標津町は知床半島の基部にあり，斜里町と羅臼町に隣接しているが，国立公園や世界自然遺産の指定地が町内にあるわけではない。しかしながら，知床半島から連なる山々は標津町内にまでつながっているため，当然，知床半島のヒグマの一部は標津町にも出没しており，ヒグマ保護管理方針のゾーニング案の範囲にも組み込まれている。標津町では漁業に加えて酪農も盛んであるが，これらの山々に隣接した農地（飼料用のデントコーン畑などがある）では，しばしばヒグマが出没して農業被害を発生させてきた。ただ，市街地は平野部の海岸沿いにあるため，市街地へのヒグマの出没はほとんどなかった。しかしながら，2010 年に標津川沿いを移動してきたヒグマが，市街地のすぐ近くに出没する事件が発生し，町として本格的に対応策が検討されることとなった。斜里町や羅臼町と異なり，標津町民（特に市街地在住の町民）にとっては，ヒグマの出没はほとんど経験したことのないことであり，そもそも町民がヒグマをどのような存在と見なしているのかを把握することから始める必要があった。本節では，標津町の地域住民にとってヒグマとの関わりは一種のリスクになっていると仮定し，地域住民のヒグマに対するリスク認識を明らかにした研究を紹介する（Kubo and Shoji, 2016）。

管理者である町役場にとって，地域住民のリスク認識を把握した上で，地域住民が納得し，有効に機能する対応策を考えることが重要である．例えば，リスクに関してよく引き合いに出される話であるが，交通事故に遭う確率と飛行機事故に遭う確率は，明らかに前者の方が高いにもかかわらず，多くの人々は後者の方が重大であると認識している．ここには，単なる遭遇確率だけでなく，事故が致死的かどうかや自分の努力で事故を回避できるかどうかなど，様々な要因が関係していると考えられる．ヒグマとの遭遇事故についても，地域住民が「ヒグマとの遭遇事故は重大だが，自分は逃げ切れる自信がある」と思っているのと，「ヒグマと遭遇したら一巻の終わりである」と思っているのとでは，管理者が講じるべき対応は異なってくる．もしそれが，人によってあるいは居住地域によって異なっているのであれば，ヒグマ出没に関する情報提供の方法や，対応策に関する合意形成の進め方なども変わってくるであろう．

リスク認識に関する先行研究

　リスク認識は専門家による客観的な評価ではなく，一般市民による直感的なイメージや判断に基づくものである．リスク認識に関する確立した理論はまだ存在しておらず，複数の理論が組み合わされて研究が発展してきている．欧米では野生動物管理におけるリスク認識やリスク・コミュニケーションという分野が急速に発達してきている（Gore *et al.*, 2009）．クロクマやピューマに対する地域住民のリスク認識，あるいは複数の大型肉食獣に対するリスク認識の比較など様々な研究が行われている（Gore *et al.*, 2007; Gore *et al.*, 2009; Riley and Decker, 2000）．

　本研究が採用したのは，Slovic（1987）のリスク・イメージを聴取するアプローチである．Slovicは81種類のリスクを取り上げ，それらのリスクが「命に関わるか」や「回避が容易か」といった18項目のリスク・イメージを聴取し，その回答結果に基づいてリスクのグループ分けを試みている．このアプローチを応用して，野生動物に関するリスク認識を把握しようとしたのがGore *et al.*（2006）による研究である．

　本研究ではSlovic（1987）やGore *et al.*（2006）を参考に，標津町の文脈に適合するように，また地域住民が回答できる内容に再構築し，12項目からなる質問を作成した（表8-5）．「あなたはヒグマによる人身事故（ヒグマ事故）の危険性

表8-5 リスク認識を把握するために用いた12の質問項目（Kubo and Shoji〔2016〕より作成）

項目
ヒグマ事故は恐ろしいものである
ヒグマ事故にあうと命にかかわる
ヒグマ事故は人間の技術力や装備で回避できる
ヒグマ事故に気をつけている人は事故を免れる
ヒグマ事故の回避は容易である
ヒグマ事故の責任は自分にある
ヒグマ事故にあったら他人に迷惑をかける
ヒグマ事故にあったら他人から非難を受ける
ヒグマ事故にあったら経済的な損失をうける
ヒグマ事故を減らすために，市街地すべてを電気柵で囲うべきである
ヒグマ事故を減らすためにヒグマを積極的に駆除するべきである
ヒグマ事故を減らすために，町職員が銃でヒグマを駆除できるようにしておくべきである

（リスク）についてどう思いますか？　当てはまる番号にそれぞれ1つ○をつけて下さい」という質問文の下，調査対象者には以下の項目について「とてもそう思う～まったくそう思わない」の5段階で評定付けをしてもらっている。

アンケート調査の概要

　本研究のアンケート調査は，2011年の7月から9月に実施した。町役場の広報折り込みによるチラシを用いて，アンケート調査の事前告知を行った上で，アンケート調査票の配布を郵送にて行った。一定の回収期間を設けて，その後，督促はがきを1度だけ送付している。これらの手順はVaske（2008）を参考としている。アンケート調査の回答者は，標津町の20代から70代の地域住民から無作為に抽出された1,200名である。配布したアンケート調査票1,200通のうち，515通を後日郵送により回収した。宛先不明により回答者に郵送できなかった8通を除いた回収率は43.2％であった。

アンケート調査結果と考察

　表8-5の質問項目に対する評定付けを点数と解釈し，その平均点と標準偏差を

示したのが表 8-6, 平均点をレーダーチャートにしたものが図 8-5 である。あくまで相対的な評価ではあるが，地域住民は「ヒグマ事故は恐ろしい」「命に関わる」ものであり，さらに「回避は容易」ではないと答えているにもかかわらず，「ヒグマを積極的に駆除」することは強く望まれていない傾向にあることがわかる。これは先ほどの斜里町民と羅臼町民を対象に実施したアンケート調査の結果と同様の傾向である。

表 8-6 では，主成分分析から得られた結果の一部（4 つの評価軸）も示している。表 8-6 は 12 軸でものごとを評価しているので，リスクを把握するための尺度としては扱いづらい。そこで 12 の質問項目への評定付けを点数として，9 番目の項目

表 8-6 リスク認識を把握するために用いた 12 の質問項目への評価（Kubo and Shoji〔2016〕より作成）

項目	平均値	標準偏差
深刻さ		
ヒグマ事故は恐ろしいものである	4.34	0.66
ヒグマ事故にあうと命にかかわる	4.39	0.67
回避可能性		
ヒグマ事故は人間の技術力や装備で回避できる	3.30	1.04
ヒグマ事故に気をつけている人は事故を免れる	3.17	0.99
ヒグマ事故の回避は容易である	2.78	1.04
責任		
ヒグマ事故の責任は自分にある	3.30	0.96
ヒグマ事故にあったら他人に迷惑をかける	3.60	0.92
ヒグマ事故にあったら他人から非難を受ける	2.56	0.91
ヒグマ事故にあったら経済的な損失をうける（主成分からは削除）	3.69	0.87
管理		
ヒグマ事故を減らすために，市街地すべてを電気柵で囲うべきである	2.66	1.09
ヒグマ事故を減らすためにヒグマを積極的に駆除するべきである	2.93	1.21
ヒグマ事故を減らすために，町職員が銃でヒグマを駆除できるようにしておくべきである	2.77	1.17

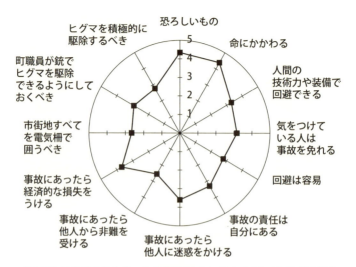

※とてもそう思うを5点、全くそう思わないを1点として平均値を算出

図8-5 リスク認識を把握するために用いた12の質問項目への評価

を除いて、その点数に主成分分析を適用している。この結果、4つの評価軸を抽出することができた。主成分負荷量の値に基づいて4つの評価軸が何を評価しているのか解釈したところ、それぞれ「深刻さ」「回避可能性」「責任」「管理」と名付けることができた。つまり、回答者は4つの評価軸でリスク認識を行っていることが明らかとなった。

Kubo and Shoji（2016）ではさらに回答者をグループ分けするなどして、以下のような結果を明らかにしている。

・「深刻さ」「回避可能性」「責任」「管理」に対する評価点が総じて高いグループが存在しており、農業に従事している人や郊外に居住している人が多く含まれていた。つまりこのグループの中には、ヒグマを目撃したり、遭遇したりしている回答者が多く含まれていた。ヒグマとの遭遇事故を深刻であると考えているにもかかわらず、回避可能と考えているのは、彼らがヒグマを目撃したり、遭遇したりした経験を持つため、ヒグマ事故が回避可能であることを学習したためと考えられた。ヒグマの個体の多くは、人間の姿を見ると逃げ出すのが普通だからである。

妥当なリスク認識——過剰に恐れるわけでもなく，侮るわけでもない——を持っているのかもしれない。
・「深刻さ」「回避可能性」に関する評価点が高く，「責任」「管理」に対する評価点が低いグループが存在しており，市街地に居住している地域住民が多く含まれていた。このグループはヒグマとの遭遇事故の結果責任に対する認識が薄く，管理者に対する要求も低いので，基本的にヒグマとの遭遇事故を縁遠い話であると考えていると思われた。これらのグループに含まれる人々には，ヒグマに興味を持ってもらう基本的な情報提供から始める必要が考えられた。
・「深刻さ」「回避可能性」に対する得点が低く，「責任」「管理」に対する得点は中庸なグループが存在しており，若い地域住民が多く含まれていた。町内に限らず，ヒグマを目撃した経験も他のグループよりも割合が多かった。他の質問項目に対する回答も踏まえると，このグループはヒグマによる被害が拡大しているとは考えておらず，保全や共生の対象として考えている可能性が示唆された。ヒグマに対する関心が低いわけではないが，ヒグマとの遭遇事故に対する適切な認識を得てもらう必要が考えられた。

　このように，野生動物に関するリスク認識を管理者が把握することで，効果的にリスク・コミュニケーションを実施することが可能となり，また，ヒグマ個体群の保全と軋轢緩和の両立を図る方法について重要な手がかりを得ることができる。

7. ヒグマとの遭遇距離を考える新しい評価尺度

　第2章および第3章では，新しい概念枠組みを構築して，それを計測可能な潜在変数に落とし込む作業を行う人は限られていることを述べた。本章の最後では，これに関わる新しい試みについて紹介したい。
　知床国立公園では，前述のようにヒグマと観光客とが偶発的に近距離遭遇したり，ヒグマの写真撮影を目的とした意図的なヒグマへの接近や餌を与えたりする事例が増えている。知床半島ヒグマ保護管理方針の話題でも例示したが，観光客はヒグマにつきまとわれることは絶対に避けたいと考えているものの，遠方に現れた，人間には関心も持っていないようなヒグマまで追い払いをすることには否

定的であると考えられる。現場では，観光客の安全を考えてヒグマの追い払いをした管理者が，観光客から不平を述べられる場面もある。このことからもわかるように観光客は管理者とは異なる「適切なヒグマとの距離」を持っているようである。管理者側としては，安全管理を第一としながらも，管理者と観光客の無用な軋轢を避けるため，この観光客が認識する「適切なヒグマとの距離」を何とか把握したいと考えていた。

そこで筆者らは，第6章で説明した利用調整地区制度に関わるアンケート調査（利用調整地区制度導入の前年に知床五湖の訪問者に対して行われたアンケート調査で，調査時にはモニターツアーなどは行われていない）の中に，「観光客が認識する適切なヒグマとの距離」を把握するための質問を組み込み，新しい変数の開発も試みている。下記に示すものがその質問である。本来であれば，択一の質問として，5段階評価などで聴取する方が望ましいのであるが，副次的な質問であったため，アンケート調査票の紙面の都合上，複数選択可能な質問としている。

問2．知床にはヒグマがいますが，あなたはどのような状況ならば，ヒグマに出会っても構わないと思いますか？ 当てはまる番号すべてに○をつけて下さい。

> 1. 襲われない距離で乗物から見る状況
> 2. 襲われない距離で歩行中に見る状況
> 3. 100m手前で乗物から見る状況
> 4. 100m手前で歩行中に見る状況
> 5. 100m手前で歩行中だが，ヒグマに対処できる専門家が一緒にいる状況
> 6. ヒグマに興味はあるが，どんな状況でも出会いたくない
> 7. ヒグマに興味はない

アンケート調査は2009年の8月に知床国立公園の知床五湖を訪れた観光客800人を調査対象者として実施した。アンケート調査票は郵送で回収し，回収数は523，回答率は65.4%であった（第7章のアンケート調査と同じであるが，この質

問に対する有効回答数は504である)。アンケート調査での結果は表8-7に示される通りである。

　これらの結果を見ると,「ヒグマに興味はない」回答者はわずかであり,知床に訪問する多くの観光客がヒグマに関心を持っていることがわかる。すべての人が出会いたいわけではないが,それでも80％を超える人々（つまり,ヒグマに興味がない人とヒグマにどんな状況でも出会いたくない人以外）は,何らかの形でヒグマを見てみたいと考えていることがわかる。結果を見ると,「襲われない距離」というのは重要な要因になっているようにも見える。襲われない距離における状況設定であれば,半数の観光客はヒグマを見てみたいと回答している。

　現在,この新しい変数がどのような反応を示すものなのか,様々な状況設定,様々な対象者で評価を行っている。知床国立公園だけでなく,同じ北海道に位置する大雪山国立公園で行われたアンケート調査にも取り入れている。例えば,大雪山国立公園の高原温泉もヒグマが出没することで知られている（図8-6）。高原温泉では,ヒグマに対処できる管理者が現場でヒグマに関する情報提供を行う試みを始めているのだが,そのような情報提供を受けた人が,受ける前（出発前）と受けた後（帰着後）で,「100m手前で歩行中だが,ヒグマに対処できる専門家が一緒にいる状況」に対して回答を変えるのかどうかといったことも検証している。

　他にも,上記で紹介したリスク認識との関係性について把握することなどの検証を通じて,実際に信頼性と妥当性を持ったものになり得るかを検証できるであ

表8-7　観光客が認識する適切なヒグマとの距離に関する質問への回答

内容	回答数	全体に占める割合
襲われない距離で乗物から見る状況	298	59.1%
襲われない距離で歩行中に見る状況	258	51.2%
100m手前で乗物から見る状況	170	33.7%
100m手前で歩行中に見る状況	58	11.5%
100m手前で歩行中だが, 　ヒグマに対処できる専門家が一緒にいる状況	150	29.8%
ヒグマに興味はあるが, 　どんな状況でも出会いたくない	52	10.3%
ヒグマに興味はない	13	2.6%

図 8-6　高原温泉沼めぐりコースの歩道上に出没したヒグマ（提供：高原温泉ヒグマ情報センター）

ろう。

8. まとめ

　本章では野生動物管理において，アンケート調査がどのような形で貢献を果たせるのか，3つの事例研究を紹介しながら論じてきた。アンケート調査によって示された結果から，野生動物管理の方向が直接決定されるものではない。しかし，人々の協力の下で実効性のある管理を実現する上で，アンケート調査から得られた結果は議論の重要な開始点となる。このようなアンケート調査を継続的に行い，積み重ねていくことで，長期的な視点が必要とされる野生動物管理に対してさらに重要な示唆を与えることができるだろう。

　最後に，先ほど日本の野生動物管理の分野において，社会科学的な調査研究は科学として重要視されず，管理計画などの策定プロセスにおいても軽視されてきたことを述べた。その一番の原因は，野生動物管理に関して，社会科学的な調査研究を行う研究人口の少なさであるかもしれない。本書を読んだ読者の中から，本分野に興味を持ち，調査研究に携わる人が現れることを期待したい。

[参考文献]

Decker, D. J., Brown, T. L. and Siemer, W. F. (2001) Human Dimensions of Wildlife Management in North America, The Wildlife Society.

Gore, M. L., Knuth, B. A., Curtis, P. D. and Shanahan, J. E. (2006). "Stakeholder perceptions of risk associated with human-black bear conflicts in New York's Adirondack Park campgrounds: implications for theory and practice," *Wildlife Society Bulletin*, 34 (1), 36-43.

Gore, M. L., Knuth, B. A., Curtis, P. D. and Shanahan, J. E. (2007) "Campground Manager and User Perceptions of Risk Associated with Negative Human-Black Bear Interactions," *Human Dimensions of Wildlife*, 12 (1), 31-43

Gore, M. L., Wilson, R. S., Siemer, W. F., Hudenko, H. W., Clarke, C. E., Hart, P. S., Maguire, L. A. and Muter, B. A. (2009) "Application of risk concepts to wildlife management: Special issue introduction," *Human Dimensions of Wildlife*, 14 (5), 301-313.

Herrero, S. (2002) Bear attacks: their causes and avoidance (Revised edition), The Lyons Press.

環境省 (2016)「H27年度におけるクマ類による人身被害について (速報値)」
https://www.env.go.jp/nature/choju/docs/docs4/injury — qe.pdf (2016.3.29参照)

環境省釧路自然環境事務所・北海道森林管理局・北海道・斜里町・羅臼町 (2012)「知床半島ヒグマ保護管理方針」

栗山浩一・庄子康 (2005)『環境と観光の経済評価：国立公園の維持と管理』勁草書房

栗山浩一・柘植隆宏・庄子康 (2013)『初心者のための環境評価入門』勁草書房

久保雄広・庄子康 (2014)「野生動物管理に求められる環境経済学の役割」『環境経済・政策研究』7 (1), 66-68頁.

Kubo, T. and Shoji, Y. (2014a) "Spatial tradeoffs between residents' preferences for brown bear conservation and the mitigation of human-bear conflicts," Biological Conservation, 176, 126-132.

Kubo, T. and Shoji, Y. (2014b) "Trade-off between Human-wildlife Conflict Risk and Recreation Conditions," *European Journal of Wildlife Research*, 60 (3), 501-510.

Kubo, T. and Shoji, Y. (2016) "Public segmentation based on the risk perception of brown bear attacks and management preferences," *European Journal of Wildlife Research*, 62 (2), 203-210.

Lawson, S.R. and Manning, R.E. (2002) "Tradeoffs among social, resource, and management attributes of the Denali wilderness experience: A contextual approach to normative research," *Leisure Sciences*, 24, 297-312.

Manfredo, M. J., Vaske, J. J., Brown, P. J., Decker, D. J. and Duke, E. A. (2008) Wildlife and Society: the science of human dimensions, Island Press.

農林水産省 (2016)『野生鳥獣による農作物被害状況』
http://www.maff.go.jp/j/seisan/tyozyu/higai/ (2016.3.29参照)

Riley, S. J. and Decker, D. J. (2000) "Risk perception as a factor in wildlife stakeholder acceptance capacity for cougars in Montana," *Human Dimensions of Wildlife*, 5 (3), 50-62.

Slovic, P. (1987) "Perception of risk," *Science*, 236 (4799), 280-285.

Vaske, J. J. (2008) Survey Research and Analysis: applications in parks, recreation and human dimensions, Venture Publishing.

Woodroffe, R., Thirgood, S. and Rabinowitz, A. (2005) People and wildlife: conflict or coexistence?, Cambridge University Press.

山中正実（2007）「知床国立公園における野生動物観察の課題：見ることの意義と危うさ」『国立公園』656, 10-12 頁.

第9章 観光学からのアプローチ――市場調査

寺崎竜雄

　本書では自然環境の保全や観光・レクリエーション利用に関わるアンケート調査を念頭に置いている。第1章でも述べたように，この分野ではすでに把握されているモニタリングデータが少なく，何らかの事実を把握したい場合には，アンケート調査を自分たちで企画し，実施することが多い。第8章までの事例研究には，そのような例が多い。

　それに対して，観光学の分野では，既存のモニタリングデータも少なくなく，実際にアンケート調査を実施しなくても明らかにできることもある。この分野では，比較的早くから市場調査に取り組まれてきた。第2章で「アンケート調査が必要なのか」という点について言及し，そこでは統計資料や過去に行われた先行調査を用いて，設定したリサーチ・クエスチョンに実質的に答えられる可能性はないのだろうかという点も指摘されていた。既存のモニタリングデータは，自分たちで実施するアンケート調査の結果を補強するために使うこともできる。さらにはこれらの統計資料を踏まえることで，第2章で示した，研究のトピックを見つけ出すこともできる。例えば，本章で訪日外国人消費動向調査について紹介するが，それらの値を見ると，中国からの観光客が急激に増加していることがわかる。当然，自然環境の保全や観光・レクリエーション利用が想定される場所でも，中国からの観光客が増加する可能性がある。持続可能な利用を実現する上で，何が問題となり，どんな対応策が考えられるのかは，新しい研究のトピックになり得るので，章末に外国人利用者の調査に関するコラムも掲載した。

　本章ではそのような視点から，旅行市場を把握するための基礎的な統計資料に

ついて実際の数値を示しながら説明するとともに，いくつかのアンケート調査の事例について紹介したい。

1. 旅行市場の基礎的な統計を把握するための継続的な大規模調査

大規模市場調査の概況

2013年の日本国内における旅行消費額は23.6兆円であった。旅行消費の波及効果まで含めた我が国経済への貢献度は，例えば付加価値誘発効果は名目GDPの5.2％に相当する24.9兆円，雇用誘発効果は全国就業者数の6.5％にあたる419万人に上る（国土交通省観光庁，2015a）。このような旅行市場や観光経済に関わる指標値は，政府が実施する種々のアンケート調査等をもとに推計されている。

このうち旅行市場規模を端的に表す旅行者数については，海外旅行者数や訪日外国人旅行者数は出入国時にカウントされ，「出入国管理統計」（法務省）によって公表されている一方で，国内旅行者数は全数カウント調査が不可能であるため，国民を対象としたアンケート調査等をもとにして推計されている。

このアンケート調査は世論調査に類似するものであり，かつては国民の旅行実態を包括的に探ろうとするものであった（後述の「全国旅行動態調査」等）。主な調査事項は，過去1年間の旅行参加率（実施率），参加回数，そのときの宿泊数や消費額等の旅行市場規模に関すること，旅行の行き先や目的，旅行先での行動といった旅行の内容に関すること，旅行に行くきっかけや動機，旅行に行けなかった場合には不参加の理由というような旅行意識に関することである。近年は，政策立案やマーケティング活用としての役割も高まり，調査方法が拡充されている（後述の「旅行・観光消費動向調査」）。これらはいずれも居住者を対象としたいわゆる発地調査（オフサイト調査）である。

一方，政府が実施する大規模な着地調査（旅行先での訪問者を対象とした調査〔オンサイト調査〕）としては，国土交通省観光庁（以下，観光庁）による「訪日外国人消費動向調査」が代表的である。これは国内主要空海港において，出国しようとする外国人旅行者を対象としたアンケート調査である。

また，各地方公共団体による管轄エリア内の主立った観光スポットにおいて，定期的に実施する訪問者数のカウント調査と旅行者の属性や旅行内容を知ろうと

するアンケート調査も，公的機関が継続的に実施する代表的な着地型の調査である。カウント調査の結果と併せて，アンケート調査の中で地域内の立ち寄り箇所を聞くことによって，入域者数を推計している。このような調査は一般的に観光入込客調査と呼ばれ，その結果は「○○県観光入込統計」として公表されている。しかしながら，これらの調査や推計の方法は各都道府県が独自の手法により実施しており，各都道府県間の比較ができないという課題があった。そこで観光庁は2009年12月に，各都道府県の「観光入込客数」「観光消費額単価」「観光消費額」等の調査や集計方法を示した「観光入込客統計に関する共通基準」を策定し，各都道府県に導入を促した。これによって，現在ではこれらの複数の着地調査を活用した観光動向の比較分析が可能となった。

　さて，国土交通省総合政策局は，観光立国推進において観光統計整備が重要であることから，2005年度に「観光統計の整備に関する検討懇談会」を開催し，観光統計整備の方向性を提言した（国土交通省総合政策局観光企画課，2005）。これを受けて，観光庁（2008年10月設置。国土交通省の外局の1つ）は市場調査に需要側と供給側という区分を設け，需要側の統計法に基づく一般統計調査（承認統計）として「旅行・観光消費動向調査」「訪日外国人消費動向調査」，供給側の統計法に基づく一般統計調査として「宿泊旅行統計調査」「観光地域経済調査」を実施している。都道府県等が実施する観光入込客統計は，需要側，供給側の双方に関わるものと位置付けた（国土交通省観光庁観光経済担当参事官室，2013）。

　本節では，観光庁の区分では需要側調査に相当する市場調査について，政府が行ってきたもの，さらに公益社団法人日本観光振興協会（以下，日本観光振興協会）や公益財団法人日本交通公社（以下，日本交通公社）といった公的機関が継続的に調査し，その結果を公表してきた調査の方法を概説する。

「全国旅行動態調査」

　内閣総理大臣官房審議室（当時）が1960年1月から1961年9月にかけて実施した「全国旅行動態調査」は，日本人の国内旅行の状況を全国規模で捉えようとした最初の調査だろう。調査の目的は，「国民旅行の普及促進の方策」「観光施設の整備についての方策」に関する基礎資料を得ることである。調査方法の概要は，母集団を全国の普通世帯とし，抽出方法は層化副次無作為抽出法，サンプル数は

5,000世帯，調査地点は全国341地点である。調査の機構は，国が都道府県に管轄区域内の調査事務を委託し，都道府県は職員の中から調査地点ごとに調査指導員を任命し，そのもとで調査員が対象世帯の世帯主に対して面接調査を行うというものであった。回収総数は世帯数では4,948件，回収率は92.6％，回答のあった世帯員数は2万3,847件であった（内閣総理大臣官房審議室，1962）。

調査事項は，表9-1の通りであり，今日の旅行市場調査の内容の原型となる体系である。この調査の特徴は，世帯を対象として調査を設計した上で，その世帯員個々に対して調査対象期間中に実施したすべての旅行に関わる実態を聞いていることであり，集計や分析は世帯と世帯員それぞれを軸に行ったことである。

調査はその後，1969年3月（報告書の発行時。以下同様），1973年7月とおおよそ5年ごとに行われ，総理府によって1997年12月までの全8回実施された（報告書は「観光レクリエーションの実態：全国旅行動態調査報告書」として公表）。そして最終となる第9回（2003年2月。調査対象期間は2000年9月から2001年8月までの1年間。調査実施時期は2001年3月および9月）は国土交通省が行った。

この調査のもう1つの特徴は継続性を強く意識したことであり，そのため調査方法や内容の変更には慎重である。旅行市場を取り巻く諸環境の変化に伴い，調査内容は回を重ねるごとにわずかに変更されたが，その時々の変更点は報告書に詳細に記載している。調査の設計や分析は，統計学や観光学の専門家によって構成される委員会で検討された。

表9-1 「全国旅行動態調査（1960-1961）」における調査事項（内閣総理大臣官房審議室〔1962〕より）

・世帯員の性別，年令，職業	・旅行の目的地
・世帯員の年間収入	・ホテル・旅館の利用状況
・世帯員の休日，休暇日数	・主な利用交通機関
・旅行の目的	・同行者の種類及び数
・旅行の時期	・旅行費
・旅行の期間	・旅行費について家計より支出した額

「観光白書」と「旅行・観光消費動向調査」

　1990年代後半の景気低迷を経て今世紀に入ると，旅行消費がもたらす経済波及効果が広く知られ，観光産業は有力な成長産業の1つとして注目されるようになる。国土交通省総合政策局は，観光産業の経済的，社会的な重要性を明らかにすることを目的に，2003年度から承認統計として「旅行・観光消費動向調査」に取り組み，現在も続いている。

　初年度実施の調査方法は次のようなものであった。調査対象は住民基本台帳に記載された15歳から79歳の日本国民とし，層化二段無作為抽出により選ばれた1万5,000人に対して，郵送により調査票を配布し，回答者が自分で記入した後に郵送により回収した。回収数を確保するために督促はがきを郵送するとともに，回答者には500円相当の図書券を進呈した。調査は1年間に4回実施し，調査回ごとに過去6ヶ月に実施した旅行の内容を聞いている。年間配布数1万5,000票に対して，有効回収票数は5,222票，有効回収率は34.8％であった（国土交通省総合政策局旅行振興課，2004）。

　調査事項は，回答者の性別と年代，旅行内容に関する質問として，旅行目的，泊数，旅行時期，行先，交通機関，同行者，旅行消費額等である。また，対象とする旅行は，国内宿泊旅行，国内日帰り旅行，出張・業務旅行，海外旅行における国内での行動に区分した（表9-2）。この調査の背景と目的は，観光経済を把握するための総計手法である旅行・観光サテライト勘定（TSA；Tourism Satellite Account）の我が国への導入を試行し，この手法に基づいて国内における旅行・観光消費額を明らかにし，さらにそれが我が国の経済に及ぼす効果を推計することにある。そのため，海外旅行については日本国内での消費を聞いている。

　あいまいに表現されることの多い日帰り旅行の定義や，活動内容の具体例は，自然保護地域における観光・レクリエーション利用に関わるアンケート調査においても大いに参照すべき点である。

　この調査は，2003年度から継続的に行われ，2009年度調査からは調査対象者を全年齢に広げ，年度単位の集計を暦年単位に変更した。2010年度調査からは調査事項，標本サイズ，集計事項を拡充した。さらに2015年度実施の調査より，電子媒体による調査票を用意し，電子メールでの回答にも対応させた。最新の調査は，全国の住民基本台帳をもとに無作為に抽出した2万5,000人を対象とする郵送自

表9-2 「旅行・観光消費動向調査」における国内旅行の区分とその内容（国土交通省総合政策局旅行振興課〔2004〕に加筆修正）

区分	内容	活動内容の具体例
宿泊旅行	出かけた先での活動内容にかかわらず，自宅以外で1泊以上宿泊する旅行が「宿泊旅行（国内）」。自家用車や夜行バス，夜行電車など交通機関の車内で泊まった場合を含む。ただし，自宅以外での宿泊滞在が連続して1年間を超える場合や出張・業務旅行を除く。	〈観光・レクリエーション旅行〉周遊観光／温泉／自然鑑賞／街歩き／ショッピング／イベント参加／コンサート・映画・演劇鑑賞／博物館／美術館／動物園／植物園／水族館／テーマパーク／海水浴／アマチュアのスポーツ活動（ゴルフ・テニス・スキー・ダイビングなど）／スポーツ観戦／トレッキング・山登り／エコツアー／釣り・クルーズ／キャンプ／体験学習／保養・リゾート／ホームステイ／新婚旅行／修学旅行／その他すべての自由時間活動
日帰り旅行	出かけた先での活動内容にかかわらず，日常生活圏を離れたところへの日帰りの旅行で，目安として片道の移動距離が80km以上または所要時間（移動時間と滞在時間の合計）が8時間以上の場合を「日帰り旅行（国内）」。ただし，通勤や通学，転居のための片道移動，出張・業務旅行を除く。	〈帰省・知人訪問・冠婚葬祭への参加〉実家への帰省／親類や友人宅への訪問／冠婚葬祭への参加／病人介護のための訪問など
出張・業務旅行	仕事・業務を目的とする出張で，出先での業務内容にかかわらず，目安として片道の移動距離が80km以上または所要時間（移動時間と滞在時間の合計）が8時間以上の場合を「出張・業務旅行（国内）」。ただし，交通機関の乗務，出稼ぎ，転勤，1年を超えた滞在を除く。	本社・支店・工場などの訪問／取引先の訪問／建設・土木等の監督／視察・取材／研修・セミナーへの参加／会議・大会・学会・コンベンションへの参加／見本市・展示会への参加／インセンティブツアー／接待旅行／講演や演奏会の開催・出演／ツアー添乗／プロのスポーツ活動／有給の研究・教育・調査活動／ボランティア活動／その他業務目的のすべての活動

記式で，4月，7月，10月，1月の年4回の実施である。主な調査事項は，国内旅行と海外旅行それぞれについて旅行実施の有無，旅行回数，旅行時期，消費内訳等を聞いており，調査量はA4判換算12ページである（国土交通省観光庁，2015b）。

調査結果をもとにして推計した国内旅行市場規模は，政府発行の「観光白書」の中で公表されてきた。「観光白書」は平成12年版（2000年6月）までは総理府編，平成13年版（2001年7月）から平成20年版（2008年7月）までは国土交通省編，平成21年版（2009年7月）以降は国土交通省観光庁編として発行されている。

平成17年版には国土交通省総合政策局調査によるという脚注のもと，1976年から2004年までの国民1人あたりの宿泊観光旅行回数と宿泊数の推移が掲載されている。その翌年の平成18年版では承認統計「旅行・観光消費動向調査」によるという表記になり，2003年度から2005年度までの同指標値が発表されている。両調査の重なる2003年と2004年の指標値は乖離しており，根拠となった両調査には連続性は見られない。我が国の旅行市場規模の推計値は，2003年を境に大きく変更されたことに留意が必要である。

なお，その後は「旅行・観光消費動向調査」をもとにしたデータが公表されている。2004年までの調査方法の詳細は公表されていないが，「全国旅行動態調査」に加えて，民間の調査会社が実施する相乗り形式の市場調査（住民基本台帳をもとにした層化二段無作為抽出による対象者への訪問留置調査）等を活用して旅行量を推計していたようである。

「観光の実態と志向」

日本観光振興協会（当時は社団法人日本観光協会。以下，日本観光協会）は，国民の観光旅行およびレクリエーションの実態を明らかにし，観光諸施策を推進するための基礎資料の作成を目的として，1964年9月から10月にかけて国民の観光に関する動向調査を行い，翌年1月に「観光の実態と志向」のタイトルで調査結果を公表した。2015年4月発行の『平成26年度版　観光の実態と志向——第33回国民の観光に関する動向調査』に至るまで，第19回調査（2000年10月に調査実施）までは隔年で，その後は毎年，調査を継続実施してきた（表9-3）。

表9-3 「観光の実態と志向——国民の観光に関する動向調査」調査設計の変遷（社団法人日本観光協会・公益社団法人日本観光振興協会『観光の実態と志向——国民の観光に関する動向調査結果』の各号より）

	第1回調査	第30回調査	第33回調査
対象地域	全国	全国	全国
母集団	全国の満18歳以上の男女	全国の満1歳以上の男女※	インテージ・ネットモニター
抽出対象	同上	同上	15歳以上の男女
標本数	3,000	4,500	10,000（設計数）
有効回収数	2,610	3,178	12,383
回収率	87.00%	70.60%	−
調査地点数	23市8町村	150地点	−
抽出方法	層化無作為抽出法	層化2段無作為抽出法	都道府県別，性・年代別人口構成比に準拠して割付
調査方法	調査員による直接面接法	調査員による訪問留置回収法（15歳未満は原則として親の代理記入）	インターネット調査
調査期間	1964年9月22日から10月9日	2011年11月3日から11月20日	2014年9月24日から9月29日

※第10回調査からは満15歳以上に変更。第21回調査からは全国民に変更。ただし，過去1年間の旅行実態を聞くため，実際の対象者は満1歳以上となる。

　なお，同協会は1968年から東京圏と名古屋圏と大阪圏居住者のみを対象とした調査も行い，「大都市住民の観光レクレーション」として調査結果を公表してきた。この調査は，1968年実施の初回調査から第15回調査（1999年10月から11月に実施）まで，ほぼ隔年で実施（1982年実施の第7回以降は東京圏と大阪圏のみを対象）された。

　このうち初回の全国調査の調査方法は，全国の満18歳以上の男女を母集団とし，標本数3,000を対象とした調査員による直接面接調査であった。標本の抽出は，最初に全国市町村を7大都市，人口10万人以上の中都市，人口10万人未満の小都市，町村の4層に区分する。次に7大都市を除く各層から確率比例抽出法によってそれぞれ23市8町村を抽出する。これに7大都市を加えた31市町村を調査対象市町村とした上で，そこから284調査区を無作為抽出するというもので

あった。このときの有効回収数は 2,610 票，回収率は 87.0％である（日本観光協会，1965）。

　この調査の特徴は，統計学的に極めて専門的な標本設計のもとで，訪問面接という丁寧な調査手法による調査を継続的に実施してきたことである。しかしながら，2012 年に実施した第 31 回調査からはインターネットによる調査に変更している。

「JTBF 旅行者動向調査」

　日本観光振興協会による「観光の実態と志向」とともに，観光研究に携わる公的機関が行う調査の代表例に日本交通公社（JTBF）が実施する「JTBF 旅行者動向調査」がある。この調査は 1996 年を初回（このときの調査の名称は「JTBF 旅行マーケティング調査」）に毎年実施している。調査方法は，当初は株式会社日本リサーチセンターが定期的に主催する NOS 全国個人オムニバス・サーベイ（複数のクライアントが相乗り方式で 1 度の調査を構成。調査方法は，当時は住民基本台帳をもとにした層化二段無作為抽出による対象者への訪問留置調査）回答者のうち，今後も調査協力可能と答えたサンプルを集めた調査パネルからの抽出者を対象とした郵送調査（現在はトラストパネル調査として商品化されている）であったが，2010 年実施分からは WEB 調査に変更した。調査の分析結果は「旅行者動向──国内・海外旅行者の意識と行動」として取りまとめ，公表している。

　同調査では毎回，過去 1 年間の旅行実態，今後行ってみたい旅行タイプや旅行先等を聞いている他，複数の観光地を提示し，それらに対する印象や訪問意向を聞いたり，その時々に着目されている旅行タイプ（例えば，エコツーリズムや世界遺産旅行等）を提示して認知や参加意向を聞いたりする等，旅行者の意識面のトレンドにも踏み込んでいる。旅行実態についての質問では，調査協力者に過去 1 年間に実施した旅行履歴の記載を求め，それぞれの旅行について，旅行先，実施時期，同行者，旅行内容，消費額等を聞いている。

　この調査の特徴は調査結果の集計や分析にある。「全国旅行動態調査」や「観光の実態と志向」では旅行実態を質問項目ごとに単純集計した上で，回答者の属性（例えば，性別や年齢区分，居住地，収入，職業別等）ごとに集計し，例えば 20 歳代の旅行，高齢者の旅行の内容といった人（旅行者）の違いに着目して分析

している。一方,「JTBF旅行者動向調査」では,その旅行を実施した旅行者のライフステージ（婚姻の状況,子供の有無と子供の年齢）と,その旅行の同行者をかけ合わせて,旅行そのものを分類し,旅行種別（例えば,熟年の夫婦旅行〔子育て後の夫婦旅行〕,小中高生連れの家族旅行,ひとり旅）ごとに分析を進めている（表9-4）（初出は日本交通公社,1997）。これは,昨今の旅行の実態は「十人十色」という個人による違いだけではなく,その個人においても時と場合に応じて異なる旅行,すなわち「ひとり十色」の旅行を楽しんでいるという仮説に立ったものである。実際にある個人の旅行履歴を見ると,旅行ごとに旅行特性が異なっており,とりわけ旅行同行者の違いが旅行内容に強く影響している。この分析軸は旅行マーケットの表現方法に新たな潮流をもたらした。

表9-4 旅行を基準にした分析の一例（公益財団法人日本交通公社〔2015〕より）

マーケットセグメント	シェア(%)	旅行出発日（%）				
		夏休み	GW	年末年始	土日曜・祝祭日	平日
家族旅行	24.8	14.8	7.4	11.6	32.0	34.1
幼児連れの家族旅行	4.6	11.7	7.9	10.9	32.6	36.9
小中高生連れの家族旅行	10.2	22.4	8.1	12.9	31.7	24.9
18歳以上のみの家族旅行	3.7	8.8	6.7	10.7	32.0	41.7
夫婦・カップル旅行	34.0	6.4	8.0	7.8	31.6	46.3
カップル旅行	7.2	7.0	8.5	10.1	34.6	39.9
夫婦旅行（子供なし）	9.5	8.5	8.8	8.7	35.7	38.4
子育て中の夫婦旅行	1.9	7.3	11.0	7.6	39.1	34.9
子育て後の夫婦旅行	15.4	4.8	6.9	6.1	26.6	55.6
友人旅行	22.5	5.6	5.1	5.1	35.6	48.7
未婚男性の友人旅行	4.3	9.3	7.6	10.4	37.6	35.1
子育て後男性の友人旅行	4.0	3.1	3.8	2.3	31.3	59.6
未婚女性の友人旅行	4.8	6.1	5.1	5.8	40.1	42.9
子育て後女性の友人旅行	5.2	3.0	4.4	2.4	26.6	63.7
ひとり旅	15.7	7.3	5.4	9.0	29.7	48.5
男性のひとり旅	9.7	8.2	5.8	9.4	30.5	46.1
女性のひとり旅	6.1	6.0	4.8	8.2	28.6	52.4

※マーケットセグメントはこの他に,子育て前の男性の友人旅行,子育て中の男性の友人旅行,子育て前の女性の友人旅行,子育て中の女性の友人旅行がある。

表9-5 旅行先（都道府県）を軸にした比較分析の一例（公益財団法人日本交通公社〔2013〕より）

旅行先	訪問者のシェア／マーケットセグメント（％）					旅行先で楽しんだ活動（％，複数回答）			
	小中高生連れの家族旅行	3世代の家族旅行	子育て後の夫婦旅行	子育て後の友人旅行（女性）	ひとり旅（女性）	自然・風景・景勝地鑑賞	歴史・文化的な名所・社寺仏閣訪問	温泉	現地グルメ・名物料理
北海道	10.0	6.6	16.3	4.0	5.2	53.3	16.7	45.4	43.7
青森県	7.1	7.4	25.9	5.1	5.1	59.2	31.2	49.6	33.6
岩手県	9.6	8.1	23.6	2.2	5.7	43.4	23.5	53.6	28.1
宮城県	8.5	6.9	20.5	4.3	7.4	32.3	23.1	42.3	38.3
秋田県	4.5	6.3	25.0	5.6	8.6	39.5	22.8	43.0	31.6
山形県	8.6	4.2	19.3	6.3	6.0	46.4	31.3	62.0	27.6
福島県	10.6	6.6	14.5	5.5	3.0	40.9	22.3	57.6	24.1
東京都	8.1	4.1	12.2	3.3	14.3	9.4	13.1	3.8	28.3
京都府	6.5	4.9	19.0	6.4	7.8	50.9	68.2	15.3	40.3
沖縄県	12.9	9.0	12.7	3.4	3.3	66.0	34.7	4.0	48.5

※旅行先，マーケットセグメント，旅行タイプはともに全体から抜粋したもので，ここに記載した以外の項目もある。

　また，この旅行履歴データが蓄積され，分析可能な旅行件数が多くなったことにより，旅行目的地（都道府県）を軸とした比較分析を行っている点も同調査の特徴である（表9-5）。現在実施されている観光地における観光入込客統計（着地での入込調査）は，先述の通り観光庁の主導により調査方法の調整が進んでいるものの，厳密には公共団体ごとに調査手法が異なるため，これらの調査結果をもとにした旅行目的地間の来訪者特性の比較分析には注意が必要である。このような発地調査（オフサイト調査）の継続実施は，これまで難しかった旅行目的地間の競合分析の可能性を示すものである。

「訪日外国人消費動向調査」

　日本を訪れる外国人数は「出入国管理統計」によって月次のデータとして知ることができる。同統計では，入国港，入国者の国籍も合わせて公表している。また，訪日外国人旅行者の旅行内容については，観光庁が2010年から「訪日外国人消費動向調査」を行い，集計結果は観光庁のホームページや，「訪日外国人の消費

動向　訪日外国人消費動向調査結果及び分析　年次報告書」として発表している（表9-6）。

　この調査は，日本を出国する訪日外国人客を対象として全国18ヶ所（2015年調査。2014年調査までは11ヶ所）の空海港の国際線ターミナル搭乗待合室ロビーで，四半期に1度ずつ実施している。調査の標本数は，四半期ごとに総数9,710サンプル，年間では3万8,840サンプルを目標にしている（国土交通省観光庁ホームページ「訪日外国人消費動向調査」）。調査方法は，10言語程度対応のタッチパネル式PC（iPad），または紙調査票を用い，外国語を話すことができる専門の調査員による聞き取り調査である。調査量はA4判にすると3枚程度（日本語での換算）である（国土交通省観光庁，2015c）。

　訪日外国人客数は近年になって急増しているが，それとともに旅行内容も多様化している。しかしながら，年間4回という調査日数のため，例えば，大型客船の寄港に伴ういわゆる「爆買い」のデータが反映されていない等，データの代表性を指摘する声も聞かれる。ただし調査地点数の増大等，調査方法の改良にも取

表9-6　「訪日外国人消費動向調査」2014年調査の概要（国土交通省観光庁〔2015c〕より）

調査対象者	日本を出国する訪日外国人 ただし，1年以上の滞在者，永住者，日本人の配偶者，永住者の配偶者，定住者など日本に居住している人，日本に入国しないトランジット客，乗員を除く
調査場所	次の空海港の国際線ターミナル搭乗待合ロビー 新千歳空港，仙台空港，東京国際空港（羽田空港），成田国際空港，中部国際空港，関西国際空港，広島空港，高松空港，福岡空港，那覇空港，博多港
調査時期	1-3月期：1月14日（火）から3月2日（日） 4-6月期：4月25日（金）から6月14日（土） 7-9月期：7月10日（木）から9月13日（土） 10-12月期：10月11日（土）から12月5日（金）
調査方法	次の10言語対応のタブレット端末または紙調査票を用いた調査員による聞き取り調査 英語，韓国語，中国語（繁体字，簡体字），タイ語，インドネシア語，ベトナム語，ドイツ語，フランス語，ロシア語
回答数	1-3月期：6,798 4-6月期：6,921 7-9月期：7,033 10-12月期：6,928

り組まれており，調査の精度は毎年高まっている。

2. 来訪者の観光地やサービスに対する評価等を把握するための市場調査

来訪者調査の概況

　前節では，公的機関が旅行市場の変動把握のために定期的に実施している旅行者を対象とした調査の状況について，発地調査と着地調査を併せて概観した。ここでは，来訪者の特性や人数の把握，観光サービスの品質管理，販売促進のためのマーケティング活用等を目的として実施される調査例を紹介する。このような調査の多くは，観光地を訪れた来訪者に対するアンケート（着地調査）である。調査方法は，調査員による聞き取り，もしくは調査票の配布と回答者の自記式が一般的である。

　調査票の配布は，来訪者に対してその場で手渡しするか，例えば宿泊者を対象に行う調査の場合には，宿泊施設のフロントや部屋に調査票を置いておき，来訪者には書面等で調査参加を促すこともある。記入後は，郵送で回収，また宿泊者調査では，そのまま客室に置いておくか，フロントで受け取ることが多い。

　観光地や観光施設において調査員が面接したり，調査票を配布したりするとき，調査対象者抽出の無作為性の確保が難しい。観光地で調査をする場合には，あらかじめ定めた調査地点を通過する来訪者の中から，等間隔で調査対象を抽出することが一般的である。このとき，大型観光バス到着時のように団体客が入り込む場合の対応等，想定されるさまざまな状況での対応を前もって決めておく必要がある。一方で，あらかじめ調査票を置いておき，そこから任意に持ち出してもらうときには，サンプルの性質に関する十分な理解と分析の配慮が重要である。

　回収率を高めるために，調査協力者に対して謝礼品を贈呈することがある。宿泊施設や飲食店での調査では，調査票をフロントやレジ周りで回収するときに回答者全員に何らかの謝礼品を渡す場合がある。来訪者への印象を高めるために，謝礼品は全員に手交することが多い。調査票を郵送で回収するときに謝礼を渡す場合には，謝礼品にかかるコストや郵送の手間を考慮した上で抽選にすることが一般的である。謝礼品は旅行券や図書券等の郵送しやすいものを選ぶこともある

が，来訪の謝意とその観光地や施設に対する印象を高めるために，その地の特産品を渡すことも多い。この場合，調査票に回答者の住所と氏名を記述してもらうことが必須なので，個人情報の取り扱いに十分留意しなければならない。

　また，これまでは紙に印刷した調査票を用いたアンケート調査が一般的だったが，先述の「訪日外国人消費動向調査」におけるタブレット端末の利用や，調査依頼文にアンケート票のWEB上の所在を示す2次元バーコードを掲載して，携帯電話やスマートフォン，パソコンを利用して回答してもらう調査も見られるようになった。印刷費や郵送費にかかる費用が大幅に軽減されること，回答時に論理チェックが可能なこと，調査票に写真や映像を組み入れやすいこと，データ入力が不要であるとともに誤入力がないこと等，利点が多い。そのため今後このような手法の増大が見込まれる。

経済産業省「全国観光客意識調査」

　観光地を訪れた来訪者に滞在中の満足度を尋ねる調査をしばしば目にするが，全国の複数の観光地で一斉に実施し調査結果を比較分析したケースは，2006年度に経済産業省が実施した「全国観光客意識調査」が最初であろう。同調査は，従来の観光政策の検討の場面では，観光地ごとの来訪者特性や観光地に対する評価といった客観情報が乏しく，データに基づいた分析があまり行われていないという問題意識に立ち，旅行者の満足度に関する基本的なデータの整理と，地域ごとの顧客満足度の調査や分析，その結果を踏まえたマーケティングやきめ細やかな対応策の検討を通した地域の集客力やリピーター率の向上を目指すための基礎指針を提示しようというものである（経済産業省，2006）。

　調査は，観光施設や宿泊施設，交通機関等に調査票を設置，配布し，後日に郵送またはインターネットで回収するという方法である。調査時期は，第1期が2006年11月から2007年4月まで，第2期が2007年7月から11月まで，第3期が2007年12月から2008年3月まで，調査対象箇所は全国の59地域，調査目標数は1地域1期あたり1,000から2,000票，全体では約25万票の調査票を配布するという極めて大規模な調査計画であった。その結果，回収数は第1期が全国47地域の合計で6,441票，第2期が51地域，6,954票，第3期が46地域，2,366票となった。

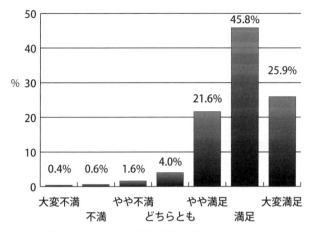

図9-1 総合満足度の分布（経済産業省〔2006〕より）

調査では顧客満足度（CS; Customer Satisfaction）を「大変満足」「満足」「やや満足」「どちらとも」「やや不満」「不満」「大変不満」の7段階で聞いている。この質問の回答者1万5,290人中，約半数が「満足」と回答し，これに「大変満足」と「やや満足」を加えた割合は9割を超えるという結果になった（図9-1）。長期間にわたる全国調査によって，観光客の大多数が，自分の訪れた観光地に満足しているということがわかってきた。一方で，観光客の満足は当たり前のことであり，逆に不満の声が挙がるときは，かなり深刻な状況にあるということが確認された。もちろん，この結果の解釈については，第6章で示された内容も踏まえて考える必要があるだろう。

観光庁「観光地の魅力向上に向けた評価手法調査」

2010年には観光庁も観光地の満足度調査に着手した。調査の目的は，観光地の魅力向上のため，各地域が主体となって継続的に実施できる満足度調査の標準的な手法の確立を目指すことである。アンケート調査の内容は，総合満足度（CS）の他に，他者に対する当該観光地の紹介意向と本人の再来訪意向といったロイヤルティを加え，これらの指標と観光客と地域の関係性を分析している点が特徴である（国土交通省観光庁，2010）。

調査対象は全国50地域，調査規模は1地域あたり2,600票の配布，調査期間は2010年1月から2月にかけての1ヶ月間である。調査票は，調査対象地域を訪れた観光客に対し，観光施設や宿泊施設で配布し，その場または郵送やインターネットで回収した。全体で13万票を配布したうち，回収数は11,626票，回収率は8.9％であった。満足度やロイヤリティの他に，旅行目的や滞在時間，旅行先を決める情報源等を聞いており，調査票の分量はA3判で2枚分である。

　図9-2には，順に総合満足度，紹介意向，再来訪意向の分布を示した。全地域を包括すると，総合満足度で「満足」という回答が5割，「大変満足」と「やや満足」を合わせると9割以上が満足しているという結果になった。このように回答が比較的高満足に集中する点は経済産業省の調査結果と同じである。また，紹介意向においても同様に好結果に偏る傾向が見られた。1年以内の再来訪意向に関しても高評価への偏りはあるものの，満足度や紹介意向と比べると回答はややばらついている。

　「観光圏の整備による観光旅客の来訪及び滞在の促進に関する法律」（観光圏整備法，2008年制定）に基づいて観光地域が策定する観光圏整備実施計画には，施策の効果を把握する指標として来訪者の満足度が重要視されており，同調査の分析結果が生かされている。

「JTBF自然公園来訪者調査」

　日本交通公社（JTBF）は2011年に，知床，奥日光，上高地，立山の4つの山岳系国立公園において同内容で来訪者アンケート調査を実施した（表9-7）。国立公園のよりよい利用を促進するためには利用者の状況把握が不可欠であること，また各国立公園の利用特性を知るためには他の国立公園との比較分析が効果的であるという考え方に立っての調査である。

　調査は4つの国立公園で，2011年の7月から8月にかけてと，9月から10月にかけての2期にわたり実施した。調査方法は，調査員による調査票の手渡し配布，郵送による回収である。調査票はA3判両面印刷2つ折りの用紙であり，この他に調査依頼と当該国立公園の概略地図を描いたA4判片面印刷の用紙を用いた。

　調査票は全体で1万8,800票配布し，回収数は6,006票，回収率は31.9％であった。このような調査方法の場合，調査票の分量や配布条件にもよるものの，一般

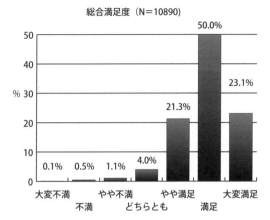

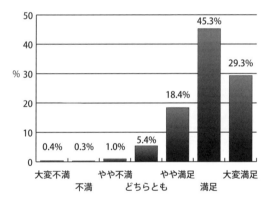

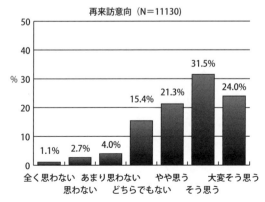

図9-2 CS（総合満足度）とロイヤルティ（紹介意向・再来訪意向）の分布（国土交通省観光庁〔2010〕より）

表9-7 「JTBF自然公園来訪者調査」の調査結果の一部(五木田〔2012〕より)

		知床 (N=414)	奥日光 (N=2,225)	上高地 (N=1,842)	立山 (N=1,525)
性別	男性	49.1%	46.4%	42.6%	41.8%
	女性	50.9%	53.6%	57.4%	58.2%
年代	30歳未満	8.8%	5.1%	6.2%	5.5%
	30～49歳	38.2%	21.5%	25.6%	22.8%
	50～59歳	24.3%	22.6%	22.7%	21.8%
	60歳以上	28.7%	50.9%	45.5%	49.8%
来訪回数	初来訪者	52.5%	5.6%	27.9%	40.8%
	リピーター	47.5%	94.4%	72.1%	59.2%
	(うち5回目以上)	10.2%	66.9%	33.3%	18.8%
調査地点周辺 での滞在種別	日帰り	32.8%	70.1%	65.9%	65.7%
	宿泊	67.2%	29.9%	34.1%	34.3%
自然散策時間	2時間未満	55.6%	39.4%	26.2%	44.2%
	2時間以上 4時間未満	26.6%	34.1%	32.7%	22.6%
	4時間以上	17.8%	26.5%	41.2%	33.2%
総合満足	大変満足の割合	26.9%	23.0%	30.6%	26.9%
	(晴天時の割合)	33.8%	29.7%	40.7%	40.3%

的には回収率が15%から20%を見込んで調査計画を立てるが,同調査は回答者の関心が高かったためか,比較的高い回収率となった。

　このように観光地を訪れた人を対象に,観光客の特性や行動,その観光地に対する満足度を明らかにしようとする調査は,地元自治体や観光協会,そのエリアの管理者,観光業に携わる民間団体がマーケティングを目的として実施するケースが多い。調査によって当該地域の利用の状況や,定期的な実施によってその経年変化を捉えることはできるが,他地域との比較の中から自地域の特徴を知ることはできない。我が国の国立公園来訪者に関する統計は整備途上であることから,JTBFの調査は,全国立公園で同じ方法の利用者モニタリング調査の実施を提言するための予備的調査という意味合いも含まれている。一般的な観光地においても複数地域で同内容の調査が継続的に実施され,経年比較や他地域との比較分析

が容易に行われるようになることが望まれる。

　このような複数の観光地において同内容の来訪者調査（着地調査）を実施するケースは，国や比較的規模の大きな民間の調査研究機関，大学の研究室等が研究目的で実施する場合に限られるであろう。このとき，研究目的の調査であっても，その結果が対象地域の観光振興に役立つことが望ましい。調査内容は，対象地域の関係者と十分な調整の後に実施すべきであり，調査結果は対象地域にフィードバックすべきであろう。

［参考文献］
五木田玲子（2012）「国立公園の利用者意識に関する研究」『観光文化』215，28-30頁．
五木田玲子・愛甲哲也（2015）「山岳系国立公園利用者の感動，満足，ロイヤルティ，心理的効用の関係性」『ランドスケープ研究』78（5），533-538頁．
経済産業省（2006）『観光集客地における顧客満足度（CS）の活用に関する調査研究報告書』
国土交通省観光庁（2010）『観光地の魅力向上に向けた評価手法調査事業報告書』
　http://www.mlit.go.jp/common/000126596.pdf（2016.3.29参照）
国土交通省観光庁（2015a）『平成27年版 観光白書』
　http://www.mlit.go.jp/common/001095743.pdf（2016.3.29参照）
国土交通省観光庁（2015b）『旅行・観光産業の経済効果に関する調査研究』
　http://www.mlit.go.jp/common/001091028.pdf（2016.3.29参照）
国土交通省観光庁（2015c）『訪日外国人の消費動向　訪日外国人消費動向調査及び分析　平成26年年次報告書』
　http://www.mlit.go.jp/common/001084273.pdf（2016.3.29参照）
国土交通省観光庁（2016）『訪日外国人消費動向調査』
　http://www.mlit.go.jp/kankocho/siryou/toukei/syouhityousa.html（2016.3.29参照）
国土交通省観光庁観光経済担当参事官室（2013）『観光統計の概要と利活用について』
　http://www.mlit.go.jp/common/000991742.pdf（2016.3.29参照）
国土交通省総合政策局旅行振興課（2004）『旅行・観光産業の経済効果に関する調査研究Ⅳ』
　http://www.mlit.go.jp/common/000059562.pdf（2016.3.29参照）
国土交通省総合政策局観光企画課（2005）『我が国の観光統計の整備に関する調査報告書』
　http://www.mlit.go.jp/common/000059346.pdf（2016.3.29参照）
内閣総理大臣官房審議室（1962）『全国旅行動態調査報告書』
社団法人日本観光協会（1965）『観光の実態と志向：国民の観光に関する動向調査結果』
財団法人日本交通公社（1997）『国内宿泊旅行市場の現況，旅行年報1997』
公益財団法人日本交通公社（2013）『旅行者動向2013：国内旅行マーケットの実態と旅行者の志

向』
公益財団法人日本交通公社（2015）『旅行年報 2015』
　　https://www.jtb.or.jp/wp-content/uploads/2015/10/nenpo2015.pdf（2016.3.29 参照）

コラム インバウンド観光の動向をとらえる

愛甲哲也

国立公園の外国人利用者数は？

　年々活気を帯びるインバウンド観光。2015年の訪日外国人観光客数は，前年比47.1％増の1,973万人と報告されている。その中で，国立公園にはいったい何人くらいの外国人が来ているのだろうか？　我が国の自然保護地域の利用者モニタリングは発展途上であり，外国人利用者のモニタリングについても同様であるが，少しずつ改善しようとする試みが見られる。

　環境省では，2012年分から国立公園の外国人利用者の推計を行っている。その方法は，第9章で述べた観光庁の訪日外国人消費動向調査の回答をもとにしている。具体的には，訪日外国人旅行者の訪問地の回答から，国立公園内の地点名を抽出し，公園ごとに訪問率を算出，日本政府観光局発表の訪日外客数を乗じて，外国人利用者数を推計している。

　その結果によると，2012年で約185万人，訪日外国人旅行者全体の0.6％と推計されている。外国人利用者数が多い国立公園の上位には，富士箱根伊豆，阿蘇くじゅう，支笏洞爺，中部山岳，日光など，いかにも外国人に人気のありそうな国立公園が並んでいる（表）。この手法では，そもそも訪日外国人消費動向調査が国立公園を訪れる外国人旅行者の推計のために設計されていないため，設定されている訪問地が国立公園の主要な訪問地と異なっていたり，利用が少ない公園の推計値の誤差が大きかったりなどの課題がまだ残っている。そのため，それを補完するために他の統計調査の利用なども検討されている。

表　外国人利用者数の多い国立公園（万人）

	2015年	2014年	2013年	2012年
富士箱根伊豆	234.1	137.6	88.7	76.9
阿蘇くじゅう	68.2	47.4	45.6	26.9
支笏洞爺	68.8	34.0	30.8	20.2
中部山岳	33.8	21.5	17.2	12.2
日光	19.0	18.2	13.3	9.1

※公園別実利用者数で，国籍・地域ごとの抽出率の違いを考慮した補正後の推定値。

富士山には，どのくらいの登山者が？

　国立公園や利用拠点での外国人利用者数や行動の把握は，まだ不十分である。各観光地では，宿泊やツアーの申し込みなどから，外国人利用者の比率や国籍を把握しようとしている。富士山では，外国人登山者が増加し，登山や適正利用の情報提供が課題となっている。そのため，2015年夏に，環境省により登山者の国籍を把握するカウント調査と，属性や意識を把握するアンケート調査が行われた。

　調査員が，8月の週末と平日に合わせて4日間，富士山の主要な登山口である吉田口と富士宮口で下山者数をカウントし，外国人が含まれると思われるグループには国籍，居住地などを聞き取った。その結果，吉田口では週末に21％，平日に28％，富士宮口では週末に12％，平日に10％の登山者が外国人であることが明らかとなった。国籍はアメリカ，フランスなどの欧米系が40％，台湾，中国，韓国などの東アジア系が39％であった。

外国人利用者の行動，意識は？

　同時に行われたアンケート調査では，より詳細に外国人登山者の属性や行動が明らかとなった。男性が6割，20代が半数近くを占めていた。欧米系の70％は日本語が読めず，東アジア系は，ひらがな・カタカナなら半数以上が読めると回答していた。登山経験は，回答者の半数が1年未満であった。山小屋には65％が宿泊していたが，欧米系登山者でその比率は低く，弾丸登山の傾向が多いことが示された。外国人登山者が利用していた情報源は，60％がWEBサイトであり，ガイ

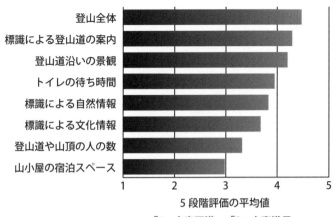

図　外国人登山者の富士登山の満足度

ドブック，観光案内所と続くが，それらの利用割合はそれぞれ2割以下であった。

　外国人登山者の登山に対する全体の満足度は高いが，山小屋の宿泊スペースの狭さ，登山道や山頂の人の多さなどを不満と答える回答者がいた（図）。登山前に困ったことは，装備や登山道の情報，体力の心配などで，登山中に高山病などの体調不良，混雑，天候などで困ったことがあったとする回答もあった。これらの行動や意識について，日本人登山者とも比較することで，より詳細に必要な施策や情報提供の改善が検討できるようになるだろう。

　筆者が調査フィールドとする大雪山国立公園においても，多くの外国人利用者を目にするようになってきた。バス停や登山口でガイドブックとにらめっこしている外国人利用者や，軽装で高山帯まで登ってくる外国人登山者も少なくない。安全・快適に，我が国の自然を楽しんでもらうために，調査手法の改善やデータを活用した施策の検討が求められている。

［参考文献］
環境省自然ふれあい推進室（2014）「国立公園における外国人の利用動向」『國立公園』第724巻，14-

15 頁.
環境省（2016）「平成 27 年度自然公園における外国人利用者数の推定手法検討調査業務報告書」
公益財団法人日本交通公社（2016）『平成 27 年度富士山における外国人登山者動向把握調査業務報告書：環境省関東地方環境事務所請負業務』

第10章 質的調査による地域資源評価の事例

岡野隆宏

　本書はアンケート調査に焦点を当てた書籍である。そのため，質的調査に焦点を当てた本章は他の章とは位置付けが異なっている。第2章でも述べたように，あらゆる状況においてアンケート調査は万能ではない。量が問題となるならばアンケート調査は力を発揮するが，現実社会では質が問題となることも多い。アンケート調査の集計結果だけでものごとを決めてしまっていいのか，目的や将来像に近づくためにアンケート調査を実施することが本当に適切なのか。本書の最後では，これらの問いをもう一度振り返るため，質的調査の事例研究を紹介したい。

1. 環境文化を把握する

背景

　保護地域とは自然環境の保護を目的として指定される区域である。一般的には，学術的な価値から指定され，その価値を保護するための行為規制や保護対策が行われる。そして，国立公園の場合は，自然体験や観光の場として利用される。しかしながら，地域住民が当該地域に見いだす価値は，学術的な価値と異なる場合がほとんどである。例えば，国際的にその地域にしか成立しない特異な特徴を有する森であったとしても，地域にとっては狩猟や山菜などの採取を行う場であったり，煮炊きのために薪炭を確保する場であったりする。地域住民とっての森の価値は，暮らしを支える恵みを提供してくれる点にある。このような自然資源の利用が規制された場合には，地域住民と自然との関係性は断絶し，その価値を喪

失するだろう。あるいは古くから聖なる場として大切にし，むやみに立ち入ることを控えてきた場合もある。そこに歩道や宿舎などの施設を設け，多くの観光客を誘導することは，経済的な利益は生むものの，地域住民の反発を買うこともある。また，観光による利益が一部の事業者のものとなるのであれば，地域住民が保護地域の恩恵を感じることはほとんどない。このような場合には，地域住民にとって保護地域は「やっかいなもの」，あるいは「関係のないもの」となり，その管理運営に理解や協力を得ることが難しくなる。さらに，日本のように古くから緻密な利用がなされてきた国土においては，地域住民が日常的に利用することで維持されてきた植生や景観が学術的な価値を持つことも少なくない。例えば，阿蘇くじゅう国立公園の主要な景観要素である広大な草原は，採草，放牧，野焼きといった農畜産業に関わる地域の利用によって形成され，維持されてきた。その利用がなくなれば，樹林化が進み，草原性の動植物や草原景観は失われてしまう。保護地域とすることで地域の利用が規制されるならば，地域の伝統的な利用によって形成されてきた植生や景観の保護は不可能となる。地域住民の理解と協力を得て，保護地域の管理運営を行うためには，地域住民と自然との関係性を充分に把握し，管理運営に反映することが求められる。このような問題は保護地域における観光，あるいはエコツーリズムという文脈においても，世界各国でたびたび指摘されている（例えば，King and Stewart, 1996; Ghimire and Pimbert, 1997; Eagles and McCool, 2004）。

　我が国の国立公園は，土地の所有権に基づかずに区域設定を行い，公用制限により保護を図る制度（環境省では「地域制」という表現を用いている）を採用している。2007年3月に取りまとめられた「国立・国定公園の指定及び管理運営に関する提言（環境省，2007）」の中では「地域制国立公園の管理運営のあり方」として，適正な管理を実現するためには国立公園関係者が「協働」することが必要と示されている。「協働」を実現するためには，地域に引き継がれてきた自然から持続的に恵みを引き出す知識や技術，そして自然観に学び，地域の価値観に沿った保護の方針を立てて，関係者と共有することが重要である。加えて，把握した知識や技術，自然観に，学術的視点を加えることで，新たな価値を創造し，これを生かした観光を推進することで，地域づくりにつなげていくことが望まれる。

　国立公園指定に向けた作業が進められている奄美大島は，2010年10月に環境

省が公表した国立・国定公園の新規指定・大規模拡張候補地の1つで，世界自然遺産候補地を構成する地域である（図10-1）。本地域の世界遺産としての価値は，湿潤な森が育む生物たちにあるが，実は奄美大島には原生状態の森は少ない。戦前は日常生活や製糖に用いる薪の確保と炭作りのために伐採が行われてきた。また食料確保のため，山でも畑作が行われてきた。戦後は建築用材やパルプチップの生産のために大規模に伐採された。現在見られる森の大部分は，旺盛な再生力によってその後に成立した二次林である。また，タブーや戒めなどによって，自然を利用し尽くさないことで，自然の恵みが持続的に得られ，多様で特徴的な生物も生き続けてきたのではないかと考えられる。

このような奄美大島の特色を踏まえ，環境省は国立公園の指定にあたって「環境文化型国立公園」という新たなコンセプトを提唱している。環境省那覇自然環境事務所が2009年に取りまとめた「奄美地域の自然資源の保全・活用に関する基本的な考え方」によれば，「環境文化」とは「固有の自然環境の中で，歴史的に作り上げられてきた自然と人間の関わりの過程と結果の総体，つまり，島の人々が島の自然と関わり，相互に影響を加え合いながら形成，獲得してきた意識及び生

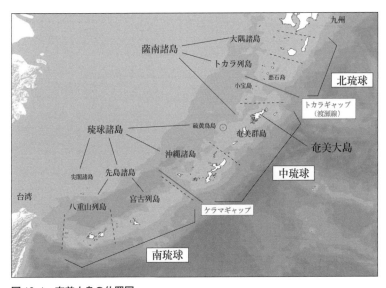

図10-1　奄美大島の位置図

活・生産様式の総体」とされている。また,「環境文化型国立公園」については,環境文化を再認識しながら,地域と一体となって管理運営を行っていくことと,環境文化を来訪者に伝えていくことが提案されている。

「環境文化」という言葉が保護地域に関連して最初に用いられたのは,「屋久島環境文化村マスタープラン」(鹿児島県, 1992)である。屋久島環境文化村とは,自然との共生型社会を地域に回復することを前提に,「環境文化」を基礎とした屋久島らしさの確立,観光や環境学習,情報等も含めた外部との健全な関係の確立の2点を必須要件とした地域個性化の試みである(小野寺, 1994)。

目的

本研究の目的は,環境文化型国立公園をどのような形で構築していけばよいのかを,奄美大島で実施した環境文化把握調査の結果に基づいて考察することである。本調査は多岐にわたるものであるが,一連の調査を通じ,(1)人々は地域の自然環境をどのように利用してきたのか,(2)人々は地域の自然環境とどう向き合っているのかを明らかにする。つまり,この2点がリサーチ・クエスチョンということになる。

一方,本章の内容は調査とは銘打っているものの,国立公園の指定に向けた作業が現実に進められている奄美大島を対象に,地域住民と自然との関係性を国立公園の指定と管理運営に反映させる取り組みそれ自体でもある。あえてリサーチ・クエスチョンという形で整理すれば上記のようになるが,実際には一連の活動報告の側面も持っている。

2. 奄美大島の自然と文化

奄美大島が属する奄美群島は,鹿児島県の南部に連なる島嶼群で,有人島には奄美大島,加計呂麻島,請島,与路島,徳之島,喜界島,沖永良部島及び与論島の8島がある。総人口は一時22万6,752人(1949年)を数えたが,その後の著しい人口流出に伴い,2010年の国勢調査では11万8,773人となっている。

奄美大島は群島最大の島で,面積は712.5km^{2}で,離島関係特別法が適用される離島[*1]のうち佐渡に次ぐ第2位の広さを有している。2015年の人口は6万

2,716人で群島総人口の54.8％を占め，奄美市，大和村，宇検村，瀬戸内町，龍郷町の1市2町2村からなっている（鹿児島県大島支庁，2016）。

　奄美市名瀬の年平均気温は20℃を超え，年間に3,000ミリ近い降水量があり，温暖多雨な気候である。島の8割以上が森林に覆われており，スダジイ，オキナワウラジロガシ，タブノキ，イスノキなどが優占する亜熱帯照葉樹林が発達している。同緯度で発達した湿潤な森林として世界的にも珍しい存在である。うっそうとしたこの森に，アマミノクロウサギなど世界でもこの地域にしか分布しない生物たちが生きている。

　奄美群島が属する琉球弧の島々はかつてユーラシア大陸の一部であった。約1,500万年前以降の沖縄トラフの形成と拡大によって大陸から分離し，その後に続く激しい地殻変動による隆起や沈降，約170万年前以降の気候変動に伴う海水準の変動，サンゴ礁の発達に伴う琉球石灰岩の堆積などを経て今の島の姿になったと考えられている。

　島に生きる生物は島の歴史を反映している。大陸との分離により当時の陸生生物を乗せたまま島となり，その後長い時間を経て生物は独自の進化を遂げた。さらに約170万年前から特に顕著となった気候変動に伴う海水準の上昇・下降の反復により近隣島嶼の間で分離と結合が繰り返されると，生物も隔離と交流が繰り返された。

　海水準の変動による島の分離と結合は，海底の地形に大きく関係する。海底地形を見ると，1,000メートル以上の深さの切れ目が2ヶ所ある。トカラ列島の悪石島と小宝島の間にあるトカラギャップと，慶良間諸島の南にあるケラマギャップである。

　この2つのギャップを境に，生物の分布が大きく異なることが知られている。例えば，毒蛇であるハブの仲間はトカラギャップより北には生息しない。そして，ケラマギャップを境に北にハブ，南にサキシマハブが分布している。このため，琉球弧の生物を考える際は，トカラギャップ以北を北琉球，トカラギャップとケラマギャップの間を中琉球，ケラマギャップ以南を南琉球と区別して扱われる（図10-1）。トカラギャップは世界的な生物の分布でも大きな境目となっており，「渡瀬線」と呼ばれている。

　奄美大島が含まれる中琉球の島々には近縁種が近隣地域に見られない「遺存固

有種」が多い。これは遅くとも170万年前には大陸及び近隣の島嶼群から隔離されたことにより，新たな捕食者や競争相手が海を越えることができなかったため，近隣地域にも分布していた種が絶滅していく中でこの地域にのみ生き残ることができたからだと考えられている。いわば中琉球は古い大陸の生物を乗せた方舟である。アマミノクロウサギ，ケナガネズミ，アマミトゲネズミ，トクノシマトゲネズミ，アマミイシカワガエルなどは中琉球の固有種であり，遺存固有種である。これらのほとんどが，IUCN(*2)が策定するレッドリストに記載されている国際的希少種である。

2003年に専門家で構成された「世界自然遺産候補地に関する検討会」において奄美大島を含む「琉球諸島(*3)」が，知床，小笠原諸島と並ぶ世界遺産の候補地の1つとして選定された。2013年に日本政府が提出した世界遺産条約に基づく暫定リストによれば，本地域の世界遺産としての価値は，大陸との分離・結合を繰り返した地史を反映した，大陸島における生物の侵入と隔離による種分化の過程を明白に表す顕著な見本であり，多くの国際的希少種の重要な生息・生育地となっているなど，世界的に見ても生物多様性保全上重要な地域であるとしている。

独特の文化が色濃く残っているのも奄美大島の特徴である。以下，この節末まで中山（2013）を引用する。

　奄美の人々の暮らしは，自然との深い関わりのもとに営まれており，南北との交易や琉球・薩摩の介入といった歴史の影響を受けながら，島唄，八月踊り，豊年祭など独特の伝統文化・芸能や，信仰，自然観などを生み出してきた。（中略）方言では集落を「シマ」と呼んでおり，シマごとに，言葉や習俗が異なり独自の方言，島唄が残るなど，多様化した文化が見られる。（中略）

　海の彼方には神々がいるネリヤ・カナヤ（ナルコ・テルコ，リュウグウ）と呼ばれる理想郷があり，豊穣や災害をもたらすと信じられている。琉球王朝時代には，神々を迎え，送り出す祭事や農耕儀礼，年中行事を司るノロ制度ができ，現在でもその時代に生まれたと思われる行事や芸能が各地に伝わっている。

　ノロによって迎えられた神々は，山に降り，山から尾根伝いに集落に下りてくるとされたことから，カミヤマ（神の降り立つ山），カミ道（山から降りてきた神が通る道），ミャー（集落の中心にある祭祀等を行う広場）などといった信

仰空間が集落の構造に影響を与え，前面の海や背後の山とともに集落空間（景観）が形成されてきた。

　山仕事に従事していた人々は，山の神に感謝するため「山の神の日」を設け，その日は山に入らないといった風習が存在するなど，神の領域への侵入をコントロールするためのタブーや戒めが存在している。それが奄美に棲むと言われる妖怪「ケンムン」や山の神との遭遇体験，聖なる空間の存在など，様々なかたちで島民の間に引き継がれ，守られてきた。しかし，このような，集落を中心として周辺の自然と一体になった生活，集落空間の仕組みや秩序，ノロによる祭司，島民の空間概念や精神性などは，近年の急激な社会経済の変化により地域の中での伝承力が低下し，将来世代への継承が懸念されている。

3. 屋久島などを例とした世界遺産の効果と課題

　世界遺産は地域づくりのツールとしても期待されている。世界自然遺産は地域に何をもたらすのだろうか。1993年に世界遺産に登録され，2013年に20周年を迎えた屋久島の例で見てみたい（岡野，2013）。

　まず顕著なのは観光面への影響である。この20年間で入込客数が2倍近くに増え，島内の宿泊施設数は3倍となり宿泊定員も倍増した。屋久島観光協会に登録された自然を有料で案内するガイドも150人を超え，大きな産業へ成長した。

　加えて，世界自然遺産の登録により，地域の自然の価値の再認識が行われるとともに，地域の自然が世界に認められることで，精神的な利益も生み出した。「島外で出身地を聞かれた際に説明しなくてもすぐわかってもらえるようになった」あるいはより積極的に，「屋久島出身であることを堂々と言えるようになった」との発言が住民から聞かれるようになったことが報告されており，世界遺産が地域に自信と誇りを与えたと言えよう。

　また，将来に引き継ぐために，関係機関（環境省，林野庁，鹿児島県，屋久島町など）が協議を行う場として山岳部利用対策協議会，世界遺産地域連絡会議，世界遺産地域科学委員会などが設置され，保護や適正な利用のあり方について議論が行われ，対策が講じられている。

　その一方で，縄文杉と呼ばれる樹齢2000年以上といわれる島中央部にあるスギ

への観光客の一極集中が顕著となり，自然環境と利用環境の悪化が懸念されている。また，訪れる観光客が増えているにもかかわらず農業生産額は減少を続けており，観光以外の産業への波及効果は大きくない。

　他の事例も踏まえて，世界遺産の効果を整理する。まず，登録を目指す過程においては，(1) 地域の自然の価値を見直し，地域の将来を考える機会となる，(2) 多様な関係者が同じテーブルにつき，地域の自然の保全と活用について議論が交わされる，(3) 自然を守る仕組みが整う，といった効果が見られる。奄美群島では，世界遺産に向けた協議会が設立され，飼い猫の適正飼養条例や希少種の保護条例が制定された(*4)。また，奄美大島の5市町村が共同で生物多様性地域戦略を策定したが，これは国内初の事例である。さらに，国立公園や森林生態系保護地域などの保護地域の設定が進められている。

　世界遺産への登録は，地域の有する価値が国際的に認められたことを意味するが，これによって，(4) 地域に誇りをもたらす，(5) 保全意識の向上や保全活動の活発化につながる，(6) 知名度の向上により，訪れる観光客が増加し，地場産品にも付加価値を生じさせる，といった効果がある。国内だけでなく国際的にも世界遺産は今や憧れの観光地となっている。

　一方でいくつかの課題もある。世界遺産への登録は，全人類共通の財産になることを意味する。外からの視点による価値や保護の押しつけは，地域と世界遺産政策との乖離を生じさせる可能性がある。白神山地では，地域（マタギ文化）と世界遺産政策（立入規制）の問題が生じた（鬼頭，1996）。地域のことが地域だけで決められなくなるのではないか，というのが住民の懸念である。もちろん，世界自然遺産は自然科学の学術的観点から評価され，保護が重視される。しかし，外からもたらされる評価とそれに伴う規制によって，地域の食の楽しみが奪われたり，伝統的な祭祀が行えなくなったりするようでは困る。今ある自然は地域の日常が引き継いできたものであり，その知恵と技術に学ぶことも多いはずである。地域の自然を引き継ぎ，世界自然遺産を活用していくためには，外からの評価だけに左右されないよう，地域住民が自らの手で自然との関係性を捉え直し，地域のものさしをしっかり持っておくことが大切である。

　また，世界遺産によってもたらされる外部からのまなざしが特定の場所や価値だけに集まると，一部の地域に観光客が集中し，得られる利益も観光業に集中す

ることとなる。特定の場所における観光客の増加は，自然環境への負荷を増大させ，外来種の侵入などの問題を引き起こす。また，観光に従事しない地域住民は恩恵を感じないということになる。加えて，世界遺産になっただけでは観光客の増加は一時的である場合がある（村田，2008）。

　奄美大島の場合，世界遺産としての価値はアマミノクロウサギなどの野生生物にある。しかし，アマミノクロウサギは夜行性で，昼間の観光で見ることは難しい。見ることや見せることを追求すれば夜の森への入り込みが増大し，生息環境を脅かすことになる。確かに，本物の野生生物を見ることは感動が大きい。しかし，ナイトツアーで私たちが目にするのは脅えて逃げていくクロウサギである。これが頻繁になって生息環境が損なわれれば，アマミノクロウサギは姿を消し，結果的にこのような観光は成り立たなくなる。希少な野生生物中心の観光は，生物への影響が大きく，多人数の要求を満たすことは難しい。

　環境に影響を与えず持続的に観光客を呼び込むためには，魅力的なガイドツアーと適切なルール作りなど新たな観光プログラムの開発が必要となる。

4. 集落における環境文化把握調査

調査の目的と方針

　環境文化把握調査は，地域住民と自然との関係性の見直しと，持続的で魅力的な観光プログラムの開発に向け，島の人々が日常の暮らしの中で島の自然と関わり，相互に影響を与え合いながら形成，獲得してきた「環境文化」の把握を目的として実施した。その際，環境文化型の国立公園あるいは世界遺産に向け，地域の皆さんが主体的に，かつ継続的に取り組んでいただけるよう次の方針を掲げた。

方針１：地域の皆さんが主役となるよう調査を行う

　環境文化の把握は，地域の人が自らの感覚で地域を見直すことが重要である。このため，五感を使った自然とのふれあいの調査，地域の方による聞き書きなど，地域の方が主役になるような手法を用いて環境文化の把握を行った。

　調査の参考としたのは，日本自然保護協会が提唱している「人と自然のふれあい調査」（以下，「ふれあい調査」という）である。人と自然のふれあい，つまり

地域の自然に対する市民の思いや，地域で蓄積されてきた伝統的な農林業などの自然の利用の方法，自然と関わりながら成り立ってきた暮らし方などを明らかにする市民参加型の調査である（日本自然保護協会，2010）。ふれあい調査は，「五感によるふれあいアンケート」，「ふれあい懇談会」，「現地調査」，「聞き取り」で構成される。

「聞き書き」は，個人のライフヒストリーを聞いて記録するものである。聞き書きの手引き書として『聞くこと・記録すること――「聞き書き」という手法』（製作：SATOYAMA イニシアティブ国際パートナーシップ事務局・国連大学高等研究所，製作協力：特定非営利活動法人　共存の森ネットワーク・環境省）が発行されている(*5)。この手引き書では，聞き書きの効用として「人と人をつなぐ」，「世代と世代をつなぐ」，「人と自然をつなぐ」と述べられている。

これらの手法を地域で活用いただけるよう，ふれあい調査と聞き書きの勉強会も開催した。

方針２：既存の取り組みと連携し，地域に調査ノウハウを蓄積する

環境文化の把握と価値の見直し，それを生かした観光プログラムの開発が地域で継続されるよう，既存の取り組みと連携した調査を行った。

奄美群島では 2008 年度から 2010 年度に実施された「文化財総合的把握モデル事業」（文化庁）から生まれた「奄美遺産」の取り組みが進められている。従来の文化財の枠組みを超えて，地域が大切にしてきたものを把握・保存・活用しようとする試みである。この取り組みでは，島民が「敬い，守り，伝え，残したい」と思っているものと，一定時間の間にわたって「受け継がれてきたもの」を，遺跡や自然物など実体のある要素以外にも，生産・採集や遊びなどの空間的要素も含めて「市町村遺産」として把握することを目指している（宇検村・伊仙町・奄美市，2011）。その中から，奄美群島で大事にしていくものを，市町村の提案に基づいて「奄美遺産」として認定し，保存と活用を図るものである。この取り組みは奄美群島各地で進められており，「環境文化」として捉え得るものが多く把握されている。

奄美遺産の取り組みには多くの地域の方が参加されているが，これに社会科学と自然科学の両分野の学術的な知見を加味することで，幅広く環境文化を把握し

て価値付けていくことが可能となる。外部の研究者が関与することで,「奄美遺産」の取り組みが活性化するとともに,連携によって生まれた調査ノウハウが「奄美遺産」の取り組みに蓄積されることを意図した。

　また,地域資源を活用した観光プログラム作りに取り組むNPOとも連携して調査を行った。観光プログラムの開発にあたっては,地域で捉え直した価値の中で,対外的に公開せずに大切にしていくものと対外的に発信すべきものを地域で議論して決定した上で,地域の手によって商品化していくことが望まれる。調査終了後に報告会を開催し,調査結果を地域に還元し,観光プログラム作りについて議論を行った。

調査地

　調査は奄美大島の龍郷町秋名・幾里と,奄美市住用町西仲間の2つの集落で実施した。対象範囲を集落,すなわち「シマ」としたのは,前述したように集落ごとに独自の方言や島唄が残っており,環境文化の基盤となる生活空間の単位になっていると考えたためである。

　秋名・幾里は,龍郷町の西部に位置する東シナ海に面した集落で広大な水田を有している。奄美大島でほぼ唯一大規模に稲作が続けられており,国の重要無形文化財に指定されている秋名アラセツ行事（平瀬マンカイ,ショチョガマ）など稲作に関わる祭祀が残る。アラセツ行事は秋名平瀬マンカイ保存会により引き継がれている。

　西仲間は,奄美大島の中央部を流れる住用川に沿った集落で,森林・河川・マングローブ湿地が一体として残り,国立公園及び世界遺産の利用拠点となる可能性の高い集落である。また,地域資源を活用した観光プログラムづくりに取り組むNPOが,シマ歩きガイドツアーを試行している。

　調査を進めるにあたって,龍郷町教育委員会と奄美市住用総合支所の協力を得た。

調査方法

　本調査では,①五感のふれあい懇談会,②集落現地調査,③聞き取り・聞き書き,④土地利用の変遷把握,⑤自然資源利用状況調査及び自然環境調査（料理・

屋敷林），⑥地図化を行った。

①五感のふれあい懇談会
　シマの年輩の方（おおむね80歳代）に集まっていただき，①目に浮かぶ風景，②耳に残る音，③鼻に思い出す匂い，④肌によみがえる感触，⑤舌になつかしい味，⑥畏れ敬うもの，以上6つのテーマに沿って，自然の中での体験を語っていただいた。懇談会はそれぞれ1回開催した。
　①から⑤は，ふれあい調査の「五感によるふれあいアンケート」の項目である。地域で暮らしてきた人たち1人ひとりの五感を通して，自分と向き合い，自分の内に記憶された地域での自然とのふれあいを掘り起こすことを意図している。⑥は奄美遺産の調査項目である。奄美大島には，自然を畏れ敬う心が色濃く残っている。「ケンムン」と呼ばれる妖怪が今でも生きており，その畏れ敬う心が現在の自然の姿を形作ってきたと考えられることから調査項目に加えた。
　複数人数による懇談会という形式を取ったのは，お互いの記憶がふれあうことで1人では忘れていたことを思い出すことと，思い違いを他の人から修正されるためである。そして何より，思い出話に花が咲き，地域の方も楽しく参加できるためである。
　自然とのふれあいを思い出していただくきっかけとして，後述のように昔のシマ周辺の地図と空中写真（航空写真）を提示した。

②集落現地調査
　五感のふれあい懇談会の後，参加者とシマを歩き，話に出た場所の現状を確認し，現場で思い出した話を記録した。居住地から離れた場所については，後日，語り手とともに現地調査を行い，GPSで記録して地図上の位置を確認した。

③聞き取り・聞き書き
　懇談会は非常に楽しく取り組める手法であるが，盛り上がると複数の方が同時に語り出すために記録がうまく取れない，話が次々に展開するため細かい点が確認できないといった欠点も有する。そこで，詳細を確認し記録するために，その後に聞き取り調査を行った。懇談会参加者の一部と，山の利用に詳しい方，海の

利用に詳しい方，川の利用に詳しい方，農業に詳しい方，集落の祭祀に詳しい方などを紹介いただいて，シマにおける自然資源の利用についてお話を聞かせていただいた。ふれあい懇談会での話を書き込んだ地図を用い，場所を確認しながらお話を記録し，シマの自然資源の利用について把握した。

また，学生実習として個人の「聞き書き」も併せて行った。秋名では，秋名平瀬マンカイ保存会の皆さんに秋名アラセツ行事とシマの暮らしを将来世代につなぐ思いをお聞きし，西仲間では，豊かな恵みと時に大きな被害をもたらす住用川に寄り添いながら自然を畏れ敬いながら紡がれたシマの暮らしをお聞きした。

④土地利用の変遷把握

過去の航空写真と地形図を用いて，戦後の土地利用の変化をおおむね20年ごとに把握した。主として用いたのは1/50,000の地形図である。

奄美大島の土地利用変化を考えるとき重要な出来事として，1953年（昭和28年）の本土復帰，1960年前後から始まる分蜜糖生産に伴うサトウキビ栽培面積の拡大，1970年に始まった減反政策による水田面積の減少，1965年頃から1990年頃まで続くパルプ伐採，1990年前後の奄美振興事業最盛期などがある。

そこで，①戦前，②米軍統治から復帰直後：1955年（昭和30年）前後，③紬（つむぎ）景気と農業転換期：1965年（昭和40年）前後，④奄美振興事業ピーク：1990年（平成2年）前後，⑤現在：2010年（平成22年）前後のおおむね5つの年代について地形図により土地利用の変化を追った。

奄美大島の入手可能な地形図で，最も古いのは1919年（大正8年）及び1920年（大正9年）に測量され，1953年（昭和28年）及び1954年（昭和29年）に発行されたものである。上記の区分に従って該当する図歴を表10-1に示す。復帰直後については，1956年（昭和31年）測量の1/25,000地形図を用いた。

表10-1 奄美大島 1/50,000 の地形図の図歴

図版名	戦前	復帰直後	紬景気農業転換	奄振事業ピーク	現在
笠利崎	1920	なし	1968	1986	2003
名瀬	1920	1957	1968	1986	2007
名瀬東部（赤木名）	1920	1955	1968	1986	2007
西古見	1919	1957	1968	1985	2003
湯湾	1919	なし	1968	1987	2007
小湊	1920	なし	1968	1986	2003
請島	1919	1956	1968	1985	2003
古仁屋	1920	1957	1968	1987	2003
参考データ 奄美大島人口	100,160 (1920)	103,907 (1955)	79,775 (1970)	79,302 (1990)	70,462 (2005)

⑤自然資源利用状況調査及び自然環境調査

　奄美大島の郷土料理と植物利用に詳しい方にご協力いただき，両シマでの「年中行事と料理」と「屋敷における樹木利用」について調査を行った。お2人は「奄美遺産」の取り組みの主要メンバーである。

　また，鹿児島大学の森林生態学と動物生態学の専門家の協力を得て，放棄後48年が経過した段々畑の状況と，住用川河口に広がる干潟の生物調査を実施した。

⑥地図化

　ふれあい懇談会と聞き取りで得られた情報，さらに現地調査の情報を加えて地図化し，「自然ふれあいマップ」を作成した。ふれあいマップは，シマのどの場所にどのような自然とのふれあいがあるか，自然資源をどのように利用してきたか一目で概観できるもので，地域が大切にしてきた自然との結節点を明らかにすることができる。また，観光プログラムを検討する際の資料，記憶を可視化することによって世代間の知識や古い地名の継承にも活用できる。

調査結果

①五感の記憶

　ふれあい懇談会では多様な五感の記憶を聞くことができた（表10-2）。シマのあらゆる場所での自然とのふれあいの話があったが，秋名では海と水田，西仲間では森と川に関する話題が多く，シマを取り巻く自然環境の違いがうかがえる。また，両シマとも「舌になつかしい味」の話題が多く，その多くが自然からの恵みであった。

　秋名では海の幸の話題が多い。「目に浮かぶ風景」として挙げられた「フルガキ」，「ミーガキ」は，潮の干満を利用して魚を捕る「魚垣」のことである。「肌によみがえる感触」で挙がった「イショタナガ（ミゾエビ）とり」は，砂浜に足を「キュッキュッ」と踏み込んで動かし，ミゾエビを追い出して捕まえる話である。海で貝を「拾う」（採る）ことは日常的に行われており，楽しみとされている方も多かった。

　西仲間では川の幸の話題が多い。住用川で獲れるリュウキュウアユ，モクズガニ，テナガエビは多くの住民の大好物である。「目に浮かぶ風景」の「コモリ」とは川の淵のことである。淵は深く流れが穏やかなため，遊び場であり，獲物となる生き物の住みかである。ひとつひとつの淵に名前がついていた。「肌によみがえる感触」では，川を裸足で渡るときに，たくさんの小さなエビが足を這い上がってきてチクチク痛かったというお話が印象的であった。それだけたくさんのエビがいたということである。

　また，カミさまや「ケンムン」に関する話も多く聞かれ，自然を畏れ敬う心を伺うことができた。

　しかし，残念ながら海・川・山の幸は少なくなっている。リュウキュウアユは数が少なくなり絶滅が危惧されていることから「鹿児島県希少野生動植物の保護に関する条例」により捕獲が禁止され，今は食べることができない。テナガエビやモクズガニも数が少なくなり，海ではシラヒゲウニが姿を消した。「キュッキュッ」と足を入れる柔らかな砂浜がなくなり，川のコモリも小さくなってその姿を変えたと伺った。

表 10-2　ふれあい懇談会の結果

	龍郷町秋名	奄美市住用町西仲間
概要	広大な田袋を有し，奄美大島ではほぼ唯一大規模に稲作が続けられている。平瀬マンカイやショチョガマなど稲作に関わる祭祀が残る集落。海に面した集落で，かつては魚垣があった。	森林・河川・マングローブ湿地が一体として残り，国立公園及び世界遺産の利用拠点となる可能性の高い集落。森林に近くヤマシャ（大工）の集落として知られる。住用川沿いの集落で，海には面していない。
目に浮かぶ風景	フルガキ（ジンタロウカキ），ミーガキ アブラゴ，ハーセ イケハナゴモリ，チチうなぎ 水車小屋 ウントノチの石垣，ウントノチの千年桜，イケハナ，サンゴ礁の石垣，厳島神社（武運神社） ビンツルガミサマ	かつての住用川，コモリ（アムゴモリ・ラクエイゴモリ・ミヨシゴモリ・マツゴモリ・オースンゴモリ・マキゴモリ），タンギョの滝，キョンコ，アネクジ（カニかご漁），タンガ採り，ハマオレ・ハマクダリ 稲作風景，水車小屋，ゆいたば，ソテツとり キンチク（ホウライチク）やタケの囲い，盆踊り，豊年祭 ノロ神様の祈り，ノロ神石，オガミヤマ マヨロムン，ケンムンマチ，クフ（リュウキュウコノハズク）
耳に残る音	シカタ，カラス（カミドリ），ルリカケス ヤブシンの夜の宴会の音，雨の音 クィンムンの音 グラマンの機銃の音	豚の鳴き声，牛の鳴き声，鶏の鳴き声 踊りの唄 昔話 機織りの音
鼻に思い出す匂い	ヤンゴ花，サガリバナ，ジッチョ（ゲッキツ）の花，ヤマユリ 焼酎製造の香り サネン（ゲットウ）を使った料理	タンガ（テナガエビ）を塩蒸ししている匂い サタヤドリの匂い オーイチ号 マツタケ（マツタケモドキ），シイタケ，ヤマツバシャ（オオバカンアオイ） バンスの匂い
肌によみがえる感触	イショタナガ（ミゾエビ）とり，ハマグリとり，フノリを髪につけた感触，	川を裸足で渡るときの小さなエビの感触，柳橋からの飛び込み，川での水泳

	スガリに咬まれた，タコの吸盤 川に飛び込んだ感覚 ソテツの葉を踏んだ痛さ	サトウキビの収穫 ダニと塩 靴ずれ
舌になつかしい味	ヒジシ（フグ），シラヒゲウニ，イセイビ，タコ ヤマタロウガニ，タナガ，ウナギ，セイ，タニシ，シジミ ドゥガキ，ナリ，シンガイ，ソテツ焼酎 シイの実，クワの実，アマグゥ，グマ，ミンコチッパ 泉（フリコ，ヒゴムズィ） ユンドゥリ（スズメ） トモジル	ヤジ（リュウキュウアユ）アユの塩辛，マーガン・ガン（ヤマタロウガニ・モクズガニ），カニのフヤフヤ，カニ味噌，タンガのフヤフヤ，タンガ（テナガエビ）を塩蒸し，ノボリイブ（ハゼ？）セックラ・サイの塩蒸し ナリ粥，ソテツ粥，ムジャバノスィ，オーイチ号，サタユ・サンザタ，サトウキビ 筍，椎の実，椎の実焼酎，ミンチャク，アクチ，ギマ，桑の実，イチュビ（ノイチゴの総称） チスイムン（血吸物），ゥワスイムン（豚吸物） 三枚肉の缶詰 クロウサギ
畏れ敬うもの	河童，ガラッパ，ケンムン，ケンムンマッチ ヒダマ，チュダマ	オガミヤマ，カミヤマ，カミミチ オミヤ，キョンコ ケンムン

②聞き取り・聞き書き

　聞き取り調査の結果から，自然とともにあるシマの暮らしを取りまとめた。

　学生と行った聞き書きでは，自分の人生や地域のことを見つめ直す機会を得た「話し手」に，生き生きと思い出話を語っていただいた。「話を聞かれなかったら思い出さなかった。ありがとう」と思いがけず感謝の言葉もいただき，ともに楽しい時間を過ごすことができた。「話し手」は元気になって帰っていく。記録を取ることは大切な作業だが，なによりも楽しく元気になれる力が「聞き書き」にはある。結果は小冊子にまとめ，ご協力いただいた方に配布した。

③土地利用の変遷

　地形図の判読と主要統計指標の推移から奄美大島の土地利用についてまとめた

のが表10-3である。

　戦後の土地利用の変化をおおむね20年ごとに概観したが，社会経済の変化を反映して土地利用も変化してきた。特に1965年前後の変化が著しいことが明らかになった。これは全国的な高度経済成長と時を同じくするが，本土復帰後の急速な紬産業の伸びと，減反政策による稲作の減少が，より急激な変化をもたらしたと考えられる。

④土地の利用履歴と植生の相関

　土地利用の変遷から，森林が伐採されてきた状況も把握された。第6回・第7回の自然環境保全基礎調査の結果によれば，ほぼ原生林と思われる常緑広葉樹林はわずか6.5%であり，人為による攪乱後に再生した常緑広葉樹林二次林が55.2%を占めている。常緑広葉樹は伐採後に萌芽更新を行うため，再生力が大きく，40年も経てば見た目には森林が回復する。

　また，常緑針葉樹のリュウキュウマツ群落も19.9%を占める。リュウキュウマツは先駆種で，荒地などに最初に侵入し，優先する樹種である。一時期は有用樹として，照葉樹林の伐採後に植林もされた。

　1956年の地形図を見ると，かなり標高の高い場所まで段々畑として利用されており，そのような場所は，50年後にもリュウキュウマツ群落であることが多い。

　放棄されて48年が経過した段々畑で行った植生調査の結果，自然林において優占するとスダジイは出現せず，落葉樹が優占する森林となっていた。奄美大島ではスダジイの優占する森林を伐採してもスダジイの萌芽能力によって比較的短期間で再生することが報告されているが，段々畑として利用されていたため，攪乱時の萌芽可能な切り株や発芽可能な埋土種子は存在していなかったと考えられる。落葉樹の更新状態を踏まえると，調査地の森林は時間経過につれてスダジイ以外の常緑種の優占する森林へと遷移すると考えられる。スダジイの優占する森林へと遷移するにはより長い期間を要し，調査地外からの種子供給が重要となると考えられた（石貫・鈴木，2013）。

　また，終戦直後まで「かさんはげやま」と島唄にも唄われるほど伐採されていた奄美大島北部の笠利地区では，現在でもリュウキュウマツ群落が広い面積を占めている。攪乱が強度であった場合には，長期間にわたりリュウキュウマツ群落

表 10-3　各時代の社会的状況と土地利用の状況

時代区分	社会的状況	土地利用の状況
①戦前	人口は 10 万人を超えていた。全島で稲作が行われ，大島紬の生産も盛んであった。	各集落の河川沿いの平地では稲作が行われており，山に近いところは畑作で，主にサトウキビ生産が行われていた。集落周辺の山地は荒地の記号が多く，砂糖生産や日常生活のための薪炭や，砂糖を詰める樽を作るための用材として森林を高頻度で利用していたことがうかがえる。一方で神屋や湯湾岳周辺などの奥山には，大規模な照葉樹林が広がっていた。
②復帰直後：1955 年（昭和 30 年）前後	アメリカ統治時代は，本土との交流が途切れ，人口が最大に。大島紬の販売が難しくなり生産量は大幅に減少。食料の流通もわずかで貧困にあえいだ時代。	人口が最大となり，食料生産の必要から，段々畑の利用が最大となる。サトウキビから主食である稲作に切り替えた場所も多く，水田面積も最大に。森林は枕木生産や用材として利用されていたが，人力による択伐であったため，それほど大きな改変は伴わなかったと考えられる。
③紬景気と農業転換期：1965 年（昭和 40 年）前後	分蜜糖生産が始まり，1970 年には減反政策が始まる。大島紬の生産が 1965 年頃から上昇し，昭和 50 年代（1975 年前後）に最盛期を迎える。多くの島民が紬産業に従事し，活気に沸いた。家庭の内職で紬が織られ，現金収入が得られるようになる。手間のかかる稲作を敬遠する流れもあり農業の転換を加速。また，現金は子供の学資となり，多くの若者が流出し，人口が大きく減少した時代でもある。チェーンソーが導入され，皆伐によるパルプチップ生産が始まった。	1968 年までは広く水田が広がり，稲作が継続されていた。徐々にサトウキビ栽培面積が拡大する。減反政策によって水田面積が激減。北部では耕地整備により大規模なサトウキビ畑が出現するが，地方の集落では製糖工場までの距離が遠くなったのと，耕地面積が少ないため水田はサトウキビにはあまり転換されず，放棄されていく。斜面の段々畑も縮小。山では昭和 40 年代のチェーンソーの導入で，皆伐よるパルプチップの生産が始まり，その伐採跡地と推察されるパッチ状の荒れ地が各地に確認される。このころから大島内でも人口移動が始まり，名瀬周辺にベッドタウンが誕生する。
④奄美振興事業ピーク：1990 年（平成 2 年）前後	大島紬の低迷が始まり，振興策として公共事業が大規模に行われる。バブル景気と重なり，1 年間の総事業費が 1,000 億円に達した。第二次産業の就業人口が減少し，第三次産業就業者が増加。	空港・港湾・トンネルなどの整備が進められ，公有水面埋立面積などの改変が行われた。林道の整備も進んだが，パルプチップの伐採のピークは過ぎ，森林は回復傾向にある。集落周辺の段々畑はリュウキュウマツ群落への遷移が進んでいる。
⑤現在：2010 年（平成 22 年）前後	奄美振興事業が大幅に減少。森林が回復しつつあり，エコツアーなど観光利用が始まる。世界自然遺産の登録を視野に，地域の自然と文化を生かした地域づくりが模索されている。	奄美振興事業により，ライフラインの整備が完了する。その後に大きな土地利用の変化はない。

が維持されることが示唆された。

以上のことから，土地利用の履歴が現在の植生に大きな影響を与えていることが明らかとなった。

⑤自然資源利用調査

年中行事と食事についての調査では，行事に地域性が見られることに加え，自然環境の相違による食材の違いが見られた。秋名は田や畑で採れるもの，西仲間では山，川で獲れるものが多いなどの特徴が見られた。両シマとも，山，川，田，畑から季節ごとに採れる食材を採集し，自給自足と採集活動をなりわいとする昔ながらの生活文化が一部ではあるが現在でも残っている。また，畑作で，手軽に野菜が取れ，身体を動かすことで健康的な暮らしが営まれている。お話をお聞きした方は，採れた野菜を家族や集落の皆さんにおすそ分けすることを喜びとされていた。

屋敷林に関する調査では，両シマともフクギやガジュマルなどの大きな屋敷林はなくなってしまっているが，秋名では海岸林の樹木を，西仲間では照葉樹林の樹木をうまく取り込むなどの違いが見られた。また，秋名はかつてサンゴを積んだ石垣であったが，海のない西仲間では，ホウライチク（キンチク）やタケの生垣であった。いずれも，1972年以降にブロック塀に変わっている。

⑥自然ふれあいマップの作成

ふれあいマップはシマの全体を対象としたものと，人家の集まった居住地を対象としてものを作成した。秋名・幾里を対象にシマ全体を対象として作成した地図を図10-2に示す。ふれあい懇談会における話題を地図に示したものであるが，特定の地点や地名は「ポイント」で示し，面的に利用されている場所は「エリア」で，道については「ライン」で示した。「ケンムン」は，小妖怪「ケンムン」をはじめ「畏れ敬うもの」の出没地点を示したものである。「ケンムン」は居住地の周縁部に多く出没しているが，居住地の中心部でも別の妖怪が出没している。

第10章 質的調査による地域資源評価の事例 271

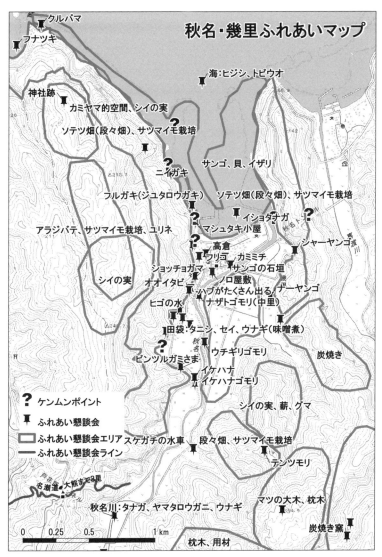

図 10-2 秋名・幾里自然ふれあいマップ

5. 調査から見えてきたもの

「シマ」という空間

　奄美大島では，三方を山に囲まれ，海に向かって開かれた平坦地に多くの集落が形成されている。中心を流れる河川沿いに水田や畑を開いて農耕を行い，山からは薪を集め，海で魚や貝を採集して暮らしを営んできた。

　平地の田畑だけでは十分な食糧が確保できなかったため，集落周辺の山の斜面に段々畑を拓き，主にサツマイモを栽培して食料を確保した。段々畑の境界には，土留めや防風の目的でソテツが植えられた。ソテツは食料や緑肥として利用され，シマの暮らしを支えた。終戦後に人口が増加した際は，さらに山の奥でアラジバテと呼ばれる畑が広がった。

　自然からの採集は幅が広い。山からシイの実・筍・キノコ，川からモクズガニ・テナガエビ・ウナギ，田んぼからタニシ・セイ・ウナギ，海から貝・海藻・エビ・ウニなど。季節の折々に自然からの恵みを得てきた。

　このように，農耕と山・川・海の恵みを組み合わせることで，シマの生活が成り立ってきた。近接したシマでも動植物などの呼び名が異なることから，よそのシマとの交流はそれほど盛んではなかったと考えられる。すべてを見渡せる限られた空間「シマ」の中で，人々は暮らしを営んできた。

シマからの学び

　このようなシマの暮らしから私たちが学ぶことがある。

　1つ目は，シマの中の資源を共有し，独り占めしないで，うまく利用してきたということである。「自然のものは誰がとってもいい」という言葉は，シマの自然資源が共有物であることを示唆している。とったものも個人で独占するわけではない。「とったものは売らん。親戚や大事な人に持っていく」。この言葉には，無主物というよりも，手に入れたあとも半ば共有であるとの意識がうかがえる。「次の人のために残しておく」という言葉も聞いた。とるのも，残しておくのも，シマの誰かを意識している。

　2つ目が，自然に対する感謝と畏れである。感謝は祭祀行事に表れる。秋名・幾里集落の平瀬マンカイ，ショッチョガマは奄美大島を代表する稲作関連祭祀で

ある。西仲間では豊年祭に悪綱引きが行われる。畏れは，塩祓いやクチタブ・クチブセ（おまじない）という行動や以下のケンムンに現れる。

　集落の周辺，自然との境界線に頻繁に出現するケンムンも大切な存在だ。ケンムンは，「人が自然との共生のおきてを守っているときには，安寧と幸福をもたらす神として，自然との共生のおきてを破るときは，荒ぶるムン（悪霊）として人をふるえさせる」（田畑, 2007）。

　私たちは自然の恵みに支えられて生きている。一方で，自然は時に大きな災厄をもたらす。人は自然に感謝するとともに，思うようにならないものとして畏れ敬ってきた。感謝の念と敬いは祈りとなり，畏れは怪異に遭遇させる。奄美の島々に，祭祀とケンムンが色濃く生きているのは，このことと無関係ではない。こんな言葉が自然に聞かれる。

　「何でもさわれば悪いから。さわらんようにして，トートーガナシさえすれば何もさわってはこんよ」

　トートーガナシとは神様への尊称で，神拝みの際の常套句である。現代社会が直面する環境問題は，近代科学技術とグローバル化がもたらした恩恵と表裏一体の関係にある。すべての現象が科学的に説明され，コントロールできるという考えによって，科学技術は格段に進歩した。グローバル化による資源の移動と科学技術は，大量生産と大量消費を可能にした。一方で，奪い合いにより資源は枯渇し，温室効果ガスの排出や汚染物質の発生を招いた。自然を畏れ敬う心が失われ，自然環境も，地球環境も損なわれつつある。生物多様性条約においても，生態系アプローチ等で科学知と伝統知・在来知の融合の重要性が指摘されており，シマでの人と人との付き合い，自然と人との付き合いに学ぶところは多い。

祭りの意味

　調査を通じて，シマにおける祭祀の意味を改めて感じることができた。この1年の実りへの感謝，来る1年の実りへの祈り。長くつらい労働からの束の間の解放。そして，シマという共同体をつなぐ役割。限られたシマという空間で，助け合い，資源を分け合って暮らしていくには，みんなが顔を合わせて楽しむ祭祀の場は非常に重要であろう。

　秋名・幾里では，平瀬マンカイとショッチョガマに立ち会う機会をいただいた。

大切に引き継いでこられたこれらの祭祀に外部の人間として立ち会えたことは極めて貴重な機会であったが，特に印象に残ったのは，平瀬マンカイのあとの浜辺での会食と，さらにその後の八月踊りであった。浜辺の会食には「一重一瓶」でご馳走や酒を持ち寄り，互いにふるまいながら時を過ごした。この日に合わせて遠くから親戚も帰ってくる。夕暮れ時に始まる八月踊りでは，同じリズムに身を委ねて時間を共有する。このような場と時間が，シマという共同意識を育んでいるのだと感じた。

6. 環境文化型国立公園の提案

保護計画の策定

　国立公園などの保護地域を設定する際は，保護する対象を明らかにし，どの場所に，どのような内容の規制をかけるかを計画で定める必要がある。環境文化型国立公園では，自然だけでなく環境文化が保護の対象となることから，地域における伝統的な自然との付き合い方，自然利用の方法も踏まえた保護計画を定める必要がある。

　その際の基礎資料となるのが，今回作成したふれあいマップのような環境文化を地図化したものである。自然利用の濃淡や土地利用の履歴，泉や川などの自然との結節点，祭祀の場やカミヤマなど地域が大切にしてきた場所などを考慮に入れて保護計画を作成することが望まれる。具体的には，学術的にも価値が高く，自然の利用が少ない，あるいは地域が大切にしてきた場所については，自然の保護を優先して国立公園の核心地域として特別保護地区や第1種特別地域とし，居住地周辺の利用頻度が高い場所については，環境文化の継承を目的に生業と調整を図るべく第2種特別地域や第3種特別地域に，環境文化が色濃く残る居住地については，たたずまいを維持する普通地域とする。これは，地域住民と自然との関係性に沿った保護計画である。また，規制内容についても，伝統的な自然資源利用や祭祀を妨げないように考慮することで，規制に対する懸念を払拭することができる。

　ふれあい懇談会では，シマの海・川・山の幸への思いを強く感じることができた。このような生物多様性からの恵み（幸）を「生態系サービス」と呼ぶが，そ

れらを持続的に利用できるようにするためには，生物多様性の確保にも考慮する必要がある．残念ながらシマの幸は失われつつあることから，これを取り戻す取り組みを国立公園の活動として打ち出せれば，地域社会に貢献する国立公園となり得るだろう．

利用計画の策定

　地域の国立公園や世界自然遺産への期待は主に観光面にある．大切なのは，経済的な利益を追求するだけでなく，地域の自然や文化の保全が図られ，地域の生活の質の向上にもつながるような観光の仕組みを作っておくことだ（IUCN, 2002）．

　これまで述べてきたように，奄美大島には，自然を畏れ敬いながら，うまく利用してきた環境文化が現在でも色濃く生きている．直接的に自然を見ることに加え，このような地域の文化を通して自然を感じることは，多くの観光客にとっては魅力的な体験となるかもしれない．また，地域で引き継がれてきた文化や産業の理解が深まり，大島紬などの伝統工芸，魅力的な農作物，豊かな食文化などを交えた波及効果が高い観光の実現に寄与できる．

　このような観光の実現には，国立公園のみならず，島全体の観光のあり方を国立公園管理者と地域の関係者が協働で考え，自然とともに地域の文化や産業を魅力的に伝える観光プログラムを開発することが望まれる．その際には，自然と文化の質と脆弱性に応じていくつかのゾーンに区分し，実施するプログラムや利用する人数を変えることが必要であろう．

　自然の質が高く，脆弱性も高い国立公園の核心地域の中では，質の高いガイドの案内による魅力的なプログラムを作り，少人数を対象に自然をじっくり楽しんでもらうのがよい．利用人数の調整や利用ルートの一時的な閉鎖などのルールを設け，自然環境の保全を優先するべきである．特にアマミノクロウサギのナイトツアーについては早急なルール作りが求められる．また，不用意な森への立ち入りは，ハブによる咬傷事故を招きかねず，安全性の確保の面からもガイドの同行が必要であろう．

　文化の質が高く，自然の脆弱性は高くない国立公園内外のシマにおいては，中人数を対象に環境文化の体験を軸とするガイドプログラムを提供することが適しているだろう．自らが暮らしてきたシマを案内するガイドツアーは，奄美大島で

も取り組みが始まっている。こうしたシマガイドの案内でシマを歩くと，シマの環境文化をある程度理解できるだろう。地域が主体となり，直接収入が見込める観光プログラムにもなる。

世界遺産登録により増加が想定される観光客に対しては，大人数で気軽に奄美の森の雰囲気を味わってもらうための場の整備も必要であろう。例えば，樹上歩道など新たな視点から森を眺める施設を備えた，森を歩いて体感する遊歩道の整備が望まれる。地場産品販売所と併設することで，観光以外の産業への波及効果を高めることも必要である。

利用施設の整備

国立公園に指定された際にはビジターセンター，世界遺産に登録されれば世界遺産センターなど，地域の自然や文化を伝える展示施設の整備が期待される。通常では見ることが難しい野生生物は，このような施設において映像で見せることが良い。加えて，環境文化型国立公園にふさわしい，地域づくりに貢献できる地元重視の施設の整備が望まれる。

奄美大島でビジターセンター等を整備する際には，本調査で把握した1年を通したシマの暮らしや祭祀の意味，自然に対する感謝と畏れを，シマの言葉を含めて紹介すると魅力的で効果的な展示となるだろう。祭り・シマ唄・シマの風景の意味をしっかりと伝えることで，地域への尊敬を促すことが可能となる。また，植物や動物を紹介する際には，暮らしの中での利用について解説に加えることで，深みのある環境文化型の展示となる。

シマを歩く人のために，休憩所の整備が望まれるが，シマの景観を損なわない伝統的な民家の活用を提案したい。伝統的な民家は，奄美の森林の樹木を，その特性に応じ，「適材適所」に用いて建てられている。また，単純明快な構造で，解体しても部材の破損や欠損が少ないため，移築再建が容易とされ，これまでも移築して再利用がなされてきた（東・木方，2012）。民家は，地域の自然資源を巧みに利用し，再利用も考慮した「環境文化」の象徴と言える。

伝統的民家でお茶を飲みながら，シマガイドが家の構造や使われている樹種の特性について語るなら，家から奄美の森を見ることができる。個人の所有物であるため調整が必要だが，シマガイドが手入れを行い，定期的な利用がなされれば

民家の寿命も延びることから，所有者にとっても利益になる取り組みと思われる。

実現に向けた課題

　環境文化型国立公園はこれまでの日本にない国立公園であり，実現に向けては課題も多い。

　まずは，環境文化の把握には今回のような調査が必要となるため，その準備に人手，時間，経費を要する。また，自然科学と社会科学の両方の視点と伝統知や在来知との融合が求められる。今回の調査では，この点が不十分であり，さらに時間をかけて行っていく必要がある。

　また，前述したような保護と利用の両面からの地域区分を行い，自然を適正に保護しつつ，利用者の満足度を高めるためには，利用者動向や意識を把握することが必要である。利用者数や利用パターンは，国立公園の保護と利用を考える際の基礎的なデータであるが，日本の国立公園では十分に把握されていない。特に利用人数の調整や利用ルートの一時的な閉鎖などのルール作りを検討する際には不可欠なデータであり，十分な調査を行っておく必要がある。

　さらに，環境文化を継続するためには，シマの暮らしが成り立たなければならず，地域に経済的な恩恵をもたらす観光プログラム作りが必要である。シマガイドによるツアーはその1つとして期待されるが，素材となる環境文化の掘り起こしやガイドの育成に加え，マネジメントが大きな課題である。シマガイドには日常の暮らしがあり，いつでもガイドとして対応できるわけではない。もてなしの心があるために無理をして，逆に経費を使ってしまうこともある。持続的に行うには日々の暮らしのペースを乱さないことが大切である。このため，シマガイドの手配や，観光客や観光事業者とシマとの連絡を担当する機関が必要である。ビジターセンター等にこのような機関が設置され，地域の人が仕事として携われるような環境の整備が望まれる。

7. まとめ

　今回の調査では2つのシマで調査を行い，環境文化の視点から地域を見つめ直す機会作りに取り組んだ。最初は「シマには何もない」と仰っていたおばあちゃ

んが，五感を頼りに思い出話を聞いていくと，次から次に豊かな自然とのふれあいのお話をして下さり，最後には「シマは宝だらけだね」という言葉まで出た。見つめ直すことで，地域の価値が再認識され，誇りとなったと言える。

　本調査を通じて，奄美大島の豊かな環境文化に改めて触れることができ，ご協力をいただいた多くの方に感謝を申し上げたい。この環境文化を生かすことで，他に例を見ない魅力ある国立公園・世界自然遺産となることが期待される。私が接した多くの方は，シマへの誇りに満ちており，このような方々が，環境文化を生かした観光プログラムに取り組むならば，地域づくりにも貢献できると思われる。しかし，奄美群島が世界自然遺産になることは，奄美群島にとどまらず，国際的にも大きな意味を持つと考えている。

　2013年11月に第1回のアジア国立公園会議が宮城県仙台市で開催された。アジアの40の国と地域から800人に及ぶ保護地域の関係者が集まり，アジアらしい保護地域のあり方について議論を交わした。西欧諸国では，原生的な自然を対象に，人の影響を極力排除して管理するのが保護地域の理想の1つとされてきた。その頂点にあるのが世界自然遺産である。

　この会議では，アジアに見られる自然に対する深い崇敬が注目された。そして，自然の聖地など地域の文化や伝統に深く根ざし，地域社会が大切にしてきた場所は，人々や社会の精神的な豊かさや福利に資するだけでなく，生物多様性と生態系サービスの保全においても貴重な役割を果たす保護地域であることが確認された。

　今も色濃く残る自然を畏れ敬う心。人々が利用しながらも，あふれる生命を宿す森。分かち合い支え合う人と人とのつながり。人と自然が渾然一体として成立してきた奄美・沖縄の島々。現代社会を考え直す手がかりは，この地域が発する「自然との共生」のメッセージにある。登録が実現すれば，これは新たな意味の世界自然遺産と言えよう。その根源的な価値は奄美群島の自然と文化，それを育み引き継いできた環境文化の担い手たる人にある。奄美大島の自然と文化が，誇りを持って将来世代に引き継がれることに貢献できる，地域に役立つ国立公園と世界遺産を目指すことが求められている。

　奄美大島が世界遺産に登録されることになれば，観光客は増加や，地域経済に一定の利益が生じることが見込まれる。そのような変化を定量的に捉えるには，

確かにアンケート調査や統計調査が有効である。第6章で示した手法を踏まえて，質の高いレクリエーション体験を維持したり，第7章で示した手法を踏まえて地域経済にもたらされる利益を把握したり，あるいは第8章で示された手法を踏まえて，アマミノクロウサギをはじめとする野生動物の適切な管理を考えることは確かに重要である。しかし，それでも，アンケート調査だけでは把握しきれないものもあるし，逆にアンケート調査では把握しない方がよいものもある。第2章では，質的研究が量的研究と比較してメリットがある点を述べているが，本章の事例は，ライフヒストリーや経験の重要性，人間同士の直接的な交流，地域にとっての自然の多元的な価値，伝統知や在来知などの把握といった点で，アンケート調査では明らかにできない重要な側面を明らかにしている。アンケート調査にだけ固執せず，最終的な目的や将来像に貢献できるよう，社会調査の手法は選択される必要があるだろう。

［注］
＊1 ──離島振興法，奄美群島振興開発特別措置法，小笠原諸島振興開発特別措置法および沖縄振興特別措置法が適用される有人の離島である。
＊2 ── IUCN：国際自然保護連合（International Union for Conservation of Nature and Natural Resources）。国家，政府機関，NGO などを会員とする国際的な自然保護機関。自然遺産の審査における諮問機関でもある。
＊3 ── 2003 年の検討会では，南西諸島のうち，トカラ列島以南が検討の対象となっていたが，他に適当な名称がないため，学術論文上の慣用語である「琉球諸島」が使われた。
＊4 ──飼い猫の一部が野生化し，アマミノクロウサギなどを捕食していることが明らかになっている。
＊5 ──手引き書は以下の URL からダウンロードできる。http://www.unesco-school.mext.go.jp/?action=common_download_main&upload_id=5766

［参考文献］
東佑二郎・木方十根（2012）「木材利用と流通構造からみた奄美大島における伝統的民家形式の成立背景」『日本建築学会九州支部研究報告』，737-740 頁.
Eagles, P. F. J. and McCool, S. F. (2002) Tourism in National Parks And Protected Areas: Planning And Management, CABI.
恵原義盛（2009）『復刻　奄美生活誌』南方新社

Ghimire, K. B. and Pimbert, M. P. (1997) Social Change and Conservation: Environmental Politics and Impacts of National Parks and Protected Areas, London: Earthscan.
石貫泰三・鈴木英治（2013）「龍郷町秋名における畑放棄48年後の森林植生」『平成25年度　地域の環境文化に依拠した世界自然遺産のあり方に関する調査研究報告書』鹿児島大学
IUCN（2002）Sustainable tourism in protected areas: guidelines for planning and management.（小林英俊監訳『自然保護とサステイナブル・ツーリズム』平凡社，2005年）
鹿児島県（1992）『屋久島環境文化村マスタープラン』鹿児島県
鹿児島県大島支庁（2016）『奄美群島の概況　平成27年度』
鹿児島大学『平成23年度琉球弧の世界自然遺産登録に向けた科学的知見に基づく管理体制の構築に向けた検討業務報告書』
鹿児島大学鹿児島環境学研究会編（2009）『鹿児島環境学Ⅰ』南方新社
鹿児島大学鹿児島環境学研究会編（2010）『鹿児島環境学Ⅱ』南方新社
鹿児島大学鹿児島環境学研究会編（2011）『鹿児島環境学Ⅲ』南方新社
鹿児島大学鹿児島環境学研究会編（2013）『鹿児島環境学　特別編』南方新社
環境省（2007）『国立・国定公園の指定及び管理運営に関する提言』
King, D. A. and Stewart, W. P. (1996) "Ecotourism and commodification: protecting people and places," *Biodiversity and Conservation*, 5 (3), 293-305.
鬼頭秀一（1996）『自然保護を問いなおす：環境倫理とネットワーク』ちくま新書
村尾充宏・須田眞史・市川壮一・初見学（2001）「奄美大島与路島における集落・民家の変容」『日本建築学会大会学術講演梗概集』
村田良介（2008）「世界自然遺産登録による知床変化」『地球環境』第13巻第1号，81-87頁.
中山清美（2013）「奄美大島の人と自然のかかわり：シマ（集落）の資源利用調査から」『平成25年度地域の環境文化に依拠した世界自然遺産のあり方に関する調査検討業務報告書』鹿児島大学
日本自然保護協会（2010）『人と自然のふれあい調査はんどぶっく』
岡野隆宏（2008）「日本の世界自然遺産：その役割と課題」『地球環境』第13巻第1号，3-14頁.
岡野隆宏（2013）「環境文化村構想と屋久島の20年」『平成25年度地域の環境文化に依拠した世界自然遺産のあり方に関する調査検討業務報告書』鹿児島大学
小野寺浩（1994）「屋久島環境文化村構想におけるゾーニング」『造園雑誌』57（4），356-363頁.
田畑千秋（2007）「ケンムンばなし（1）」南海日日新聞社
宇検村・伊仙町・奄美市（2011）「宇検村・伊仙町・奄美市による歴史文化基本構想」

あとがき

　本書は自然環境の保護と利用に関するアンケート調査の解説を目的としたものである。今日，自然環境に対する社会の関心が高まったことから，全国各地で自然環境を対象としたアンケート調査が実施されている。ところが，自然環境を中心テーマとしたアンケート調査に関する日本語の書籍は見当たらない。書店に行けば，多くの店舗で環境問題のコーナーが設置されており，自然環境に関する多数の書籍が並んでいるが，そこにアンケート調査に関するものを見つけるのは容易ではない。

　本書の第1の特徴は，自然環境を対象としたアンケート調査を主要なテーマとしていることである。本書の執筆者は，各自の専門領域は異なるが，いずれも自然環境を対象としたアンケート調査を多数実施してきた。日本語の関連文献が見当たらないため，私たちは海外の先行研究を参照しながら試行錯誤で調査を実施してきた。そして，これまでの調査の経験から，自然環境を対象としたアンケート調査には通常のアンケート調査とは異なる特有の注意すべき点があることを実感するようになった。

　例えば，国立公園で訪問者にアンケート調査を実施する場合を考えてみよう。現地で訪問者に調査協力を依頼する場合，調査に使える時間はせいぜい数分程度である。質問数は重要なものに限定し，短時間で回答できるように工夫しなければならない。これに対して，通常のアンケート調査では，訪問面接，郵送調査，インターネット調査など様々なものが使われるが，いずれもある程度の時間をかけて回答することが想定されている。このため，一般的なアンケート調査の書籍で推奨されていることが，国立公園の訪問者調査には使えないことが多い。そこで，本書では，これまでの多数の調査経験を踏まえて，自然環境を対象としたアンケート調査に固有の問題点を詳しく取り上げることにした。

　本書の第2の特徴は，様々な専門領域の執筆者が幅広いトピックスを対象に解

説していることである。自然環境を対象としたアンケート調査は，様々な専門領域で多様なテーマを対象に研究が進められてきた。そこで，本書では社会心理学，環境経済学，野生動物管理学，観光学など多様な学問領域を専門とする研究者が執筆を行うことで，多様な専門領域のアプローチを1冊の書籍で学ぶことができるように配慮した。本書の執筆者がこれまでに実施してきたアンケート調査では，自然公園・都市公園，生態系保全，公共事業，農林水産業，海洋，野生動物管理，観光・レクリエーション，地域・文化など様々なものが扱われており，こうした執筆者の調査経験を踏まえて幅広いトピックスを事例に解説を行っている。

本書の第3の特徴は，幅広い読者層を想定していることである。農学・生態学・工学・環境科学・経済学・社会学・観光学を専攻する研究者および大学生・大学院生にとっては研究の入門書あるいは教科書として利用することができるだろう。自然環境の保護と利用に関わる政策や公共事業と関連のある行政担当者にとっては，政策や事業に関わるアンケート調査を実施する際の参考書として使うことができるだろう。自然環境の開発や環境保全に携わるシンクタンク・コンサルタント業者にとっては，実務に直接役立つマニュアルとして使うことができるだろう。こうした幅広い読者層に対応できるように，本書ではできるだけ専門用語や数式を排除し，図表を用いてわかりやすい解説を行うように心がけた。

なお，本書の執筆者は，専門領域は異なるものの，これまでに多くの共同研究を行ってきた。また，学術研究を目的とした調査だけではなく，行政や企業と連携した実務的な調査も多く実施してきた。このため，本書は，様々な専門領域の研究者が執筆しているにもかかわらず，各章の内容が有機的に連結し，全体的に統一感が感じられるものとなっている。また，学術研究の成果をもとに議論しながらも，実務的な観点に配慮し，マニュアルとしても使えるものになっている点も類書にはない特徴であろう。

本書をもとに，より多くの人々が自然環境を対象としたアンケート調査に取り組むことで，自然環境の保護と利用をめぐる問題の解決に向けて本書が貢献できることを期待している。

編者を代表して　栗山　浩一

付録

- ◆知床五湖利用のあり方に関するアンケート
  ——ヒグマ活動期の利用調整地区の評価
- ◆知床の環境保全と利用に関するアンケート
  ——利用調整地区の運用と支払意志額の評価
- ◆ヒグマに関する町民アンケート
  ——住民によるヒグマのリスクと対策の評価
- ◆国立公園利用者意識調査
  ——JTBF自然公園来訪者調査(日光)
- ◆さらに学びたい人のための文献リスト

2011年＿＿月＿＿日＿＿時＿＿分　　　　　　　　　　A ＿＿＿＿

知床五湖利用のあり方に関するアンケート

知床五湖の利用のあり方協議会

調査協力：北海道大学

このアンケート調査は、知床五湖の自然環境の保全と快適で安全な利用のあり方を検討することを目的に実施しております。回答後は封筒に入れてご投函下さい。回答結果は集計されたもののみを用いますので、個別の回答内容が公表されることはございません。大変お忙しいこととは存じますが、どうぞご協力お願いします。

問1 これまで、あなたは知床五湖に何回訪問されたことがありますか？当てはまる番号1つに〇をつけて下さい。

1．初めて　2．二回目　3．三回目　4．四回目　5．五回以上（具体的に＿＿＿回目）

問2 今回のご訪問は個人旅行で来られましたか？それとも団体ツアーで来られましたか？当てはまる番号1つに〇をつけて下さい。

1．個人旅行　2．団体ツアー　3．わからない

問3 あなたは今回の旅行で知床のどこを訪れましたか？当てはまる番号すべてに〇をつけて下さい。

1．知床五湖（高架木道を散策）　2．知床五湖（地上遊歩道をツアーで散策）
3．カムイワッカ湯の滝　4．観光船（ウトロ～硫黄山）　5．観光船（ウトロ～知床岬）
6．フレペの滝　7．知床自然センター　8．世界遺産センター・うとろ道の駅
9．知床峠　10．羅臼岳（登山）　11．硫黄山（登山）　12．羅臼湖
13．熊の湯　14．観光船（羅臼より出発）15．らうす道の駅　16．羅臼ビジターセンター
17．ルサフィールドハウス　18．その他（　　　　　　　　　　　　　　　）

問4 今回、あなたが知床五湖を訪れようと考えられたきっかけは何ですか？当てはまる番号すべてに〇をつけて下さい。

1．野生の動物（エゾシカや野鳥など）を見るため　2．野生の植物（草花・樹木など）を見るため
3．ヒグマを見るため　4．ハイキングや登山のため　5．団体旅行のコースに組み込まれていたから
6．静けさを求めて　7．原生的な風景を楽しむため　8．世界遺産だから
9．何となく　10．その他（　　　　　　　　　　　）

問5 知床五湖の駐車場まで何に乗って来られましたか？当てはまる番号すべてに〇をつけて下さい。

1．自家用車　2．観光バス　3．定期路線バス（シャトルバス）　4．オートバイ　5．自転車
6．レンタカー　7．タクシー　8．ガイド業者の送迎　9．その他（　　　　　　　　）

> 知床五湖の新たな取り組みについて：ヒグマの出没による歩道閉鎖が多いため、ヒグマの活動が活発な5月10日から7月31日は、ヒグマへの対応技術を習得した登録引率者の案内でのみ地上遊歩道を利用できます。8月1日から10月20日の間は、立入認定手続き（有料：大人250円）を行い、レクチャーを受けた利用者のみ、地上遊歩道の利用が認められます。

問6 この新たな取り組みのことを知っていましたか？当てはまる番号1つに〇をつけて下さい。

1．知床に来る前から知っていた　2．知床に来てから知った　3．知らなかった

問7 知床五湖の新たな取り組みに関する情報をどこでお知りになりましたか？当てはまる番号すべてに〇をつけて下さい。

1．テレビ・ラジオ　2．インターネット　3．新聞　4．雑誌　5．ガイドブック
6．友人・知人　7．旅行会社の案内　8．レンタカー会社　9．ポスター・チラシ
10．道の駅の観光案内　11．ビジターセンター　12．バスガイド　13．自然ガイド
14．知床の宿泊施設　15．その他（　　　　　　　　　　　　　　　）

つぎのページへおすすみください。

問8 知床五湖の新たな取り組みについてどう思いますか？当てはまる番号に1つ〇をつけて下さい。

1．大変望ましい　2．望ましい　3．どちらでもない　4．望ましくない　5．大変望ましくない
6．その他（　　　　　　　　　　　　　　　　　　）

問9 今回のツアーを体験して、以下の項目についてどのように思われましたか？当てはまる1～6の番号に1つずつ〇をつけて下さい。

	全くそう思わない	←	どちらでもない	→	とてもそう思う	わからない・該当しない
受付の手続きや事前の説明・レクチャーはスムーズに行われた	1．	2．	3．	4．	5．	6．
ツアー参加する前は、知床五湖のヒグマの存在や遭遇が不安だった	1．	2．	3．	4．	5．	6．
引率者の事前の説明（五湖の利用、ヒグマへの対応など）は十分であった	1．	2．	3．	4．	5．	6．
ヒグマの痕跡、物音、姿をみた場合などに、不安になった	1．	2．	3．	4．	5．	6．
ヒグマの痕跡、物音、姿をみた場合に、引率者の対応は十分であった	1．	2．	3．	4．	5．	6．
歩道脇の植物が、人により踏みつけられていて、気になった	1．	2．	3．	4．	5．	6．
地上遊歩道は利用者が多く混雑を感じた	1．	2．	3．	4．	5．	6．
期待していた動物や植物を見ることができた	1．	2．	3．	4．	5．	6．
原生的で静寂な五湖の自然を満喫できた	1．	2．	3．	4．	5．	6．
また知床五湖を訪れたい	1．	2．	3．	4．	5．	6．
家族や親しい知人に、知床五湖を紹介したい	1．	2．	3．	4．	5．	6．

問10 高架木道を利用しますか（もしくは利用しましたか）？当てはまる番号1つに〇をつけて下さい。

1．最終展望台まで利用する（利用した）　2．途中まで利用する（利用した）　3．利用しない

問11 問10で高架木道を『3．利用しない』と答えられた理由は、何ですか？当てはまる番号1つに〇をつけて下さい。

1．地上遊歩道の利用だけで満足した　2．時間がかかる　3．地上遊歩道の利用で疲れた
4．その他（　　　　　　　　　　　　　　　　　　　　　　　　）

最後にあなたご自身に関してお聞かせください。

問12 あなたの性別・年齢について、当てはまる番号に1つずつ〇をつけて下さい。

1．男性　2．女性
1．10代　2．20代　3．30代　4．40代　5．50代　6．60代　7．70代以上

問13 あなたのご職業について、当てはまる番号1つに〇をつけて下さい。

1．会社員　2．公務員　3．団体職員　4．自営業　5．農林水産業　6．主婦・主夫
7．パート　8．学生　9．年金生活　10．その他（　　　　　　　　　　　　）

問14 あなたはどちらにお住まいですか？当てはまる番号1つに〇をつけて、場所をご記入下さい。

1．道内在住（　　　　市町村）　2．北海道外在住（　　　都府県　　　市区町村）

本アンケートは以上となります。ご協力ありがとうございました。

知床の環境保全と利用に関するアンケート

北海道大学 農学部

このアンケート調査は、知床の自然環境の保全と快適で安全な利用を考えることを目的に実施しております。回答用紙は5ページございます。回答後、封筒に入れてご投函下さい。回答結果は集計されたもののみを用いますので、個別の回答内容が公表されることはございません。大変にお忙しいこととは存じますが、どうぞよろしくお願い致します。

連絡先 〒060-8589 札幌市北区北九条西9丁目 北海道大学農学部
　　　森林政策学研究室　担当　庄子康　電話011-706-3342

問1 あなたは、これまで知床五湖に何回訪問されたことがありますか？ 当てはまる番号に1つ○をつけて下さい。

1. 初めて　2. 二回目　3. 三回目　4. 四回目　5. 五回目以上（具体的に＿＿回目）

問2 今回の訪問で、知床の観光地のどこを訪れましたか（あるいは訪れようと考えていましたか）？ 当てはまる番号にすべてに○をつけて下さい（下の地図もご覧下さい）。

1. 知床五湖（高架木道）　2. 知床五湖（一湖を往復） 3. 知床五湖（一湖～二湖の歩道）　4. 知床五湖（一湖～五湖まで一周） 5. カムイワッカ湯の滝　6. 知床峠　7. フレペの滝　8. 観光船（硫黄山往復） 9. 観光船（知床岬往復）　10. 羅臼岳　11. 羅臼湖　12. わからない

問3 これまでに知床に訪問されたことのある方にお聞きします（初めての方は次の問4にお進み下さい）。過去の訪問で、訪れたことのある観光地はどこですか？ 当てはまる番号にすべて○をつけて下さい。

1. 知床五湖（高架木道）　2. 知床五湖（一湖を往復） 3. 知床五湖（一湖～二湖の歩道）　4. 知床五湖（一湖～五湖まで一周） 5. カムイワッカ湯の滝　6. 知床峠　7. フレペの滝　8. 観光船（硫黄山往復） 9. 観光船（知床岬往復）　10. 羅臼岳　11. 羅臼湖　12. わからない

問4 知床まで、あるいは知床での交通手段は何ですか？ 当てはまる番号に1つ○をつけて下さい。

| 1. 自家用車　2. 観光バス　3. 定期路線バス　4. オートバイ　5. 自転車　6. 徒歩 |
| 7. レンタカー　8. タクシー　9. シャトルバス　10. その他（　　　　　　　　） |

問5 知床でご宿泊される予定はありますか？ 当てはまる番号に○をつけ、宿泊数をご記入下さい。

| 1. 日帰り　2. ホテル・民宿（　　　泊）　3. キャンプ場（　　　泊） |
| 4. 車中泊（　　　泊）　5. その他（　　　　　　　　　　　　　　　） |

問6 今回のご旅行は個人旅行で来られましたか？ それともパックツアーで来られましたか？ 当てはまる番号に1つに○をつけて下さい。

| 1. 個人旅行　2. 観光バスで周るパックツアー |
| 3. 観光バスを使わないパックツアー　4. わからない　5. その他（　　　　　　） |

問7 今回、知床五湖を利用してどの程度の混雑を感じましたか？訪問された場所についてのみ、当てはまる番号にそれぞれ1つ○をつけて下さい。

駐車場の周辺（駐車場、トイレ、売店など）の人の数

| 1. 多すぎる　2. 多い　3. ちょうどよい　4. 少ない　5. 少なすぎる |

高架木道（売店横から続く木の歩道）の人の数

| 1. 多すぎる　2. 多い　3. ちょうどよい　4. 少ない　5. 少なすぎる |

一湖から二湖周辺の歩道上（トイレ横からの歩道）の人の数

| 1. 多すぎる　2. 多い　3. ちょうどよい　4. 少ない　5. 少なすぎる |

一湖と二湖の展望地点（知床連山が見渡せる、歩道わきの写真撮影スポット）の人の数

| 1. 多すぎる　2. 多い　3. ちょうどよい　4. 少ない　5. 少なすぎる |

● 知床五湖にはヒグマが出没します。特にヒグマの出没の多い5～7月は、98日中66日で三湖～五湖の歩道が閉鎖され、うち14日ですべての歩道が閉鎖されました（昨年の場合）。

問8 あなたが知床五湖を訪れた際、ヒグマ出没のため一湖～五湖の歩道が利用できないとします。あなたはどう感じると思いますか？ただし、高架木道はヒグマが出没しても安全に利用できます。最も近い番号に1つ○をつけて下さい。

| 1. 残念だがしかたがない　2. 自分の責任で歩道を歩かせてほしい |
| 3. 高架木道が利用できれば満足できるので特に気にしない |
| 4. 他の目的に行けば良いので特に気にしない　5. その他（　　　　　　　） |

● 歩道閉鎖の問題を解決するため、ヒグマの出没の多い5月初旬から7月末までは、ヒグマへの対応を心得た認定ガイドのツアーに参加することで、歩道を利用できる仕組みが検討されています（自然環境への影響が減ることも期待されています）。ツアーの所要時間は2時間です。

問9 あなたはこの「認定ガイドのツアー」についてどう思いますか？ 当てはまる番号に1つ〇をつけて下さい（今回の仕組みの長所と短所は灰色の部分にまとめています）。ただし、ツアーを利用しなくても高架木道はいつでも無料で利用できます。来年以降は高架木道が延長されるので、一湖の近くまでは行くことができます。

1. 大変に望ましい 2. 望ましい 3. どちらでもない 4. 望ましくない 5. 大変に望ましくない 6. その他（　　　　　　　　　　　　　　　　）

長所：ツアーに申し込んでいれば一湖〜五湖の歩道を歩ける。ヒグマに出会っても認定ガイドが適切に対処してくれ、同時に自然解説もしてくれる。
短所：ツアーには予約が必要であり有料となる。ツアーの前に10分程度のレクチャーを受ける必要があり、認定ガイドと行動を共にする必要がある。

問10 仮に、あなたが今回の知床訪問を計画している際、認定ガイドのツアーが導入されていることを知ったとします。ツアーが一人1,000円で予約可能となっていたとします。あなたは予約をして、ツアーを利用しますか？ 当てはまる番号に1つ〇をつけて下さい。実際にお金を支払うと、支出をどこかで減らす必要があることも踏まえてお答え下さい。

1. 予約する 2. 予約せず無料の高架木道だけ利用する 3. 知床五湖を訪れない

● 一方、ヒグマの出没が少ない8月以降については、ヒグマについてのレクチャー（事前説明）を受けて頂き、認定を受けた方は一湖〜五湖の歩道を利用できる仕組みが検討されています（こちらも、自然環境への影響が減ることが期待されています）。

問11 あなたはこの「レクチャーによる認定」についてどう思いますか？ 当てはまる番号に1つ〇をつけて下さい（今回の仕組みの長所と短所は灰色の部分にまとめています）。ただし、レクチャーを受けなくても高架木道はいつでも無料で利用できます。来年以降は高架木道が延長されるので、一湖の近くまでは行くことができます。

1. 大変に望ましい 2. 望ましい 3. どちらでもない 4. 望ましくない 5. 大変に望ましくない 6. その他（　　　　　　　　　　　　　　　　）

長所：レクチャーを受けた人ならば一湖〜五湖の歩道を歩ける。自分も他人もヒグマへの対応のしかたを心得ている。
短所：レクチャーには10分程度の時間がかかり、混雑時には待ち時間も発生する。またレクチャーを受けるには認定料がかかる。

問12 仮に、あなたが今回の知床訪問を計画している際、レクチャーによる認定が導入されていることを知ったとします。認定には、一人100円の認定料が必要であるとします。あなたは認定を受け、一湖〜五湖の歩道を利用しますか？ 当てはまる番号に1つ〇をつけて下さい。実際にお金を支払うと、支出をどこかで減らす必要があることも踏まえてお答え下さい。

1. レクチャーによる認定を受ける 2. 認定を受けず無料の高架木道だけ利用する 3. 知床五湖を訪れない 4. その他（　　　　　　　　　　　　　　　　）

● ここからは、皆さんのリスクに対する考えをお伺いします。リスクとは「損をする可能性や危険な場面に遭遇する可能性」とお考え下さい。

問13 知床にはヒグマがいますが、あなたはどのような状況ならば、ヒグマに出会っても構わないと思いますか？ 当てはまる番号すべてに○をつけて下さい。

1. 襲われない距離で乗物から見る状況　2. 襲われない距離で歩行中に見る状況
3. 100m手前で乗物から見る状況　4. 100m手前で歩行中に見る状況
5. 100m手前で歩行中だが、ヒグマに対処できる専門家が一緒にいる状況
6. ヒグマに興味はあるが、どんな状況でも出会いたくない　7. ヒグマに興味はない

問14 仮に、あなたが認定ガイドによるツアーに参加している最中に、ヒグマにおそわれて大けがをしたとします。あなたは「認定ガイドは適切な対処を行っていた」と感じており、自分も「適切な行動を取っていた」と感じています。この事故について、あなたはどこに責任があると思いますか？ 当てはまる番号すべてに○をつけて下さい。

1. 自分　2. 認定ガイド　3. この仕組みの運営団体　4. ガイドを認定した団体
5. ヒグマのパトロール組織　6. 関係する行政機関
7. しかたのない事故で誰にも責任はない　8. その他（　　　　　　　　　　　　）

問15 仮に、レクチャーによる認定を受けて歩道を利用している最中に、ヒグマにおそわれて大けがをしたとします。あなたは「レクチャー内容は適切だった」と感じており、自分も「適切な行動を取っていた」と感じています。この事故について、あなたはどこに責任があると思いますか？ 当てはまる番号すべてに○をつけて下さい。

1. 自分　2.この仕組みの運営団体　3. レクチャー内容を作った組織
4. ヒグマのパトロール組織　5. 関係する行政機関
6. しかたのない事故で誰にも責任はない　7. その他（　　　　　　　　　　　　）

● 最後に皆様ご自身に関してお聞かせ下さい。

問16 あなたの性別・年齢について、当てはまる番号に1つずつ○をつけて下さい。

1. 男性　2. 女性
1.10代　2.20代　3.30代　4.40代　5.50代　6.60代　7.70代以上

問17 あなたのご職業について、当てはまる番号1つに○をつけて下さい。

1. 会社員　2. 公務員　3. 自営業　4. 主婦　5. 学生　6. 農林業　7. 漁業
8. 無職　9. その他（　　　　　　　　　　　　　　　　　　　　　　　　）

問18 あなたは北海道内に在住していますか、それとも北海道外に在住していますか？当てはまる番号1つに○をつけて、お住まいの場所をご記入下さい。

1. 道内在住（　　　　市町村）　2. 北海道外在住（　　　　都府県　　　　市町村）

ヒグマに関する町民アンケート

実施主体：斜里町・羅臼町・環境省・林野庁
協　力　：知床財団・北海道大学

（注：本文中に出てくる"お住まいの町"については、斜里町民の方は"斜里町"、羅臼町民の方は"羅臼町"としてお考えの上、ご回答ください。）

問1 あなたは野生のヒグマを見たことがありますか？当てはまる番号<u>すべて</u>に〇をつけて下さい。

| 1.見たことがない　2.斜里町内で見たことがある　3.羅臼町内で見たことがある |
| 4.それ以外の場所で見たことがある（場所：　　　　　　　　　　　　　　） |

問2 2010年10月、右の写真のように斜里町の市街地にヒグマが出没しました。あなたはこのことをご存知でしたか？当てはまる番号<u>1つ</u>に〇をつけて下さい。

| 1.知っていた　2.知らなかった　3.分からない |

問3 あなたはお住まいの町における、ヒグマに関する情報をどこから手に入れますか？当てはまる番号<u>すべて</u>に〇をつけて下さい。

| 1.家族　2.友人・知人　3.町役場　4.町の広報　5.防災無線　6.チラシ　7.新聞 |
| 8.雑誌　9.テレビ　10.インターネット　11.講演会　12.その他（　　　　　） |

問4 ヒグマに対する意見は様々です。あなたはお住まいの町におけるヒグマについて、下記の意見をどう思いますか？当てはまる番号に<u>それぞれ1つ</u>〇をつけて下さい。

	全く思わない	思わない	どちらでもない	思う	とても思う
ヒグマの生息数はこの5年で増加したと思う	1.	2.	3.	4.	5.
ヒグマの被害はヒグマの生息数に関係している	1.	2.	3.	4.	5.
ヒグマとの共生は可能だと思う	1.	2.	3.	4.	5.
ヒグマの保護は子供たちの将来のために重要だ	1.	2.	3.	4.	5.
ヒグマの存在は豊かな自然の象徴である	1.	2.	3.	4.	5.
ヒグマを観察する機会があれば観察したい	1.	2.	3.	4.	5.
ヒグマの管理は行政が率先して行うべきだ	1.	2.	3.	4.	5.
ヒグマの管理は住民が自発的に行うべきだ	1.	2.	3.	4.	5.
人を見ても逃げないヒグマが増えたと思う	1.	2.	3.	4.	5.
人を見ても逃げないヒグマは問題だと思う	1.	2.	3.	4.	5.
市街地に出没したヒグマは駆除すべきだ	1.	2.	3.	4.	5.
国立公園内でもヒグマは駆除すべきだ	1.	2.	3.	4.	5.

問4 知床まで、あるいは知床での交通手段は何ですか？ 当てはまる番号に1つ○をつけて下さい。

| 1. 自家用車　2. 観光バス　3. 定期路線バス　4. オートバイ　5. 自転車　6. 徒歩 |
| 7. レンタカー　8. タクシー　9. シャトルバス　10. その他（　　　　　　　　　） |

問5 知床でご宿泊される予定はありますか？ 当てはまる番号に○をつけ、宿泊数をご記入下さい。

| 1. 日帰り　2. ホテル・民宿（＿＿＿泊）　3. キャンプ場（＿＿＿泊） |
| 4. 車中泊（＿＿＿泊）　5. その他（　　　　　　　　　　　　　　） |

問6 今回のご旅行は個人旅行で来られましたか？ それともパックツアーで来られましたか？ 当てはまる番号に1つに○をつけて下さい。

| 1. 個人旅行　2. 観光バスで周るパックツアー |
| 3. 観光バスを使わないパックツアー　4. わからない　5. その他（　　　　　） |

問7 今回、知床五湖を利用してどの程度の混雑を感じましたか？**訪問された場所についてのみ**、当てはまる番号にそれぞれ1つ○をつけて下さい。

駐車場の周辺(駐車場、トイレ、売店など)の人の数

| 1. 多すぎる　2. 多い　3. ちょうどよい　4. 少ない　5. 少なすぎる |

高架木道(売店横から続く木の歩道)の人の数

| 1. 多すぎる　2. 多い　3. ちょうどよい　4. 少ない　5. 少なすぎる |

一湖から二湖周辺の歩道上(トイレ横からの歩道)の人の数

| 1. 多すぎる　2. 多い　3. ちょうどよい　4. 少ない　5. 少なすぎる |

一湖と二湖の展望地点(知床連山が見渡せる、歩道わきの写真撮影スポット)の人の数

| 1. 多すぎる　2. 多い　3. ちょうどよい　4. 少ない　5. 少なすぎる |

● 知床五湖にはヒグマが出没します。特にヒグマの出没の多い5〜7月は、98日中66日で三湖〜五湖の歩道が閉鎖され、うち14日ですべての歩道が閉鎖されました(昨年の場合)。

問8 あなたが知床五湖を訪れた際、ヒグマ出没のため一湖〜五湖の歩道が利用できないとします。あなたはどう感じると思いますか？ただし、高架木道はヒグマが出没しても安全に利用できます。最も近い番号に1つ○をつけて下さい。

| 1. 残念だがしかたがない　2. 自分の責任で歩道を歩かせてほしい |
| 3. 高架木道が利用できれば満足できるので特に気にしない |
| 4. 他の目的に行けば良いので特に気にしない　5. その他（　　　　　　） |

● 歩道閉鎖の問題を解決するため、ヒグマの出没の多い5月初旬から7月末までは、ヒグマへの対応を心得た認定ガイドのツアーに参加することで、歩道を利用できる仕組みが検討されています(自然環境への影響が減ることも期待されています)。ツアーの所要時間は2時間です。

問9 あなたはこの「認定ガイドのツアー」についてどう思いますか？ 当てはまる番号に 1 つ○をつけて下さい（今回の仕組みの長所と短所は灰色の部分にまとめています）。ただし、ツアーを利用しなくても高架木道はいつでも無料で利用できます。来年以降は高架木道が延長されるので、一湖の近くまでは行くことができます。

| 1. 大変に望ましい　2. 望ましい　3. どちらでもない　4. 望ましくない |
| 5. 大変に望ましくない　6. その他（　　　　　　　　　　　　　　　　） |

長所：ツアーに申し込んでいれば一湖～五湖の歩道を歩ける。ヒグマに出会っても認定ガイドが適切に対処してくれ、同時に自然解説もしてくれる。

短所：ツアーには予約が必要であり有料となる。ツアーの前に 10 分程度のレクチャーを受ける必要があり、認定ガイドと行動を共にする必要がある。

問10 仮に、あなたが今回の知床訪問を計画している際、認定ガイドのツアーが導入されていることを知ったとします。ツアーが一人 1,000 円で予約可能となっていたとします。あなたは予約をして、ツアーを利用しますか？ 当てはまる番号に１つ○をつけて下さい。実際にお金を支払うと、支出をどこかで減らす必要があることも踏まえてお答え下さい。

| 1. 予約する　2. 予約せず無料の高架木道だけ利用する　3. 知床五湖を訪れない |

● 一方、ヒグマの出没が少ない 8 月以降については、ヒグマについてのレクチャー（事前説明）を受けて頂き、認定を受けた方は一湖～五湖の歩道を利用できる仕組みが検討されています（こちらも、自然環境への影響が減ることが期待されています）。

問11 あなたはこの「レクチャーによる認定」についてどう思いますか？ 当てはまる番号に１つ○をつけて下さい（今回の仕組みの長所と短所は灰色の部分にまとめています）。ただし、レクチャーを受けなくても高架木道はいつでも無料で利用できます。来年以降は高架木道が延長されるので、一湖の近くまでは行くことができます。

| 1. 大変に望ましい　2. 望ましい　3. どちらでもない　4. 望ましくない |
| 5. 大変に望ましくない　6. その他（　　　　　　　　　　　　　　　　） |

長所：レクチャーを受けた人ならば一湖～五湖の歩道を歩ける。自分も他人もヒグマへの対応のしかたを心得ている。

短所：レクチャーには 10 分程度の時間がかかり、混雑時には待ち時間も発生する。またレクチャーを受けるには認定料がかかる。

問12 仮に、あなたが今回の知床訪問を計画している際、レクチャーによる認定が導入されていることを知ったとします。認定には、一人 100 円の認定料が必要であるとします。あなたは認定を受け、一湖～五湖の歩道を利用しますか？ 当てはまる番号に１つ○をつけて下さい。実際にお金を支払うと、支出をどこかで減らす必要があることも踏まえてお答え下さい。

| 1. レクチャーによる認定を受ける　2. 認定を受けず無料の高架木道だけ利用する |
| 3. 知床五湖を訪れない　4. その他（　　　　　　　　　　　　　　　　） |

問5　あなたはお住まいの町の「ヒグマに関する情報提供」に満足していますか？当てはまる番号1つに〇をつけて下さい。

1.全く満足していない　2.満足していない　3.どちらとも言えない
4.満足している　5.とても満足している　6.分からない

問6　あなたはお住まいの町にヒグマが生息していることについて、どのようにお考えですか？当てはまる番号1つに〇をつけて下さい。

1.絶対にいない方がよい　2.いない方がよい　3.どちらとも言えない
4.いた方がよい　5.絶対にいた方がよい　6.分からない

次に皆さまがヒグマをどのようなリスクと考えているかについて、お聞きします。

問7　あなたはヒグマによる人身事故（ヒグマ事故）の危険性（リスク）についてどう思いますか？当てはまる番号にそれぞれ1つ〇をつけて下さい。判断がつかなくても空欄にせず、直感で考えて一番近い番号をお選び下さい。

	全く思わない	思わない	どちらでもない	思う	とても思う
ヒグマ事故は恐ろしいものである	1.	2.	3.	4.	5.
ヒグマ事故にあうと命にかかわる	1.	2.	3.	4.	5.
ヒグマ事故は人間の技術力や装備で回避できる	1.	2.	3.	4.	5.
ヒグマ事故に気をつけている人は事故を免れる	1.	2.	3.	4.	5.
ヒグマ事故の回避は容易である	1.	2.	3.	4.	5.
ヒグマ事故の責任は自分にある	1.	2.	3.	4.	5.
ヒグマ事故にあったら他人に迷惑をかける	1.	2.	3.	4.	5.
ヒグマ事故にあったら他人から非難を受ける	1.	2.	3.	4.	5.
ヒグマ事故にあったら経済的な損失をうける	1.	2.	3.	4.	5.
ヒグマ事故を減らすために、市街地全てを電気柵で囲うべきである	1.	2.	3.	4.	5.
ヒグマ事故を減らすためにヒグマを積極的に駆除するべきである	1.	2.	3.	4.	5.
ヒグマ事故を減らすために、町職員が銃でヒグマを駆除できるようにしておくべきである	1.	2.	3.	4.	5.

近年、知床半島では全域でヒグマが出没し、近距離での人との遭遇や農業・漁業被害など、様々な問題を引き起こしています。その一方、ヒグマは知床の自然を象徴する野生動物でもあり、知床半島を訪れる観光客の中ヒグマの観察を期待する人も少なくありません。

そのような状況を踏まえ、知床半島として今後どのような方向性で管理をしていくべきか、このページではイラストを使って皆さまにご意見をお伺いします。

問8 あなたは知床半島において将来的にヒグマがどこに生息しているのが望ましいと思いますか？下記の4つのイラストの中であなたが最も望ましいと思うイラストと最も望ましくないと思うイラストを1つずつ選び、下記に記号をお書き下さい。

なお、下記のイラストは、皆さんが望ましいと思う将来像を見つけるために作成しています。調査上やむを得ない理由により、おかしいと感じられるイラストが出てくることもありますが、そのままお答え下さい。

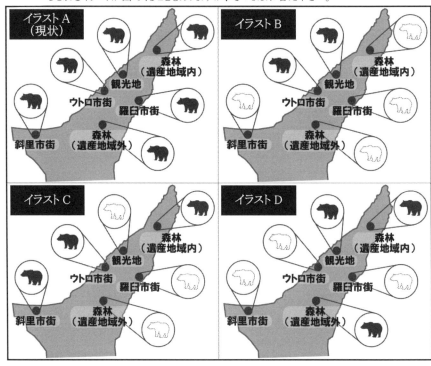

最も望ましいと思うイラストの記号（A～D）を1つお書き下さい

最も望ましくないと思うイラストの記号（A～D）を1つお書き下さい

前述のように近年、知床半島では全域でヒグマが出没しており、ヒグマの目撃情報が数多く寄せられています。そのため、管理者はヒグマが出没したときにどのような対応を行うのがよいか、検討しています。
　そこで、ここから先ではヒグマが出没したときに管理者はどのような対応を行うのが望ましいか、皆さまにご意見をお伺いします。
　以下では下記のイラストのように知床半島を4地域（【市街地】、【郊外（農地を含む）】、【観光地】、【森林】）に区分して、それぞれの地域ごとにヒグマが出没したときにどのような対応を行うのが望ましいのか、お答えください。

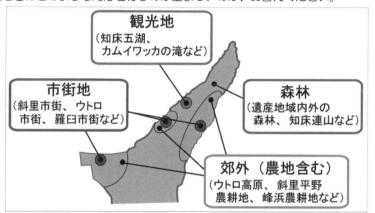

　なお現在、それぞれの地域でヒグマが出没したときには、以下のような対応を基本として管理を行なっています。

市街地：駆除（銃などを用いて、ヒグマを駆除する）
郊外：駆除（同上）
観光地：追払い（轟音玉などを用いて、その場所から一時的にヒグマを追い払う）
森林：注意喚起（目撃場所の付近等で情報を提供し、注意を喚起する）

※但し、上記はあくまでも基本としている対応であり、状況によって観光地でも駆除を行ったり、観光地以外でも追払いを行ったりすることはあります。

問9　あなたは知床半島の<u>市街地</u>でヒグマが出没したとき、管理者はどのような対応を行うのがよいと思いますか？当てはまる番号<u>1つ</u>に〇をつけて下さい。

| 1.何もしない　2.注意喚起　3.追払い　4.駆除（現状） |

問10　あなたは知床半島の<u>郊外（農地を含む）</u>でヒグマが出没したとき、管理者はどのような対応を行うのがよいと思いますか？当てはまる番号<u>1つ</u>に〇をつけて下さい。

| 1.何もしない　2.注意喚起　3.追払い　4.駆除（現状） |

問11 あなたは知床半島の観光地でヒグマが出没したとき、管理者はどのような対応を行うのがよいと思いますか？当てはまる番号1つに〇をつけて下さい。

| 1.何もしない　2.注意喚起　3.追払い（現状）　4.駆除 |

問12 あなたは知床半島の森林でヒグマが出没したとき、管理者はどのように対応するのがよいと思いますか？当てはまる番号1つに〇をつけて下さい。

| 1.何もしない　2.注意喚起（現状）　3.追払い　4.駆除 |

次のページでは、上記の問9から問12を踏まえて"知床半島における今後のヒグマ管理"について、お聞きします。はじめに回答の方法についてご説明します。図をご覧下さい。

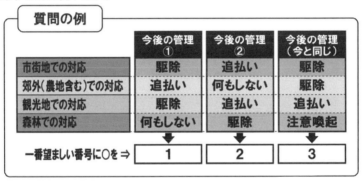

この図は、問9から問12の質問内容をもとに、こちらで考えた「今後の管理①」と「今後の管理②」、そして「今後の管理（今と同じ）」の合計3つのヒグマ管理案を示しています。例えば、「今後の管理①」は、以下のようなヒグマ管理を行います。

・市街地での対応　　　　　⇒　駆除
・郊外（農地含む）での対応　⇒　追払い
・観光地での対応　　　　　⇒　駆除
・森林での対応　　　　　　⇒　何もしない

仮に3つの管理案の中で、この「今後の管理①」が望ましいと考えた場合、上記 "1" に〇をつけて下さい。

上記のように、次のページ（問13～問15）では、このような3つの案の中から、あなたが一番望ましいと感じる案を1つ選んで下さい。

ちなみに、こちらで考えたヒグマ管理案は、皆さんが望ましいと思う案を見つけるために、問9から問12の質問内容を無作為に組み合わせたものです。調査上やむを得ず、おかしいと感じられる案が出てくることもありますが、そのままお答え下さい。

付録　295

PTN_02

今から前のページで説明した3つの中から1つを選ぶ選択を、3回行っていただきます。問13から問15まではすべて異なる組み合わせです。それぞれの問であなたが最も望ましいと思う案を1つずつをお選び下さい。

問13 今後の知床半島のヒグマ管理として、下記の3つの中であなたが最も望ましいと思う案はどれですか？当てはまる番号1つに○をつけて下さい。

	今後の管理①	今後の管理②	今後の管理（今と同じ）
市街地での対応	追払い	何もしない	駆除
郊外（農地含む）での対応	注意喚起	駆除	駆除
観光地での対応	駆除	駆除	追払い
森林での対応	追払い	何もしない	注意喚起
一番望ましい番号に○を ⇒	1	2	3

問14 今後の知床半島のヒグマ管理として、下記の3つの中であなたが最も望ましいと思う案はどれですか？当てはまる番号1つに○をつけて下さい。

	今後の管理①	今後の管理②	今後の管理（今と同じ）
市街地での対応	追払い	何もしない	駆除
郊外（農地含む）での対応	駆除	追払い	駆除
観光地での対応	何もしない	注意喚起	追払い
森林での対応	駆除	駆除	注意喚起
一番望ましい番号に○を ⇒	1	2	3

問15 今後の知床半島のヒグマ管理として、下記の3つの中であなたが最も望ましいと思う案はどれですか？当てはまる番号1つに○をつけて下さい。

	今後の管理①	今後の管理②	今後の管理（今と同じ）
市街地での対応	注意喚起	追払い	駆除
郊外（農地含む）での対応	注意喚起	何もしない	駆除
観光地での対応	追払い	注意喚起	追払い
森林での対応	駆除	注意喚起	注意喚起
一番望ましい番号に○を ⇒	1	2	3

問16 あなたはお住まいの町の「ヒグマが出没した際の対応(被害はないとする)」に満足していますか?当てはまる番号1つに〇をつけて下さい。

| 1.全く満足していない　2.満足していない　3.どちらとも言えない
4.満足している　5.とても満足している　6.分からない |

問17 あなたは過去3年間にヒグマに関連して、町役場や警察などに連絡したことはありますか?当てはまる番号1つに〇をつけて下さい。

| 1.連絡したことはない　2.連絡したことがある |

連絡したことはない、と回答された方は下記の問18にお進み下さい。

連絡したことがあると回答された方は、青色の別紙(A面)にも回答の上、下記の問18にお進み下さい。

問18 あなたは過去3年間にヒグマによって不安を感じたり、被害を受けたりした経験はありますか?当てはまる番号すべてに〇をつけて下さい。

| 1.それらの経験はない　2.不安を感じたことがある　3.被害を受けたことがある |

それらの経験はない、と回答された方は下記の問19にお進み下さい。

不安を感じたり、被害を受けたりした経験があると回答された方は、青色の別紙(B面)にも回答の上、下記の問19にお進み下さい。

問19 あなたは全体的に考えて、「お住まいの町のヒグマに関する対応」に満足していますか?当てはまる番号1つに〇をつけて下さい。

| 1.全く満足していない　2.満足していない　3.どちらとも言えない
4.満足している　5.とても満足している　6.分からない |

問20 あなたはこれまでお住まいの町で行われたヒグマに関する講演会・説明会などに参加されたことはありますか?当てはまる番号1つに〇をつけて下さい。

| 1.参加したことがある　2.参加したことがない |

問21 あなたはヒグマに関わらず、野生動物に関する講演会・説明会などが行われた場合に今後参加しますか?当てはまる番号1つに〇をつけて下さい。また、参加すると回答された方はどんな内容が望ましいかをお書き下さい。

| 1.参加する　2.参加しない
内容) |

最後にあなたご自身についてご質問です。

問22 あなたの性別について、当てはまる番号1つに〇をつけて下さい。
1.男性　2.女性

問23 あなたの年齢について、当てはまる番号1つに〇をつけて下さい。
1.20代　2.30代　3.40代　4.50代　5.60代　6.70代

問24 あなたのご家庭に小学生以下（小学生を含む）の子供はいらっしゃいますか？当てはまる番号1つに〇をつけて下さい。
1.いる　2.いない

問25 あなたのご職業について、当てはまる番号すべてに〇をつけて下さい。
1.会社員　2.公務員　3.団体職員　4.農業　5.林業　6.漁業　7.水産加工業　8.観光業　9.鉱業　10.建設業　11.製造業　12.主婦・主夫　13.年金生活　14.学生　15.その他（　　　　　　　　　　）

問26 あなたはご職業上、ヒグマと何らかの関わりがありますか？当てはまる番号1つに〇をつけて下さい。また「ある」と回答された方は可能な限り具体的に、ご職業名をお書き下さい。
1.ある　2.ない　3.どちらともいえない
　↳（具体的なご職業名：　　　　　　　　　　）

問27 あなたのお住まいの町名について、当てはまる番号1つに〇をつけて下さい。
1.斜里町　2.羅臼町

問28 あなたのお住まいの地区について、郵便番号と地区名をそれぞれお書き下さい。（※郵便番号や地区名は、皆さんのお住まいの地区をおおまかに把握するためだけに使用し、住所を特定することは致しません。）
郵便番号（〒　　　－　　　　）
地区名（　　　　　　　　地区）

問29 あなたが生まれた町はどこですか？当てはまる番号1つに〇をつけて下さい。
1.斜里町生まれ　2.羅臼町生まれ　3.斜里町・羅臼町以外の道内生まれ　4.道外生まれ

問30 あなたは現在お住まいの町に住んで何年ですか？当てはまる番号1つに〇をつけて下さい。
1.3年未満　2.3～9年　3.10～19年　4.20～29年　5.30年以上

以上で終了です。長い間ご協力ありがとうございました。

もしよろしければ、ご意見・ご感想などをご自由にお書き下さい。

別紙（A面）

PTN_02

> 問17で、過去3年間にヒグマに関連して町役場や警察などに連絡したことがある、と回答された方にお聞きします。

Q1. あなたはヒグマに関連して下記のどこに連絡されましたか？当てはまる番号すべてに〇をつけて下さい。

1.町役場　2.警察　3.知床財団　4.猟友会
5.その他（　　　　　　　　　　　　　　　　　　　）

Q2. あなたはどのような内容で町役場や警察などに連絡しましたか？当てはまる番号すべてに〇をつけて下さい。

1.ヒグマの痕跡を見かけたので連絡した
2.ヒグマの姿を見かけたので連絡した
3.ヒグマによる不安や恐怖を感じたので連絡した
4.ヒグマによる被害を受けたので連絡した
5.その他（　　　　　　　　　　　　　　　　　）

Q3. あなたは町役場や警察などから問題解決のために、どのような対応を受けましたか？当てはまる番号すべてに〇をつけて下さい。

1.連絡したときにアドバイスや情報提供を受けた
2.担当者が直接、あなたの家や現場を訪ねてきた
3.ヒグマを追い払った
4.ヒグマを駆除した
5.電気柵の設置や点検を行った
6.パトロールを実施、強化した
7.何も受けていない
8.わからない
9.その他（　　　　　　　　　　　　　　　　　　　　　　）

Q4. 上記のQ3でご回答いただいた対応は、あなたが元々期待していた対応でしたか？当てはまる番号に1つに〇をつけて下さい。また、期待とは異なっていたと回答された方は期待されていた対応をご記入下さい。

1.期待していた対応だった
2.期待していた対応とは異なっていた
（　　　　　　　　　　　　　　　　　　　　　　　　）
3.どちらともいえない

Q5. あなたは連絡した時の町役場や警察などの対応に、どの程度満足しましたか？当てはまる番号に1つに〇をつけて下さい。

1.全く満足しなかった　2.満足しなかった　3.どちらとも言えない
4.満足した　5.とても満足した

別紙（B面）

PTN_02

> 問18で、過去3年間にヒグマによって不安を感じたり、被害を受けたりした経験がある、と回答された方にお聞きします。

まず「不安を感じたことがある」と回答された方にお聞きします。

Q1. あなたはヒグマによってどのような不安を感じましたか？ 当てはまる番号すべてに〇をつけて下さい。

1. 自分がヒグマと遭遇しないか不安だ
2. 家族や知人がヒグマと遭遇しないか不安だ
3. ヒグマが被害（農業・漁業・家畜・家財）を起こさないか不安だ
4. ヒグマが建物（番屋や住居など）に侵入してこないか不安だ
5. ヒグマがペットに危害を加えないか不安だ
6. 車やバイクがヒグマとぶつからないか不安だ
7. ヒグマがゴミや残渣（ざんし）を食べに来ないか不安だ
8. その他（　　　　　　　　　　　　　　　　　　　）

次に、「被害を受けたことがある」と回答された方にお聞きします。

Q2. あなたはヒグマによってどのような被害を受けましたか？ 当てはまる番号すべてに〇をつけて下さい。また、農作物や水産物、家畜ついては具体的に当てはまるものについても、それぞれ〇をつけて下さい。

1. ヒグマが農作物を食べた
   【ビート・小麦・飼料・牧草ロール・その他（　　　　　　　）】
2. ヒグマが水産物を食べた
   【干し魚・ふ化場の魚・魚網にかかった魚・その他（　　　　　）】
3. ヒグマが家畜に危害を加えた
   【牛・豚・ニワトリ・その他（　　　　　　　　　　　　）】
4. ヒグマが建物を壊した
   【番屋・物置・自宅・漁具・その他（　　　　　　　　　　）】
5. ヒグマがペットに危害を加えた
6. 車やバイクがヒグマとぶつかってしまった
7. ヒグマがゴミや残渣（ざんし）を食べた
8. その他（　　　　　　　　　　　　　　　　　　　）

Q3. あなたは町の「ヒグマが被害を出した際の対応」に満足しましたか？当てはまる番号1つに〇をつけて下さい。

1.全く満足しなかった　2.満足しなかった　3.どちらとも言えない
4.満足した　5.とても満足した　6.分からない

国立公園利用者意識調査のお願い

　財団法人日本交通公社では、みなさまの国立公園での滞在をより素晴らしいものにしていくために、国立公園でどのような楽しみ方をされ、どのような場面で感動されているのかについて調査しております。

　恐れ入りますが、よりよい国立公園の実現に向けて、何卒ご協力下さいますようお願い申し上げます。なお、本調査へのお問い合わせは、下記までお願い致します。

調査主体　●●●●●●●●　自然公園利用者意識調査係
　　　　　〒100-0005　千代田区丸の内●●●●
　　　　　電話番号：03-●●●●-●●●●　　メール：shigen-ank@●●●．●●●.jp

＜回答・返信方法について＞
- ご記入いただいたアンケート用紙は、返信用封筒に入れて、ポストにご投函ください。封筒には、お名前のご記入、切手は不要です。
- 携帯電話、パソコンでのインターネット経由での回答も可能です。
- http://cs-●.jp にアクセス、もしくは右のQRコードを読み取り、こちらの4桁のアクセスコードを入力して開始してください。**25●●**
- 回答締め切り日までにご回答いただいた方の中から抽選で、JTB旅行券（20,000円）を贈呈致します。

回答締め切り日　封筒　：**平成23年11月14日（月）消印**まで有効

「日光」訪問場所マップ

問1．今回の旅行の同行者をお答えください。（○は、1つだけ）※「家族旅行」には、親族や知人が同行する場合も含めます。
　　　※添乗員付きの団体ツアーなどにご参加の場合は、申込の単位をお答えください。

01．子供連れ家族旅行（一番下のお子様が未就学児）	06．カップル旅行
02．子供連れ家族旅行（一番下のお子様が小学生）	07．友人との旅行
03．子供連れ家族旅行（一番下のお子様が中高生）	08．職場や地域、サークルなどの団体旅行
04．大人の家族旅行（18歳以上の子供含む）	09．一人旅
05．夫婦旅行	10．その他（　　　　　　　　　　）

問2．今回の旅行の同行者数（ご自身も含めて）をお答えください。（○は、1つだけ）

| 01．一人 | 02．二人 | 03．三から五人 | 04．六から九人 | 05．十人以上 |

問3．日光で訪れた場所をお答えください。（○は、いくつでも）　※別紙Aをご覧ください。

01．華厳ノ滝	05．小田代ヶ原	09．霧降高原	12．日光市街
02．中禅寺湖	06．千手ヶ浜	10．日光白根山	13．日光湯元ビジターセンター
03．戦場ヶ原	07．湯滝	11．日光山内（日光東照宮、	14．明智平ロープウエイ
04．竜頭ノ滝	08．男体山	二荒山神社、輪王寺など）	15．その他（　　　　　　）

問4．日光での滞在時間をお答えください。（○は、1つだけ）

| 01．30分未満 | 02．2時間未満 | 03．2〜4時間 | 04．4〜6時間 | 05．6〜8時間 | 06．8時間以上 |

問5．日光で自然豊かな場所を歩いた時間をお答えください。（○は、1つだけ）

| 01．30分未満 | 02．2時間未満 | 03．2〜4時間 | 04．4〜6時間 | 05．6〜8時間 | 06．8時間以上 |

問6．今回のご旅行ではどこに宿泊されましたか。泊数についてもお答えください。（○は、いくつでも）

01．日帰り	04．霧降高原＿＿＿泊	07．那須・塩原エリア＿＿＿泊
02．奥日光・湯元温泉＿＿＿泊	05．日光山内・日光市街＿＿＿泊	08．その他＿＿＿泊
03．中禅寺湖畔＿＿＿泊	06．鬼怒川・川治・川俣・奥鬼怒・湯西川エリア＿＿＿泊	（　　　　　　　　　）

問7．日光を訪れた際の天候等をお答えください。（○は、それぞれ1つ）

①天気	01．晴れ　02．晴れと曇り　03．曇り　04．曇りと雨　05．雨　06．その他（　　　　　）
②気温	01．暑かった　02．やや暑かった　03．適温　04．やや涼しかった　05．寒かった　06．その他（　　）
③風	01．無風　02．やや風があった　03．強風　04．その他（　　　　　　　　）

問8．今回、日光を訪れた動機とその達成度をお答えください。

	①来訪の動機に○（いくつでも）	②動機の達成度（○はそれぞれ1つ） 達成できた ←――――――→ 達成できなかった					
01．美しいものを見たい	1	7	6	5	4	3	2	1
02．原生的な自然にふれたい	2	7	6	5	4	3	2	1
03．仲間や家族との時間を楽しみたい	3	7	6	5	4	3	2	1
04．日常生活から解放されたい	4	7	6	5	4	3	2	1
05．憧れや目標を実現したい	5	7	6	5	4	3	2	1
06．未知なものにふれたい	6	7	6	5	4	3	2	1
07．健康や体力、技術を向上させたい	7	7	6	5	4	3	2	1
08．歴史や文化、食べ物を楽しみたい	8	7	6	5	4	3	2	1
09．思い出の場所を訪れたい	9	7	6	5	4	3	2	1
10．その他（　　　　　　　　）	10	7	6	5	4	3	2	1
11．なんとなく	11							

問9．今回の日光での滞在の総合満足度をお答えください。（○は、1つだけ）

| 大変満足 | 満足 | やや満足 | どちらでもない | やや不満 | 不満 | 大変不満 |
| 7 | 6 | 5 | 4 | 3 | 2 | 1 |

裏面へ続きます→

問10. 今回、日光で行った活動とその満足度をお答えください。

	①行った活動に○ (いくつでも)	②満足度（○はそれぞれ1つ） 満足できた ←―――――→ 満足できなかった						
01. 景色を見る	1	7	6	5	4	3	2	1
02. 野生動物観察・バードウオッチング	2	7	6	5	4	3	2	1
03. 植物（草花・樹木など）の観賞	3	7	6	5	4	3	2	1
04. ハイキング	4	7	6	5	4	3	2	1
05. 登山	5	7	6	5	4	3	2	1
06. クルージング、遊覧船	6	7	6	5	4	3	2	1
07. ガイドツアーへの参加（無料）	7	7	6	5	4	3	2	1
08. ガイドツアーへの参加（有料）	8	7	6	5	4	3	2	1
09. ビジターセンター見学	9	7	6	5	4	3	2	1
10. 参拝、社寺・仏閣への訪問	10	7	6	5	4	3	2	1
11. その他の観光施設見学・訪問	11	7	6	5	4	3	2	1
12. 芸術活動（絵、写真など）	12	7	6	5	4	3	2	1
13. 食事（持参したお弁当は含まない）	13	7	6	5	4	3	2	1
14. 買い物（お土産、おやつなど）	14	7	6	5	4	3	2	1
15. 温泉	15	7	6	5	4	3	2	1
16. 宿泊（宿泊施設・山小屋含む）	16	7	6	5	4	3	2	1
17. 宿泊（キャンプ）	17	7	6	5	4	3	2	1
18. その他（　　　　　　）	18	7	6	5	4	3	2	1

問11. 今回の日光での滞在で、感動はありましたか？（○は、1つだけ）

大変感動した	感動した	やや感動した	どちらでもない	あまり感動しなかった	感動しなかった	全く感動しなかった
7	6	5	4	3	2	1

問12. 感動された場面において、以下の項目についてどのように思いましたか。感動のなかった方も感じたままにお答えください。（○は、それぞれ1つ）

	大変そう思う ←―――――→ 全くそう思わない						
①静かだ	7	6	5	4	3	2	1
②神聖だ	7	6	5	4	3	2	1
③開放的だ	7	6	5	4	3	2	1
④落ち着く	7	6	5	4	3	2	1
⑤雄大だ	7	6	5	4	3	2	1
⑥すがすがしい	7	6	5	4	3	2	1
⑦美しい	7	6	5	4	3	2	1
⑧親しみやすい	7	6	5	4	3	2	1
⑨荒々しい	7	6	5	4	3	2	1

問13. 上記のうち、この場所に来ないと感じることができない（「写真やテレビ」では感じることができない）と思われるものをお答えください。（○は、いくつでも）

01. 静かさ	03. 開放感	05. 雄大さ	07. 美しさ	09. 荒々しさ
02. 神聖さ	04. 落ち着き	06. すがすがしさ	08. 親しみやすさ	10. 特にない

問14. ①日光において、もっとも感動されたのはどのような場面ですか。

どこで？	いつ？	何に対して？
(例) ○○で、○○から○○に行く途中	早朝	○○山の景色が○○だった

②上記の場面において、感動を阻害するものや出来事があった場合は、具体的にお答えください。

問15. 今回、日光を訪れて、以下の項目についてどのように思いましたか。(○は、それぞれ1つ)

	大変そう思う ←						→ 全くそう思わない
①家族や親しい知人に日光を紹介したい	7	6	5	4	3	2	1
②1年以内に、日光に来訪したい	7	6	5	4	3	2	1
③別の季節に、日光に来訪したい	7	6	5	4	3	2	1
④1年以内に、自然豊かな観光地に来訪したい	7	6	5	4	3	2	1

問16. 以下の項目はどの程度あなたにあてはまりますか。(○は、それぞれ1つ)

	大変そう思う ←						→ 全くそう思わない
①自然豊かな場所は自分にとって大切だ	7	6	5	4	3	2	1
②自然豊かな場所は、他の場所よりも満足した滞在ができる	7	6	5	4	3	2	1
③日光は自分にとって大切だ	7	6	5	4	3	2	1
④日光は、他の場所よりも満足した滞在ができる	7	6	5	4	3	2	1

問17. ①日光で不満に思った点をお答えください。(○は、いくつでも)

01. 設備(水道、自販機など)の不足
02. 案内、説明版の分かりづらさ
03. 歩道、通路の混雑
04. 眺望地点(展望台など)の混雑
05. 施設(トイレなど)の不衛生
06. ゴミの放置
07. 施設(案内施設、トイレなど)の混雑
08. 歩道、通路の整備不足
09. 団体客、ガイドツアーの存在
10. 他の利用者のマナー不足
11. 景色の中の人工物(鉄塔など)
12. 施設・設備の過剰整備
13. 過剰な規制(ルールなど)
14. その他(　　　　　　　)
15. 特になかった

②特に不満に思った点を具体的にお答えください。[　　　　　　　]

問18. 今回の日光での滞在で、混雑を感じましたか。(○は、1つだけ)

大変そう思う	そう思う	ややそう思う	どちらでもない	あまりそう思わない	そう思わない	全くそう思わない
7	6	5	4	3	2	1

問19. 今回、日光を訪れたことによって、ご自身にどのような変化があると思いますか。(○は、それぞれ1つ)

	大変そう思う ←						→ 全くそう思わない
①美しいものを見ることが好きになる	7	6	5	4	3	2	1
②自然が身近になる	7	6	5	4	3	2	1
③心が豊かになる	7	6	5	4	3	2	1
④自信が湧いてくる	7	6	5	4	3	2	1
⑤考え方や気持ちが前向きになる	7	6	5	4	3	2	1
⑥明日からまた頑張ろうと思うようになる	7	6	5	4	3	2	1
⑦家族や友人を大切にするようになる	7	6	5	4	3	2	1
⑧生活に充実感を感じるようになる	7	6	5	4	3	2	1
⑨想像力が豊かになる	7	6	5	4	3	2	1
⑩チャレンジ精神が湧いてくる	7	6	5	4	3	2	1
⑪自然が好きになる	7	6	5	4	3	2	1
⑫自然環境を大切にするようになる	7	6	5	4	3	2	1

問20. 今回の日光への旅行は、自分の人生を豊かにすると思いますか。(○は、1つだけ)

大変そう思う	そう思う	ややそう思う	どちらでもない	あまりそう思わない	そう思わない	全くそう思わない
7	6	5	4	3	2	1

問21. 日光へは、今回は何度目のご来訪になりますか。(○は、それぞれ1つ)

来訪回数 (今回を含む)	01. 初めて　02. 二回目　03. 三回目　04. 四回目　05. 五回目　06. 六～九回目　07. 十回目以上
(2回目以降の方) 前回の来訪	01. 三ヶ月以内　02. 半年以内　03. 一年以内　04. 五年以内　05. 十年以内　06. それ以上前

裏面へ続きます→

問22. ①国立公園など我が国を代表する自然豊かな観光地にどの程度行きますか。（〇は、1つだけ）

| 01. あまり行かない | 02. 2年に1回程度 | 03. 年に1～2回程度 | 04. 年に3～4回程度 | 05. それ以上行っている |

②国立公園など我が国を代表する自然豊かな観光地によく行くようになったきっかけは何ですか。場所や年代、出来事など、具体的にお答えください。

問23. ①日光が国立公園であることを知っていましたか。（〇は、1つだけ）

| 01. 訪れる前から知っていた | 02. 訪れてから知った | 03. 知らなかった |

②日光が国立公園であることは、旅行先を選ぶ際の理由のひとつでしたか？

| 01. はい | 02. いいえ |

問24. 旅行先として日光を選んだ際の情報源は何ですか。（〇は、いくつでも）

01. 以前来訪した際の自身の経験	05. その他のWebサイト	09. 旅行会社の店員からの勧め
02. 家族や友人知人からの紹介	06. 旅行雑誌・ガイドブック	10. 割引券や優待券
03. 個人のブログやインターネット掲示板	07. 旅行会社の旅行パンフレット	11. なんとなく・自分の意志外
04. 地域や施設の公式Webサイト	08. テレビや映画	12. その他（　　　）

問25. 今回の旅行で利用した交通機関を教えてください。（〇は、いくつでも）

01. 鉄道	04. 観光バス・貸切バス	07. タクシー	10. ガイド業者の送迎
02. 飛行機	05. 自家用車	08. フェリー・高速船	11. その他
03. 路線バス・シャトルバス	06. レンタカー	09. バイク・自転車	（　　　）

問26. 今回の旅行では、旅行会社（楽天トラベルやじゃらんなど含む）を利用しましたか。（〇は、1つだけ）

| 01. 利用した（添乗員付き） | 02. 利用した（添乗員なし） | 03. 利用していない |

問27. 今回の旅行の主目的は、日光を訪れることでしたか。（〇は、1つだけ）

| 01. はい | 02. いいえ（他の観光地に訪れることが主目的でついでに立ち寄った） |

問28. あなたは、どのようなことをして自分の自由になる時間を過ごしていますか。（〇は、いくつでも）

01. ラジオを聞いたり、テレビを見たりする	05. 運動やスポーツなど体を動かす	10. ショッピングに行く
02. 新聞・雑誌などを読んだりする	06. 地域活動や社会活動をする	11. 家族との団らんを楽しむ
03. パソコンや携帯電話などを利用して情報の閲覧やメールのやり取りなどをする	07. 趣味を楽しむ	12. 知人・友人と過ごす
	08. 知識を吸収する	13. その他
04. のんびり休養する	09. 旅行に行く	（　　　）

問29. 日常生活において、以下の項目はあなたにあてはまりますか。（〇は、いくつでも）

01. 美しいものを見るのが好きだ	05. 前向きな考え方をすることが多い	09. 想像力が豊かだと思う
02. 自然に親近感を覚える	06. 日々頑張っていると思う	10. チャレンジ精神が旺盛だ
03. 心が豊かだと思う	07. 家族や友人を大切にしている	11. 自然が好きである
04. 自分に自信がある	08. 生活に充実感がある	12. 自然環境を大切にしている

問30. お答えいただいたご本人様の性別、年齢、居住地をお答えください。

| 性別　男・女 | 年齢　　　代（例：50代等でお答え下さい） | 居住地　　　都・道・府・県 |

★懸賞品に応募される方はご記入ください。

ご記入頂いた個人情報は、当選者の方への懸賞品郵送にのみ利用させて頂きます。財団法人日本交通公社の個人情報の取扱についての詳細は各ホームページ（http://www.●●●.●●.jp）をご覧ください。上記事項を踏まえ、同意頂ける場合には下欄に郵送先をご記入下さい。

住　所　〒　　　　　　　　　　　　　　　　　　　　氏　名

さらに学びたい人のための文献リスト

敷田麻実・森重昌之（2011）『地域資源を守っていかすエコツーリズム：人と自然の共生システム』講談社
　エコツーリズムの考え方から，エコツアーが自然環境や社会経済におよぼす影響とそのモニタリング調査の方法などを解説している。本書の内容とも関連のある日本各地の先進的な取り組みや，調査事例も紹介されている。

K. F. パンチ（2005）『社会調査入門：量的調査と質的調査の活用（川合隆男監訳）』慶應義塾大学出版会
　社会調査全般について重要な内容が整理された書籍である。翻訳書であることもあり，多少取っ付きづらい部分もあるが，他の書籍，例えば下の森岡編（2007）などを併せて読むことで内容をよりよく理解することができる。

森岡清志編著（2007）『ガイドブック社会調査　第2版』日本評論社
　一般市民を対象とした社会調査の基本的な考え方や手法について，わかりやすく，くわしく解説されている。信頼性・妥当性の高い調査を行うために，目を通しておきたい。

Vaske, J. J.（2008）Survey research and analysis: Applications in parks, recreation and human dimensions, Venture Publishing.
　本書とほとんど同じ目的で執筆された書籍である。本書の内容をより深めたい読者にぜひ読んでいただきたい。後半は統計分析について紙面を割いているので，第5章の内容についてより学習を深めることができる。

Veal, A. J.（2011）Research methods for leisure and tourism: A practical guide（4th Edition），Pearson Education Canada.
　観光に関する社会調査について質的調査から量的調査まで，理論から調査の実際まで，

包括的に整理された書籍である。観光に関する社会調査を考えている方は関係部分だけでも読んでいただきたい。

Sirakaya-Turk, E., Uysal, M., Hammit, W. and Vaske, J. J.（2011）Research methods for leisure, recreation and tourism, CABI.
　上記の Vaske（2008）の内容に Veal（2011）を加えたような内容構成の書籍である。Vaske（2008）の方が詳しいが，逆にこちらの書籍の方がコンパクトにまとまっているとも言える。

Kajala, L., Almik, A., Dahl, R., Dikšaite, L., Erkkonen, J., Fredman, P., Jensen, F. Søndergaard, Karoles, K., Sievänen, T., Skov-Petersen, H., Vistad, O. I. and Wallsten, P.（2007）Visitor monitoring in nature areas: A manual based on experiences from the Nordic and Baltic countries, Swedish Environmental Protection Agency.
　第1章で紹介したように，北欧の研究者が集まり勉強会を開催してつくった利用者モニタリングのマニュアル。その勉強会が発展して，国際学会が1年おきにヨーロッパで開催されている。インターネット上でPDFが公開されている。

神林博史・三輪哲（2011）『社会調査のための統計学』技術評論社
　統計分析に関しては，読者が統計学に関してどれだけの知識を持っているか，将来的にどれだけ専門的な統計分析を使う可能性があるかなどによって推薦できる書籍が変わってしまう。様々な書籍が刊行されており，使用する統計ソフトウェアの使い方とセットになっているものも多い。本書は初学者が基礎を理解するために適しているということで紹介したい。

Manning, R.（2011）Studies in outdoor recreation: Search and research for satisfaction（3rd Edition）, Oregon State University Press.
　レクリエーション研究の第一人者による教科書。第6章で紹介した満足度，混雑感，適正収容力の概念などについて詳しく解説されている。国立公園で，観光・レクリエーション利用のアンケート調査を行う際には，ぜひ読んでおきたい。

栗山浩一・柘植隆宏・庄子康（2013）『初心者のための環境評価入門』勁草書房
　本書の第7章で紹介した環境評価手法の適用に関して，アンケート調査票の作成から

分析までわかりやすく紹介している。Excel シートを使ってすべての分析が可能となる「Excel でできる環境評価」の解説も付いている。

羽山伸一・三浦慎悟・梶光一・鈴木正嗣編（2012）『野生動物管理：理論と技術』文栄堂出版
　動物学・生態学の専門家によって書かれているが，人や地域社会と野生動物との関係，関連する法律などの社会的面についても解説されている。日本と海外の野生動物管理システムの紹介もあり，本書の第8章で紹介したヒューマン・ディメンジョンを理解するのに最適である。

十代田朗編著（2010）『観光まちづくりのマーケティング』学芸出版社
　観光学の分野でも様々な書籍が観光されているが，データ収集と分析によるマーケティングについて解説されており，本書の第9章と併せて読んでいただきたい。

索引

【A~Z】

CS (Customer Satisfaction) 241
HDW (Human Dimensions of Wildlife Management) 16, 205
MECE (Mutually Exclusive and Collectively Exhaustive) 63
NOAAガイドライン 188
TEEB (The Economics of Ecosystems and Biodiversity) 185
TSA (Tourism Satellite Account) 231
t検定 143
Visitor Services Project 10
Visitor Survey Card 10
WEBアンケート調査 103, 165

【ア行】

挨拶 109
軋轢 205
奄美遺産 260
奄美大島 252
アンケート調査票 47
アンケート調査票作成のガイドライン 54
遺産価値 185
一般市民 5, 87
ウィルコクソン順位和検定 145
裏表紙 84
エクソン・バルディーズ号事件 187
エコツアー 169
エコツーリズム 169
オフサイトサンプリング 92, 198
オプション価値 185
オンサイトサンプリング 92, 198

【カ行】

海外旅行者数 228
外国人登山者 248
外国人利用者 247
カイ二乗検定 141, 148
回収率 110
ガイドプログラム 275
概念 48
概念化 (Conceptualization) 32
概念枠組み 32
仮想評価法 187
間隔尺度 52, 135
環境経済評価 183
環境の価値 183
環境文化 253, 274
環境文化型国立公園 253, 274
関係機関 106
観光入込客数 229
観光入込客調査 229
観光客 5
観光消費額 229
観光消費額単価 229
観光の実態と志向 233

観光白書　231
観光・レクリエーション旅行　232
間接利用価値　184
管理運営計画書　17
機会サンプリング　96
聞き書き　260, 262, 267
技術的な問題点　21
帰省・知人訪問　232
ギフトバイアス　112
帰無仮説　140
記録簿　110
クラメールの連関係数　142
クロス集計　132, 138
欠損値　128
顕示選好法　197
現地実施・現地記入のアンケート調査　100
現地実施・郵送のアンケート調査　101
ケンドール　257, 262, 270
合意形成　211
高架木道　170
高原温泉　223
行動的コーピング　165
コーディング　126
コーピング　22, 164
ゴール　25
顧客満足度（CS）　241
個人属性　72
個人の規範　161
個別訪問　109
混雑感　33, 162, 174, 177
根本的な問題点　21

【サ行】

最来訪意向　241
残差分析　142

サンプリング　87
自己選択バイアス（self-selection bias）　95
事後比較　143
自然公園等利用者数調　6
自然ふれあいマップ　270
下見　108
質的調査　5
質問形式　51
支払意志額　187
支払カード形式　189
標津町　216
社会科学的モニタリング　4
社会調査　4
謝礼（インセンティブ）　110
自由回答　127
自由回答形式　189
自由回答の質問　51, 56
宿泊旅行　232
出張・業務旅行　232
順位を尋ねる質問　51, 55
順序尺度　52
紹介意向　241
条件付きロジットモデル　214
将来像　25
知床五湖　168, 193
知床データセンター　12, 28
知床半島　206
知床半島ヒグマ保護管理方針　208
人為的影響　3
人員　107
信頼性　50
スター研究者　30
ステークホルダー　17
生態系サービス　185, 274
生態系と生物多様性の経済学（TEEB）　185

正当化 160
世界遺産 253
セグメンテーション 16
ゼロサムの対立 116
選好 32
先行研究 28
全国旅行動態調査 229
潜在的利用者 164
選択型実験 199, 212, 214
選択肢 62
戦略バイアス 192
総合型協議会 17
操作化（Operationalization） 32, 47
ゾーニング 208, 212
存在価値 185

【タ行】
代表性 91
タイムスケジュール 41, 211
択一の質問 51, 126
妥当性 50
単一の質問 47
単純集計 132
地域住民 5, 87
地域住民を対象としたアンケート調査 102
着地 94
調査員 107
調査スケジュール 41
調査対象者 87
調査の枠組み作り 24
調査倫理 112
直接利用価値 184
付け値ゲーム形式 189
データの入力 127
適正収容力 157

「適正利用・エコツーリズム関連調査（マーケティングとモニタリング）の方針」 106, 118
デザイン 77
テューキーのHSD検定 144
統計的検定 140
登録引率者 172
土地利用 268
トピック 26
留め置きアンケート調査 102
トラベルコスト法 93, 197

【ナ行】
二肢選択形式 190
入力フォーマット 123
入力ミス 131
認知的コーピング 164
ノンパラメトリックな手法 145

【ハ行】
バイアス 189
波及効果 228
発地 94
パラメトリックな手法 145
日帰り旅行 232
ヒグマ 168, 206
ヒストグラム 135
人と自然のふれあい調査 259
ピボットテーブル 133, 138
評価尺度 51
表紙 84
表明選好法 199
非利用価値 92, 184
比例尺度 52, 135
フォント 77
複数選択可能な質問 51, 54, 126

複数の質問　47
服装　107
プレテスト　82
分岐　75
分散分析　143
ページ番号　79
ヘッダー　124
変数　47
変数の変換　137
棒グラフ　136
訪日外国人消費動向調査　237, 247
訪日外国人旅行者数　228
訪問者　5
母集団　87

【マ行】

満足度　156, 174, 177, 241
マン・ホイットニーのU検定　145
名義尺度　52, 135
モニタリング　4, 174
モンタージュ写真　167

【ヤ行】

野生動物管理　204, 205
予行演習　108

【ラ行】

ランダムサンプリング　90
リサーチ・クエスチョン　35, 152
リスク・イメージ　217
リスク・コミュニケーション　217
リスク認識　216
リッカート尺度　53, 135
利用価値　184
利用者　5
利用者動向・意識調査　7
利用調整地区　169, 193, 222
利用適正化計画　174
量的調査　5
旅行・観光サテライト勘定（TSA）　231
ロイヤルティ（loyalty）　161, 177, 241

編者略歴

愛甲哲也（あいこう・てつや）
北海道大学 大学院農学研究院 准教授
博士（農学／北海道大学）
専門：公園計画・ランドスケープ計画
自然保護地域におけるレクリエーション利用のモニタリングとその管理，地域や市民との協働による自然公園，都市公園の管理のあり方について研究を行っている。
受賞：日本造園学会田村剛賞（2014年）

庄子康（しょうじ・やすし）
北海道大学 大学院農学研究院 准教授
博士（農学／北海道大学）
専門：森林政策学・自然資源管理
経済学的なアプローチから，森林や自然保護地域，野生動物などの自然資源の管理に関する研究を行っている。

栗山浩一（くりやま・こういち）
京都大学 大学院農学研究科 教授
博士（農学／京都大学）
専門：環境経済学
価格の存在しない環境の価値を金銭単位で評価する手法の開発および政策への適用可能性についての研究を行っている。
受賞：日本林学会賞（2001年）

著者略歴

久保雄広（くぼ・たかひろ）
国立環境研究所 生物・生態系環境研究センター 研究員
博士 (農学／京都大学)
専門：野生動物管理・自然公園管理
環境経済学を中心とした社会科学的アプローチを用いて，野生動物や自然公園の管理，生物多様性の保全に関する実証研究に取り組んでいる。
受賞：日本学術振興会育志賞（2015 年）・日本森林学会学生奨励賞（2016 年）

寺崎竜雄（てらさき・たつお）
公益財団法人日本交通公社
理事・観光地域研究部長
専門：観光学
観光地域づくりの実践に関わりながら，持続可能な観光地の管理運営について研究を行っている。

柘植隆宏（つげ・たかひろ）
甲南大学 経済学部 教授
博士（経済学／神戸大学）
専門：環境経済学
経済学の方法を用いて，環境や健康に関わる政策の評価・分析を行っている。

岡野隆宏（おかの・たかひろ）
環境省自然環境局 自然環境計画課　保全再生調整官
（元鹿児島大学 教育センター 特任准教授）
専門：保護地域政策
環境省のレンジャー（自然保護官）として，阿蘇くじゅう国立公園や西表石垣国立公園などで公園計画の策定や管理運営に従事。鹿児島大学では「自然環境の保全と活用による地域づくり」をテーマに，主に政策的手法について研究。

自然保護と利用のアンケート調査
公園管理・野生動物・観光のための社会調査ハンドブック

2016 年 7 月 6 日　初版発行

編者　　愛甲哲也＋庄子康＋栗山浩一
発行者　土井二郎
発行所　築地書館株式会社
　　　　東京都中央区築地 7-4-4-201　〒 104-0045
　　　　TEL 03-3542-3731　　FAX 03-3541-5799
　　　　http://www.tsukiji-shokan.co.jp/
　　　　振替 00110-5-19057
印刷・製本　シナノ出版印刷株式会社

© Tetsuya Aiko, Yasushi Shoji and Koichi Kuriyama 2016 Printed in Japan
ISBN 978-4-8067-1516-0　C0040

・本書の複写、複製、上映、譲渡、公衆送信（送信可能化を含む）の各権利は築地書館株式会社が管理の委託を受けています。
[JCOPY]〈（社）出版者著作権管理機構　委託出版物〉
本書の無断複製は著作権法上での例外を除き禁じられています。複写される場合は、そのつど事前に、（社）出版者著作権管理機構（TEL 03-3513-6969、FAX 03-3513-6979、e-mail：info@jcopy.or.jp）の許諾を得てください。

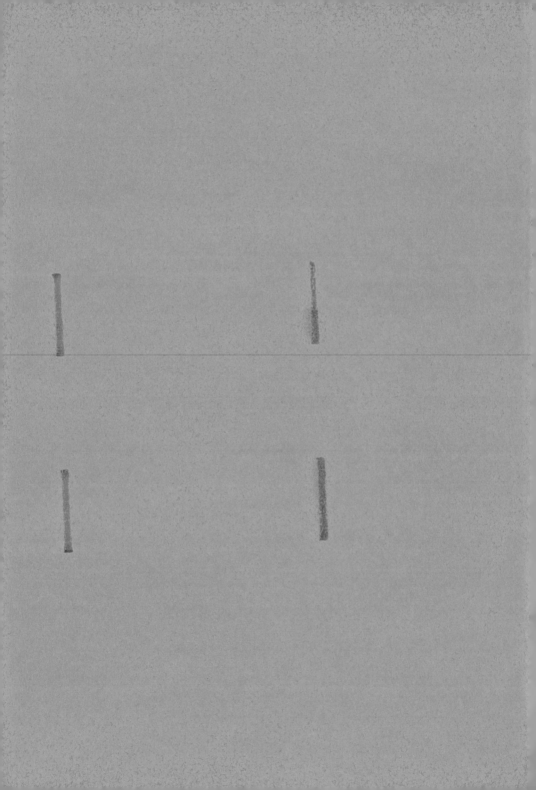